"十四五"时期国家重点出版物出版专项规划项目

中国城乡可持续建设文库

丛书主编　孟建民　李保峰

Urban Public Green Space Planning and Design

城市公共绿地规划与设计

谢晓欢　著

华中科技大学出版社
http://press.hust.edu.cn
中国·武汉

图书在版编目（CIP）数据

城市公共绿地规划与设计 / 谢晓欢著. -- 武汉：华中科技大学出版社，2025. 4. -- （中国城乡可持续建设文库）. -- ISBN 978-7-5772-1710-9

Ⅰ. TU985.12

中国国家版本馆CIP数据核字第2025DT1747号

城市公共绿地规划与设计　　谢晓欢　著

Chengshi Gonggong Lüdi Guihua yu Sheji

出版发行：华中科技大学出版社（中国·武汉）　　电话：（027）81321913

地　　址：武汉市东湖新技术开发区华工科技园　　邮编：430223

策划编辑：贺　晴　　封面设计：王　娜

责任编辑：贺　晴　　责任监印：朱　玢

印　　刷：湖北金港彩印有限公司

开　　本：710 mm×1000 mm　1/16

印　　张：16.5

字　　数：276千字

版　　次：2025年4月第1版 第1次印刷

定　　价：128.00元

华中出版

投稿邮箱：heq@hustp.com

本书若有印装质量问题，请向出版社营销中心调换

全国免费服务热线：400-6679-118 竭诚为您服务

内容简介

本书系统地阐述了城市公共绿地的概念与特征、规划设计的原则和方法，并结合当下的研究热点与新兴技术分析了实证案例，提出了绿地发展方面的思考。主要内容包括城市公共绿地的基本概念、城市公共绿地规划的演变历程、城市公共绿地规划的设计范式和记忆重构、城市公共绿地规划的健康促进策略、城市公共绿地的多维度精明规划、城市公共绿地规划的多维度指标考核、对城市公共绿地项目投资运营的思考、GIS与大数据在城市公共绿地规划中的融合应用、城市公共绿地前沿研究与设计。本书可作为高校风景园林与城市规划专业的教材，也可作为高校建筑学、城乡规划学、景观规划与设计、园林等专业的教科书或教学参考书，还可以为从事园林绿地设计工作的人员提供参考。

项目名称

国家自然科学基金青年科学基金项目（项目号：52208068）

广东省自然科学基金面上项目（项目号：2025A1515011400）

亚热带建筑与城市科学全国重点实验室项目（No.2024ZB16）

深圳大学2035追求卓越研究计划B类（项目号：2022B005）

序　言

随着我国城市化进程的加快和生态文明建设的持续推进，城市公共绿地作为城市生态系统的关键组成部分，其在改善城市环境、提升居民生活质量方面的重要作用日益凸显。面对空气污染、热岛效应和生物多样性丧失等城市环境挑战，城市公共绿地的规划与设计成为城市规划和风景园林领域的核心议题之一。

本书旨在系统阐述城市公共绿地规划与设计的理论框架和实践方法，为相关领域的学习者和实践者提供一本全面、系统的参考书。通过丰富的案例分析和深入的实地调研，本书将引导读者全面了解城市公共绿地从场地分析到实施管理的全生命周期。同时，本书还深入探讨了智慧城市、公众参与规划等前沿研究课题，为公共绿地规划与设计的未来发展提供了具有前瞻性的视角。

全书共分为九章，循序渐进地引导读者深入理解和掌握城市公共绿地的相关理论和实践。第 1 章介绍城市公共绿地的基本概念、功能分类和重要性；第 2 章梳理城市公共绿地规划的历史演变和理论演进，帮助读者理解其发展脉络；第 3 章聚焦当前城市公共绿地规划和设计面临的挑战，提出创新的设计范式和更新策略；第 4 章深入探讨城市公共绿地对居民健康的促进作用，为健康城市建设提供理论支撑；第5章介绍城市公共绿地的多维度精明规划方法，旨在提升绿地的使用效率和功能多样性；第6章详细阐述城市公共绿地规划的多维度指标考核体系，为科学评估规划效果提供方法论指导；第7章探讨城市公共绿地项目的投资运营问题，提出具有创新性的解决方案；第8章介绍GIS与大数据在城市公共绿地规划中的融合应用，展示新技术带来的机遇和挑战；第9章聚焦城市公共绿地的前沿研究与设计，包括包容性、公平性研究和基于使用者的分析方法，为读者提供最新的研究成果和设计理念。

在编写过程中，我们注重理论与实践的结合，既系统梳理了城市公共绿地规划与设计的理论基础，又通过案例分析展示了理论在实践中的应用。本书尝试整合城市规划、景观设计、生态学、健康科学等多个学科的知识，以反映城市公共绿地规划与设计的综合性特征。我们还关注了新兴技术和概念在城市公共绿地规划中的应用，希望为读者提供一些前沿的研究视角。

本书适合城市规划、风景园林、环境科学等相关专业的本科生和研究生使用，也可作为从事城市规划、景观设计和环境管理的专业人士的参考读物。希望读者通过本书能够加深对城市公共绿地规划与设计的理解并得到启发。

在编写过程中，我们得到了许多专家学者和同行的支持和帮助，在此表示衷心的感谢。由于时间有限，书中难免存在疏漏和不足之处，恳请读者批评指正。

展望未来，城市公共绿地建设将在城市高质量发展和美好环境共建共享中发挥更加重要的作用。我们期待本书能为城市公共绿地的可持续发展带来一些有益的思考，为提升城市生态品质和居民生活质量贡献一份力量。更希望本书能够成为读者在学习和工作中的有益伙伴，激励大家对这一领域持续探索和创新，共同推动我国城市公共绿地事业的蓬勃发展。

谢晓欢

2024年10月

目　录

1

城市公共绿地的基本概念

1.1 城市公共绿地的概念界定

1.1.1 绿地

绿地（green space）泛指由植物覆盖的土地，这些植物包括草地、灌木、乔木等，见图 1.1。其主要目的是通过自然的方式美化环境、改善空气质量、调节气候并为人们提供休闲娱乐场所。目前，对绿地的定义是广泛而复杂的。不同的学科、国家或地区、文化和背景的人，对绿地的理解各不相同，因此尚未形成一个统一的定义。

图 1.1 绿地示意图

（图片来源：自摄）

国际上对绿地有两种主流的解释 [1]。其一，绿地可以被定义为景观中的水体或植被区域，如森林、荒野地区、行道树和公园、花园和后院、农田、沿海地区和粮食作物。这种解释强调自然界或自然区的总体概念，通常将土地覆盖划分为城市区域或自然区域。在这种宏观视角下，绿地被视为自然的代名词，与城市化相对立，强调了绿地在生态系统中的关键作用，而较少考虑人类活动对绿地的影响和管理需求。其二，绿地也可以被定义为城市植被，包括公园、花园、庭院、城市森林和城市农场，通常与开放空间的各类植被相关。这种解释是城市环境中绿色空间概念的一个子集，突出了人类参与和规划的重要性。在这种狭义定义中，绿地不仅是生态环境的一部分，更是城市居民生活质量提升的重要资源。这一狭义定义突出了绿地在改善城市环境、提升居民生活质量方面的作用，强调了人类在绿地规划和管理中的关键角色。

《辞海》对绿地的定义为“配合环境创造自然条件，适合种植乔木、灌木和草本植物而形成一定范围的绿化地面或区域”；或者“凡是生长植物的土地，不论是自然植被或人工栽培的，包括农林牧生产用地，均可称为绿地”[2]。这种定义结合了自然绿地和人工绿地的概念，既涵盖了城市绿地，也包括农业和牧业用地。适用范围广泛，涵盖了从城市到农村的各类绿地。

1.1.2 城市绿地

在规划与设计过程中，还经常需要考虑另一个重要的概念——城市绿地（UGS），见图 1.2。国际上，世界卫生组织将“城市绿地”定义为“被任何种类的植被覆盖的所有城市土地”[3]，无论其大小和功能如何，无论是在私人土地上还是在公共土地上，包括池塘、湖泊或溪流等水元素。更具体地说，城市绿地可以包括公园、广场用地及防护绿地等多种类型。

图 1.2 城市绿地示意图

（图片来源：https://unsplash.com/.）

狭义的城市绿地指《城市用地分类与规划建设用地标准》（GB 50137—2011）中城市建设用地的“绿地与广场用地”大类，包括公园绿地、防护绿地、广场用地。广义的城市绿地包括狭义的城市绿地、区域绿地及城市建设用地中的附属绿地。我国的《城市绿地分类标准》（CJJ/T 85—2017）对城市绿地作出了更具体的定义，即“在城市行政区域内以自然植被和人工植被为主要存在形态的用地”。它包含两个层次的内容：一是城市建设用地范围内用于绿化的土地；二是城市建设用地之外对生态、景观和居民休闲生活具有积极作用、绿化环境较好的区域[3]。《城市绿地规划标准》（GB/T 51346—2019）将城市绿地定义为“城市中以植被为主要形态，并对生态、游憩、景观、防护具有积极作用的各类绿地的总称”。这一概念涵盖了城市建设用地内的绿化区域，以及城市建设用地外对居民生态、景观和休闲生活具有积极作用、绿化环境较好的区域，强调了城市绿地在生态保护和居民生活中的作用[4]。

1.1.3 城市公共绿地

根据其所有权城市绿地一般可分为“城市私人绿地”和“城市公共绿地”。“城市私人绿地”是指私人城市住宅内的户外设施，除非得到住户的许可，否则其出入受到限制。相反，“城市公共绿地”（UPGS）是那些可以自由进入并被视为公共资源的空间，通常由公共组织或市政府拥有和管理[5]，见图 1.3。尽管其所有权不同，但是城市私人绿地和城市公共绿地在维护生物多样性和为城市地区提供各种生态系统服务方面都发挥着关键作用。公共绿地因其开放性，能够为不同社区提供人们共同关注的场所，具有更广泛的社会意义。

国际上将城市公共绿地定义为包括以绿色植被为主的自然场所（如森林、树林、花园和公园）和人工绿地（如路边绿化带、河滨绿化带、住宅周围绿地、机构周围绿地和广场等）的所有城市土地。这种概念的界定主要强调其在改善城市生态环境、提供居民休闲娱乐空间方面的作用。

我国城市公共绿地的概念经历了一个演变和深化的过程。2002 年以前，城市公共绿地被定义为向公众开放、包含水域并具有一定游览休憩设施的绿化用地。2002

图 1.3　城市公共绿地示意图

（图片来源：https://unsplash.com/.）

年以后，“城市公共绿地”被进一步定义为具备开放属性，主要功能为游览、休憩，同时兼有生态、美化、教育、避险等作用的绿地。根据不同时期对城市公共绿地的定义和分类，可总结出以下几点：首先，公共绿地的服务对象是公众，向所有居民开放，旨在为居民提供休憩、娱乐和交流场所；其次，公共绿地的投资、建设和管理通常由政府主管部门负责，以确保其规划、维护和运营符合城市发展整体需求和居民实际需要。这一点在国务院颁发的《城市绿化条例》中得到了明确规定[6]，该条例强调了城市人民政府在公共绿地管理中的主导作用，确保这些绿地能够长期发挥其生态和社会功能。

根据《城市绿地分类标准》（CJJ/T 85—2017）和《城市绿地规划标准》（GB/T 51346—2019），城市绿地包括公园绿地、防护绿地、广场用地、附属绿地、区域绿地五大类。据此，将城市公共绿地限定为开放式公园绿地，部分有游憩功能的防护绿地、广场用地、附属绿地及部分区域绿地。这种分类方法有助于明确不同类型的公共绿地在城市中的主要功能和服务对象，从而优化绿地规划和管理[7]。

（1）公园绿地

公园绿地是指向公众开放，以游憩为主要功能，兼具生态、美化、防灾等作用的绿地，包括综合公园、社区公园、专类公园、游园。城市公共绿地包含公园绿地中向公众开放的部分，如开放的综合公园、植物园、动物园、游园等，见图 1.4 和图 1.5。

图 1.4　综合公园

（图片来源：自摄）

图 1.5　游园

（图片来源：https://unsplash.com/.）

（2）**防护绿地**

防护绿地是指城市中具有卫生、隔离、安全防护功能的绿地，包括卫生隔离带、道路防护绿地、城市高压走廊绿带、防风林、城市组团隔离带等。城市公共绿地包含防护绿地中的向公众开放且具有一定游憩功能的绿地，如高架桥旁的防护绿地和允许进入的道路旁的防护绿地等，见图 1.6。

图 1.6　高架桥和道路旁的防护绿地

（图片来源：自摄）

（3）**广场用地**

广场用地是指以游憩、纪念、集会和避险等功能为主的城市公共活动场地。绿化占地比例宜在 35%~65%。城市公共绿地包含广场用地中的向公众开放的部分，如树池广场等，见图 1.7。

图 1.7　广场用地

（图片来源：自摄）

（4）**附属绿地**

附属绿地是指附属于各类城市建设用地（除绿地与广场用地）的绿化用地，包括居住用地、公共管理与公共服务设施用地、商业服务业设施用地、工业用地、物流仓储用地、道路与交通设施用地、公用设施用地等用地中的绿地。城市公共绿地包含附属绿地中的向公众开放且具有一定游憩功能的绿地，如商业广场附近的附属绿地等，见图 1.8。

（5）区域绿地

区域绿地是指位于城市建设用地之外，具有城乡生态环境及自然资源和文化资源保护、游憩健身、安全防护隔离、物种保护、园林苗木生产等功能的绿地，如郊野公园[8]、风景名胜区等，见图 1.9。

图 1.8　商业附属绿地
（图片来源：自摄）

图 1.9　风景名胜区
（图片来源：自摄）

1.2　城市公共绿地的功能梳理

1.2.1　物理功能

城市公共绿地在物理层面对城市环境产生了显著影响。其主要物理功能包括降噪与减震、微气候调节、雨水径流管理、防风固沙、水土保持与土壤稳固等。这些功能可以从多方面改善城市物理环境，提升居民生活质量和城市的整体宜居性。

（1）降噪与减震功能

城市公共绿地在减少噪声和震动方面发挥着重要作用。植被，尤其是乔木、灌木和草地，具有良好的降噪和减震效果。这些绿化元素可以吸收和阻隔部分来自交通、工业和城市日常生活的噪声和震动，从而为市民创造一个更加安静、平稳的生活和工作环境。

（2）微气候调节功能

城市公共绿地对调节城市微气候的作用不容忽视。通过植物的蒸腾作用，绿地能够增加空气湿度，降低周边气温，从而有效缓解城市热岛效应。尤其在炎热的夏季，城市公共绿地中的高大植被可以通过遮阳和蒸腾作用冷却空气，显著降低周边区域的温度。这不仅能为行人提供舒适的户外环境，还能降低周边建筑的能耗，形成更为宜人的城市微气候环境。

（3）雨水径流管理功能

城市公共绿地在管理雨水径流方面也发挥着关键作用。植被和土壤能够有效吸收和滞留雨水，减少地表径流，防止城市内涝。特别是在暴雨期间，城市公共绿地可以通过增加雨水的渗透和延长滞留时间，降低排水系统的压力和洪涝灾害的发生频率，减缓城市受灾程度。其中，湿地、雨水花园（图 1.10）和植被覆盖的斜坡等设计可以大幅度提高雨水管理效果。

图 1.10　城市雨水花园

（图片来源：https://unsplash.com/.）

（4）防风固沙功能

在城市生态系统中，公共绿地的防风固沙功能尤为突出。乔木、灌木和地被植物形成的多层次植被结构能够有效降低近地面风速，减少地表裸露。植物根系网络则牢固地固定土壤，防止风蚀。在北方城市和沿海地区，绿地还可作为防风林带，阻挡沙尘暴和海风侵袭。经过精心设计与布局，公共绿地可以优化城市风环境，既可阻挡寒风，又可引导清新空气流通，创造舒适宜人的户外空间。

（5）水土保持与土壤稳固功能

城市公共绿地的植物根系在水土保持与土壤稳固方面发挥着关键作用。根系能够牢固地固定土壤，有效防止因雨水冲刷造成的侵蚀，同时维持土壤结构的稳定性。这一功能对保护城市环境和维持地质稳定性具有重要意义。

通过这些物理功能，城市公共绿地在提升城市环境质量、改善居民生活条件方面发挥着不可替代的作用。它们不仅是城市生态系统的重要组成部分，也是创造健康、宜居城市环境的重要手段。

1.2.2 生态功能

城市公共绿地在生态系统中发挥着重要作用，其生态功能包括净化水体、杀菌防病、吸收二氧化碳与净化空气、维持城市生物多样性、改良土壤与防治污染等。这些功能不仅有助于提高城市环境质量，还为城市生态系统的稳定和可持续发展提供了重要支持。

（1）净化水体功能

绿地中的植物和土壤通过物理、化学和生物作用，能够有效净化水体中的污染物。植物根系和土壤微生物能够吸附和分解水体中的有害物质，提升水质。这不仅保护了城市水资源，还改善了城市水生态环境，为市民提供了更清洁的水体环境。

（2）杀菌防病功能

城市公共绿地通过植物的自然特性，发挥着杀菌防病的功能。某些植物能够释放具有杀菌作用的挥发性物质，减少空气中病原微生物的数量。此外，绿地为居民提供了良好的户外活动场所，增强了居民体质，减少了疾病的发生，从而提升了居民的公共健康水平。

（3）吸收二氧化碳与净化空气功能

城市公共绿地通过植物的光合作用吸收二氧化碳，并释放氧气，在缓解城市碳排放压力方面起到了关键作用。植被能够有效吸收空气中的污染物，如颗粒物、二氧化硫和氮氧化物，显著提升城市空气质量。通过植物的蒸腾作用，绿地还增加了空气湿度，进一步改善了空气质量，为市民提供了更为清新的生活环境。

（4）维持城市生物多样性功能

城市公共绿地为多种动植物提供了栖息地，促进了城市生物多样性的保护，见图 1.11。绿地中的植被不仅为鸟类、昆虫和其他小型动物提供了食物和庇护，还为迁徙物种提供了重要的停歇和繁殖场所。通过合理规划和管理，城市绿地可以形成生物多样性热点区，支持本地和迁徙物种的生存，从而增强城市生态系统的稳定性和韧性。

图 1.11　城市公共绿地为动植物提供栖息地

（图片来源：https://unsplash.com/.）

（5）改良土壤与防治污染功能

绿地中的植被根系和微生物活动能够改善土壤结构，增加土壤肥力，并促进有机物质的循环。植被还可以吸收和降解土壤中的有害物质，减少土壤污染。通过植被覆盖，绿地可以有效防止土壤侵蚀，保持土壤稳定，促进土壤健康。

通过这些生态功能，城市公共绿地不仅提升了城市的环境质量，还增强了城市的生态韧性和可持续发展能力。它们是城市生态系统中不可或缺的重要组成部分，为城市居民提供了健康和宜居的生活环境。

1.2.3　社会功能

城市公共绿地在社会层面发挥着重要作用，其社会功能包括促进社会互动、增强社区凝聚力、提供文化活动场所、提升教育和意识，以及提高城市安全性等。这些功能不仅提升了居民的生活质量，还增强了社区的整体活力[8]。

（1）促进社会互动功能

城市公共绿地为居民提供了一个开放、自由的空间，鼓励人们在此聚集和交流，见图 1.12。公园、广场和绿道等公共绿地为居民提供了休闲、娱乐和社交的场所，使人们能够在自然环境中放松心情，增进彼此之间的联系和互动。这种社交活动有助于减少人们的孤独感，增强社会归属感，提升社区的整体幸福感。

（2）增强社区凝聚力功能

城市公共绿地通过提供公共活动和交流的空间，促进了社区成员之间的互动和合作。这些绿地为居民提供了健身、集会和开展其他社区活动的场所，不仅有助于

图 1.12　城市公共绿地促进社会互动

（图片来源：自摄）

促进个人健康和提升幸福感，还创造了一个居民共同呵护的环境。通过参与这些活动和共同维护绿地，居民加强了互助合作，从而有了更强的社区归属感和团结精神。

（3）提供文化活动场所功能

城市公共绿地常常被用作各种文化活动的场所，包括音乐会、艺术展览、节庆活动和公共讲座等，见图 1.13。这些活动不仅丰富了市民的文化生活，也为艺术家和表演者提供了展示才华的平台。绿地中的文化活动不仅提高了居民的文化素养，还增强了社区的文化氛围和多样性。

图 1.13　城市公共绿地为市民提供文化活动场所

（图片来源：自摄）

（4）提升教育和意识功能

绿地还具有重要的教育功能。学校、社区和环保组织可以利用城市公共绿地开展各种教育活动，如自然观察、生态讲座和环境保护实践等。这些活动有助于提升市民尤其是青少年对自然环境的认识和保护意识，增强他们的环保理念和生态道德。通过亲身体验自然，居民能够更好地理解和珍惜城市中的自然资源。

（5）**提高城市安全性功能**

城市公共绿地在提升城市安全性方面具有显著作用。开放的绿地空间有助于增强城市的可视性和通透性，减少犯罪行为。此外，绿地可分散和吸引人流，降低城市中心区的拥挤程度，减少意外事故和紧急情况的发生。合理布局和管理绿地，能为居民提供安全避难场所，提高城市应对自然灾害和突发事件的能力。

通过这些社会功能，城市公共绿地不仅提升了居民的生活质量和社区的整体活力，还促进了社会的和谐与稳定。它们是城市社会结构中的重要组成部分，为城市居民提供了一个健康、充满活力和文化多样的生活环境。

1.2.4 经济功能

城市公共绿地在经济层面也具有重要的作用，其经济功能包括提升房地产价值、吸引游客和促进地方经济发展、降低城市基础设施成本、提供就业机会、促进居民消费等。这些功能不仅可直接带来经济效益，还可通过改善环境和提升居民生活质量，间接促进城市的经济繁荣。

（1）**提升房地产价值功能**

城市公共绿地能够显著提升周边房地产的价值，见图 1.14。优美的自然景观和宜人的居住环境，使得靠近绿地的房产更具吸引力，从而提升了其市场价值。购房者和租房者通常愿意支付更高的费用，以获得靠近绿地的生活环境。城市公共绿地的存在不仅提升了房产的经济价值，也带动了周边商业和服务业的发展。

图 1.14　纽约中央公园周边的建筑物

（图片来源：https://unsplash.com/.）

（2）**吸引游客和促进地方经济发展功能**

城市公共绿地，特别是具有特色的公园、花园和自然保护区，往往会成为旅游景点，吸引大量游客前来参观和休闲，见图 1.15。游客的到来不仅提高了城市的知名度，也带来了经济效益。旅游业的发展促进了当地餐饮、住宿、购物和娱乐等行业的繁荣，带动了地方经济的发展。此外，定期举办的节庆活动和文化活动，也进一步吸引了游客，增加了城市的旅游收入。

图 1.15　纽约中央公园的自然风光吸引了游客，并推动了经济发展

（图片来源：https://unsplash.com/.）

（3）降低城市基础设施成本功能

城市公共绿地在调节微气候、管理雨水径流和减少噪声污染方面发挥着重要作用，从而减少了城市基础设施的压力和维护成本，见图 1.16。在水资源管理方面，绿地通过增加雨水下渗和蒸散发，减轻了市政排水系统的负荷，降低了防洪设施的规模需求。在能源利用方面，绿地的降温效应可减少建筑空调能耗，缓解电网压力。绿地还能吸收空气污染物，减少对空气净化设备的需求。此外，绿地作为城市开敞空间，可兼具休闲、应急避难等多种功能，提高了土地利用效率。这种多功能性不仅节约了基础设施投资，还提高了城市的韧性和宜居性。

图 1.16　通过绿墙和屋顶绿化节省城市基础设施开支

（图片来源：https://unsplash.com/.）

(4) **提供就业机会功能**

城市公共绿地的建设、维护和管理创造了大量就业机会，见图1.17。园林设计师、园艺师、环境工程师等职业都与绿地相关。城市公共绿地的存在不仅提供了直接的就业机会，还通过吸引旅游、促进商业发展等方式，间接创造了更多的就业岗位。此外，城市公共绿地还为本地企业和创业者提供了商业机会，如餐饮、零售、娱乐和服务业等。

(5) **促进居民消费功能**

优美的城市公共绿地吸引居民和游客前来休闲、娱乐和消费，带动了周边商业区的繁荣。城市公共绿地中的咖啡馆、餐馆、礼品店和休闲设施等吸引了大量消费人群，增加了商业收入。居民和游客在绿地中参与各种活动，也提升了城市的消费水平，提高了地方经济的活力和发展潜力。

通过这些经济功能，城市公共绿地不仅为城市带来了直接的经济效益，还间接推动了城市的经济繁荣。它们是城市经济结构中不可或缺的重要组成部分，为城市的可持续发展提供了坚实的基础。

图1.17　城市公共绿地中的园艺工人

（图片来源：https://unsplash.com/.）

1.2.5　景观功能

城市公共绿地在景观层面具有重要作用，其景观功能包括美化城市环境、提升城市形象、塑造城市景观特色、丰富城市建筑群体轮廓线和提供视觉享受等。这些功能不仅为城市增添了几分美丽，还增强了城市的吸引力和竞争力。

（1）**美化城市环境**

城市公共绿地通过丰富多样的植被和精心设计的园林景观，美化了城市环境，见图 1.18。绿地中的花卉、灌木和乔木在不同季节展示出多样的色彩和形态，为城市增添了生机与活力。精心布置的花坛、绿篱和景观小品，不仅提升了城市的整体美观度，还为居民提供了一个赏心悦目的生活环境。绿地的存在使得城市景观更加自然、和谐和宜人。

图 1.18　城市公共绿地中的景观小品

（图片来源：https://unsplash.com/.）

（2）**提升城市形象**

城市公共绿地在提升城市形象方面发挥着关键作用，见图 1.19。优美的绿地景观是城市文化和品质的重要体现，是城市竞争力的重要组成部分。具有特色的城市绿地，如大型公园、著名花园和绿道，不仅成为城市的地标和名片，还吸引了大量游客和投资者，提升了城市的知名度和美誉度。绿地的高品质设计和维护，彰显了城市的管理水平和人文关怀，增强了居民对城市的认同感和自豪感。

图 1.19　新加坡标志性的城市公共绿地

（图片来源：自摄）

（3）塑造城市景观特色

城市公共绿地通过独特的景观设计和主题元素，塑造了城市独特的景观特色。绿地中的特色植物、园林建筑和艺术雕塑，展示了城市的历史、文化和地域特色，见图 1.20。例如，城市公园中的本地植物园、主题花园和纪念广场等，既体现了地方文化，又增强了城市景观的多样性和吸引力。经过合理布局和设计，城市绿地成为展示城市特色和魅力的重要载体。

图 1.20　新加坡独特的园林建筑
（图片来源：自摄）

（4）丰富城市建筑群体轮廓线

城市公共绿地通过与建筑的巧妙融合，丰富了城市建筑群体的轮廓线，见图 1.21。绿地中的高大乔木、灌木和草坪，与建筑物形成了鲜明的对比和互补，使得城市景观更加立体和层次分明。绿地不仅缓解了建筑密集带来的压迫感，还通过自然的过渡，柔化了城市建筑的线条和轮廓，提升了整体城市景观的和谐美。

图 1.21　城市公共绿地建筑群组成的轮廓线
（图片来源：https://unsplash.com/.）

（5）**提供视觉享受**

城市公共绿地为居民和游客提供了丰富的视觉享受，见图 1.22。绿地中的自然景观和园林艺术，通过色彩、形态和空间的巧妙组合，创造了美丽的视觉效果。市民可以在绿地中观赏花卉、树木和水景，享受大自然的美丽，放松身心。绿地中的观景平台、步道和座椅等设施，方便市民驻足观赏和休憩，提升了户外活动的体验和乐趣。

通过这些景观功能，城市公共绿地不仅美化了城市环境，提升了城市形象，还增强了城市的吸引力和竞争力。它们是城市景观中不可或缺的重要组成部分，为城市居民提供了一个美丽、舒适和充满活力的生活空间。

图 1.22　城市公共绿地提供视觉享受

（图片来源：自摄）

1.2.6　健康功能

城市公共绿地在健康层面具有积极的影响，其健康功能包括促进身体健康、改善心理健康、提供康复和治疗环境，以及提升公共健康水平等。这些功能通过提供自然、开放的空间和多样化的活动场所，帮助居民保持身心健康。

（1）**促进身体健康功能**

城市公共绿地为居民提供了丰富的运动和锻炼场所，见图 1.23。公园、绿道和运动场等绿地设施，鼓励市民进行散步、跑步、骑行、瑜伽等体育活动。定期在绿地中锻炼，不仅有助于增强体质，预防心血管疾病、肥胖和糖尿病等慢性疾病，还能提高免疫力，提升身体健康水平。绿地中清新的空气和自然环境，进一步增强了运动的效果和体验。

图 1.23　城市公共绿地中的健身设施

（图片来源：自摄）

（2）改善心理健康功能

接触自然环境对心理健康具有显著的积极影响。城市公共绿地提供了一个宁静、舒适的空间，使居民能够远离城市的喧嚣和压力，在大自然中放松心情。绿地中的自然景观和植物能够有效缓解焦虑、抑郁和压力，促进情绪调节，提升心理健康水平。绿地中的户外活动，如散步、冥想和园艺等，能够增强心理韧性，提升整体幸福感。

（3）提供康复和治疗环境功能

城市公共绿地为需要康复和治疗的居民提供了理想的环境。绿地中的清新空气、自然光和绿色植物，创造了一个有利于康复和治疗的环境。许多康复中心和医院将绿地融入其设计中，利用自然环境促进患者的康复和治疗。户外活动和与自然接触，有助于加速康复进程，提升患者的身心健康水平。

（4）提升公共健康水平功能

城市公共绿地通过多种途径提升了城市整体公共健康水平。绿地中的运动设施、休闲空间和教育活动，鼓励居民积极参与健康促进活动，提升健康意识和健康水平，见图 1.24。社区活动和健康教育项目，通过绿地这一平台，向居民传播健康知识和技能，增强了社区的健康素养。健康的生活方式和环境，不仅提升了个体的健康水平，也促进了整个社区的公共健康发展。

通过这些健康功能，城市公共绿地在促进居民身心健康、提升公共健康水平方面发挥着不可替代的重要作用。

图 1.24　城市公共绿地中的传播健康知识和技能的设施

（图片来源：自摄）

问题讨论

1. 你认为新冠疫情后的公共绿地规划应有哪些转变，或应更偏重什么方面？

2. 在有限的城市空间内，如何平衡城市公共绿地的物理、生态、社会、经济、景观和健康功能？这些功能在不同类型的城市公共绿地中是否可以同时实现，还是需要根据具体场地进行优先排序？

3. 经济功能在某些情况下与公众的休闲使用需求可能产生冲突，应如何平衡经济利益和社会效益，确保公共绿地的公平使用？

2 城市公共绿地规划的演变历程

2.1 城市公共绿地规划的历史演变

2.1.1 古代城市公共绿地

古代城市中的公共空间和私人花园是现代城市公共绿地的前身。随着社会变迁、城市化进程推进及城市规划理念发展，这些空间逐渐转变并历经改造，形成了现代意义上的城市公共绿地。古代城市中，公共空间如广场、市场、宗教场所等逐渐融合园林设计元素，成为早期公共绿地的雏形。而私人花园，受到社会、经济、文化和政治多重因素的影响，也逐步演变为供公众使用的绿地空间。

（1）国外古代城市公共空间

在探讨国外城市公共绿地的起源时，不可忽视的是古代城市中的公共空间和私人花园。这些早期的绿地形式不仅为现代公共绿地的发展奠定了基础，也反映了当时的社会结构、文化背景和城市规划理念。

在古埃及，宅园、圣苑、墓园等是较早的绿地形式，主要用于宗教祭祀和贵族休憩。古埃及的花园设计常采用对称布局、直线形水渠和丰富的植物配置，体现了古埃及人对自然美的追求。虽然这些花园最初是私人或宗教用途，但随着社会需求的变化，部分花园逐渐向公众开放，成为早期公共绿地的雏形。这些开放的花园不仅提升了城市的美观度，也为市民提供了休闲和聚会的场所，促进了社会的和谐与交流。

在古希腊，阿哥拉是城市的核心公共空间，集中了商业、政治、文化和社交等多种功能。早期，阿哥拉是一个开放的广场，周围环绕着重要的公共建筑和庙宇。随着时间的推移，绿化元素（如树木和花坛）逐渐被引入阿哥拉，城市的景观质量得到了提升，市民获得了更舒适的公共空间，见图 2.1。阿哥拉的绿化实践体现了古希腊人对公共生活质量的关注，也为后来的公共绿地规划提供了重要参考。

古罗马时期，公共浴场和广场是城市生活的重要组成部分。公共浴场不仅是洗浴和健身的场所，还设有花园、图书馆和社交空间。古罗马的广场是政治、商业和宗教活动的中心。随着绿化元素的引入，这些公共空间逐渐具备了早期公共绿地的功能，见图 2.2。罗马人对绿地的重视不仅体现在私人庄园中，还体现在公共设施的建设中。这些公共绿地不仅改善了城市环境，还促进了市民的社交活动和文化交流，体现了罗马人对公共福利的关注。

图 2.1　古希腊阿哥拉的遗址
（图片来源：https://unsplash.com/.）

图 2.2　古罗马的广场
（图片来源：https://unsplash.com/.）

在中世纪，有些国家把花园视为天堂的象征，设计上强调几何对称、丰富的植物和水体景观，见图 2.3 和图 2.4。花园通常设有中央水池，周围环绕着四条水渠，象征着四条通向天堂的河流。虽然这些花园最初是为统治者和贵族服务的私人空间，但在节日期间和特定情况下，这些花园会向公众开放，逐步影响了后来公共绿地的发展。这种转变不仅提供了公共休闲空间，还促进了不同群体之间的交流，体现了对社会和谐与共享的重视。随着这些花园的开放，原本封闭的贵族空间变成了市民共同享用的绿地，推动了城市公共绿地的早期发展。

图 2.3　西班牙的赫内拉利费宫花园
（图片来源：https://unsplash.com/.）

图 2.4　摩洛哥拉巴特的中世纪花园
（图片来源：https://unsplash.com/.）

在中世纪的欧洲，修道院花园和城堡花园在宗教和贵族生活中占据着重要地位。修道院花园主要用于药用植物的种植和修道士的冥想。这些花园通常被围墙环绕，内部布局严格对称，体现了中世纪宗教生活的严谨性和对自然的崇敬。城堡花园则主要服务于贵族的娱乐需求和权力展示，其设计注重景观的壮丽和艺术的表现力，见图2.5和图2.6。随着时间的推移和社会结构的变化，这些花园逐渐开始向公众开放，成为市民休闲和社交的场所。这种转变使得这些曾经私密的空间逐渐融入了城市的公共绿地系统，为更广泛的人群提供了接触自然和历史的机会。

图2.5　奥地利美泉宫的花园

（图片来源：https://unsplash.com/.）

图2.6　苏格兰邓罗宾城堡花园

（图片来源：https://unsplash.com/.）

而文艺复兴时期的欧洲，宫廷花园，如意大利的波波里花园（图2.7）和法国的枫丹白露花园，是当时典型的园林。宫廷花园通常设有精美的雕塑、喷泉和几何对称的花坛，体现了文艺复兴时期对美和秩序的追求。随着启蒙思想的传播和城市化进程的加速，社会对公共福利的关注增加，许多原本属于贵族的私人花园逐渐向公众开放。这些花园经过城市规划和改造，成为市民休闲娱乐的重要场所。宫廷花园的开放不仅改善了城市的生态环境，还为市民提供了高质量的公共空间，体现了社会结构和城市规划理念的进步。

图2.7　意大利的波波里花园

（图片来源：https://unsplash.com/.）

纵观国外古代城市公共绿地的发展历程，可以发现它们具有一些共同特征。首先，这些绿地的公共性逐渐增强。无论是古埃及的宗教花园、古希腊的阿哥拉、古罗马的公共浴场与广场，还是中世纪伊斯兰国家的伊斯兰花园和欧洲的修道院花园与城堡花园，这些早期绿地形式都经历了从私人或专用空间向公共空间的转变。这种转变体现了社会进步和城市发展的需求。其次，绿地的功能趋向多样。它们不仅具有美学和休闲功能，还承担了宗教、政治、社交、文化和教育等多种功能。例如，古希腊的阿哥拉是集政治、商业、文化于一体的公共空间；古罗马的公共浴场不仅用于洗浴，还设有图书馆和社交空间。最后，绿地的设计普遍注重绿化和景观美化，采用植物、水体、雕塑等元素，营造出舒适宜人的环境。

尽管有许多相似之处，但是国外古代城市公共绿地也存在许多不同点。首先，不同文化背景下的绿地有不同的起源和初始功能。古埃及的花园主要用于宗教祭祀和贵族休憩；古希腊的阿哥拉起初是商业和政治活动中心；古罗马的公共浴场和广场则是社会交往和文化活动的重要场所。其次，各地区的绿地设计风格有所不同。古埃及的花园设计强调对称布局和直线形水渠；古希腊的阿哥拉注重开放性和多功能性；古罗马的公共浴场融合了花园、图书馆和社交空间；中世纪伊斯兰花园注重几何对称和水体景观；中世纪欧洲的修道院花园强调围合和冥想空间。最后，不同绿地开放给公众的程度和时间有所不同。伊斯兰花园和修道院花园在特定情况下向公众开放；古希腊的阿哥拉和古罗马的广场几乎全天开放。

国外古代城市公共绿地的演变受到多种因素的推动。社会结构变化是其中的重要因素之一。随着社会结构的变化，公共空间逐渐从贵族专属转变为市民共享。这一变化反映了社会进步和民主化进程。宗教和文化对公共绿地的发展也有深远影响。例如，伊斯兰文化中的花园象征天堂，欧洲文艺复兴时期的宫廷花园展示了对艺术和美学的追求。城市化进程同样加速了公共绿地的发展。随着城市人口的增加，对公共空间的需求也在增加，这推动了公共绿地的扩展和开放。

国外古代城市公共绿地的发展历程为城市公共绿地的规划与设计提供了重要的启示。首先，现代城市公共绿地应具备多种功能，满足市民的休闲、社交、文化和生态需求。例如，可以结合历史文化遗产、现代艺术和生态保护等多种元素，创建综合性的公共空间。其次，绿地应向所有社会群体开放，提供平等的使用机会。设计时应考虑到不同人群的需求，创造包容性的环境。再次，现代绿地设计应注重生态功能和美学价值的结合，采用自然元素和可持续设计理念，改善城市环境质量，提升市民的生活质量。最后，在规划和设计现代公共绿地时，应充分挖掘和利用历史和文化资源，保护和传承城市的文化遗产，增强市民的历史文化认同感。

（2）中国古代城市公共空间

中国古代城市公共绿地的发展历史悠久，具有独特的文化背景和美学理念。早期的祭祀场所和公共活动场地逐步演变为城市公共绿地，随后私家园林和寺庙园林也逐步向公众开放，形成了多样化的公共绿地形式，公共绿地不仅美化了城市环境，还在政治、文化和社会生活中发挥了重要作用。

中国古代城市公共绿地的起源可以追溯到殷末周初。这一时期的绿地形式主要以囿和台为代表。囿是最早见于文字记载的园林形式，是王室专门集中豢养禽兽的场所，与帝王狩猎活动有直接的关系。囿起源于狩猎，初具游观功能，相当于一座多功能的大型天然动物园，已具备园林的雏形。台是用土堆筑而成的方形高台，象征着山，起到观天象、“通神明”的作用；台也是囿里面的主要建筑物，起到登高远眺、观赏风景的作用。这一时期的绿地多为对自然景观的模拟，注重人与自然的和谐，体现了早期人们对自然的崇拜和敬畏之情[9]。

秦汉时期，随着中央集权的加强和国家的统一，园林建设迎来了新的发展。秦始皇修建了著名的上林苑，上林苑占地面积巨大，包含了山川、湖泊等自然景观，是当时规模最大的皇家园林。汉代继承并扩大了秦代的园林规模，建造了更加宏伟的上林苑，其中不仅有自然景观，还模仿了全国各地的名胜古迹，体现了皇权的集中和统一。此外，汉代还出现了供文人雅士游览的园林，如长安城外的桂宫、建章宫等，这些园林为后来文人园林的发展奠定了基础。值得注意的是，虽然这些园林主要是皇家和贵族专用，但它们的一些设计理念和景观元素对后世城市公共绿地的发展产生了深远影响。

魏晋时期，文人名士热爱山水，崇尚隐逸，自然山水之间开始出现由少量人工建造物点缀的公共活动场所，如亭。亭在汉代本来是驿站建筑，到两晋时演变成了一种风景建筑。魏晋南北朝时期出现了兰亭等近郊风景游览地，文人名流在这些地带游览、聚会、诗酒唱和。从《兰亭修禊图》中可以一窥当时的风雅情景，见图 2.8。这个时期的城市公共绿地不仅是休闲娱乐的场所，也是文化交流的重要空间。

图 2.8 《兰亭修禊图》中描绘的魏晋时期的亭

（图片来源：参考文献 [10]）

隋唐时期是中国古代城市公共绿地发展的重要阶段，绿化水平和公共活动场所的建设达到了新高度。随着国家统一和经济繁荣，统治者对城市绿化和公共园林的重视达到前所未有的高度，这不仅改善了城市环境，也提升了人们的生活质量。唐朝国力强盛，统治者设立了专门机构和官职负责城市绿化。例如，虞部管理宫廷和街道的树木花草，京兆尹负责街道绿化，左、右街使执行具体的绿化任务。《唐会要》记载："价折领于京兆府，仍限八月栽毕"，表明当时对绿化工作管理严格、执行细致。统治者的重视和有效的管理措施使唐代城市绿化取得了显著成效。长安城作为唐朝的都城，是当时世界上特别繁华的城市之一。街道两旁整齐栽种了大量槐树，形成了良好的绿化效果。骆宾王的"杨沟连凤阙，槐路拟鸿都"和王维的"俯十二兮通衢，绿槐参差兮车马"生动描绘了长安的绿化景象。这不仅美化了城市环境，也为市民提供了阴凉和清新空气，显著提升了生活质量。唐代的绿化工作还延伸至全国重要交通干线。驿道两旁栽种了大量树木，为旅人提供了阴凉和休憩的场所，体现了唐朝统治者在全国范围内的绿化规划和实施能力。城市公共活动绿地也在唐朝进一步发展，成为市民休闲娱乐的重要空间。杜甫的“三月三日天气新，长安水边多丽人”描绘了市民在曲江池游玩的场景。曲江池是长安著名的公共园林，环境优美，占地广阔，每逢节日，市民纷纷前往游览，成为当时特别热闹的地方之一[11]，见图 2.9。综上，隋唐时政府高度重视城市绿化，通过设立专门机构和科学管理，使得长安城的绿化成效显著，公共园林如曲江池成为市民休闲的主要场所。这不仅提升了城市生活质量，也反映了社会的繁荣与进步。

图 2.9　曲江池遗址公园

（图片来源：参考文献 [12]）

宋朝时期，中国的城市绿化和公共绿地建设达到了新的高度，展现了当时社会对美好生活环境的追求和城市规划的先进理念。公共绿地体系日趋完善，不仅涵盖了街道绿化和公共园林，更将部分皇家园林和私家园林逐步向公众开放，形成了一个多样化的公共绿地体系。在北宋时期，汴梁（今开封）作为全国的政治、经济、文化中心，其城市绿化尤为突出。市中心的天街成为核心区域，两旁的御沟景观带种满莲荷，桃、李、梨、杏等乡土树种杂花相间，宛如绣锦，成为市民日常休闲的重要场所。此外，街道两侧的行道树为行人提供了阴凉和新鲜空气，构建了城市绿化网络，提升了整体绿化水平。南宋时期，公共绿地建设继续发展，杭州成为新的政治和文化中心。西湖经过隋、唐、北宋的整治，在南宋得到了进一步开发，成为一座特大型公共园林，见图 2.10。明代《汴京遗迹志》记录了北宋开封的诸多皇家园林，如芳林园、玉津园等，均向公众开放。此外，私家园林对公众开放的传统也延续到明清时期，丰富了城市的公共绿地资源，促进了文化交流与审美教育。宋代还出现了专门的公共绿地形式“郡圃”，它相当于公园。每个州郡，甚至县城，都设有郡圃，供市民游览。《定州众春园记》提到，“天下郡县无远迩小大，位署之外，必有园池台榭观游之所”。这些郡圃对公众开放，无论身份、性别，都可自由入园，享受其中的美景。总之，宋朝时期的城市公共绿地形式多样，皇家园林和私家园林逐渐开放，汴梁与杭州西湖等地的绿地建设达到新高度，展现了社会对美好环境的追求和先进的城市规划理念，形成了丰富的公共绿地体系。

图 2.10 《咸淳临安志》中的西湖图

（图片来源：参考文献 [13]）

在明清时期，城市街道的绿化工作得到了进一步的发展。街道绿化不仅美化了城市环境，还提升了城市的空气质量，为人们提供了舒适的行走和休憩空间。例如，北京的街道两旁种植了大量的行道树，形成了整齐的绿化带。明清时期的私家园林也在城市公共绿地的发展中占据重要地位。例如，留园是苏州的著名私家园林之一，始建于明代嘉靖年间，占地面积约 2.3 公顷。留园以其独特的建筑布局和丰富的植物景观而闻名，园内亭台楼阁错落有致，湖石山水相映成趣，见图 2.11。留园自清朝开始逐步向公众开放，成为苏州市民和游客的重要休闲场所。此外，自明清时期以来，寺庙园林逐渐成为普通民众游览的场所，也发挥了重要的公共绿地功能。例如，北京的潭柘寺和杭州的灵隐寺，都是集宗教、文化和景观于一体的寺庙园林，每年都会吸引大量游客前来参观。在明清时期，城市绿化水平进一步提升，绿化街道和私家园林向公众开放，成为人们重要的休闲场所，寺庙园林在城市中逐渐普及，丰富了城市公共绿地的形式和功能，进一步提升了市民的生活质量。

图 2.11　苏州留园内的植物景观

（图片来源：https://unsplash.com/.）

这些演变和发展的背后，有多种因素的共同推动。政治因素是关键之一，中央政府的政策和管理措施在不同历史时期对城市绿化起到了重要的推动作用。例如，隋唐时期，中央政府对城市绿化的重视和严格管理措施促进了城市绿地的发展。经济因素也不容忽视，社会经济的发展提供了物质基础，使得大规模的城市绿化成为可能。此外，文化因素也起到了重要作用。文人雅士对自然和园林的热爱，以及他们在园林中的活动，推动了城市公共绿地文化功能和美学价值的提升。宗教和社会结构的变化也影响了城市公共绿地的发展，例如寺庙园林逐渐向公众开放，反映了宗教对公共空间的影响。

通过分析中国古代城市公共绿地的发展历程，可以获得一些关于城市公共绿地规划与设计的重要启示。首先，注重人与自然的和谐关系，是中国古代城市公共绿地的一贯理念，这一理念在现代城市绿地规划中同样适用。其次，各个历史时期的城市公共绿地都强调功能的多样性和社会文化的融合，现代城市公共绿地规划应综合考虑绿地的生态功能、社会功能和文化功能。最后，历史上绿地的逐步开放和公共化过程显示了公共福利和社会公平的重要性，现代城市公共绿地规划应重视公共空间的开放性和可及性，为广大市民提供高质量的公共绿地资源。

2.1.2 近代城市公共绿地

近代，随着城市化进程的加速和工业革命的推动，城市公共绿地在世界各地快速发展和演变。公共绿地不仅在城市规划中占据了重要地位，还成为提升城市居民生活质量、改善城市环境的重要手段。无论是西方国家还是中国，近代城市公共绿地的发展都反映了社会对美好生活环境和公共福利的追求，展示了不同文化背景下的绿地规划和设计理念。

（1）国外近代城市公共绿地的发展

国外近代城市公共绿地的发展可以分为以下四个阶段：公共绿地、公园运动、公园体系、重塑城市，见表 2.1。

第一阶段——公共绿地：19 世纪初，欧洲各国的皇家园林开始定期或经常向公众开放。皇家园林原本是贵族和皇室的私人领地，随着启蒙思想的传播和市民社会的兴起，这些园林逐渐向公众开放，成为城市居民休闲和社交的重要场所。

表 2.1　国外近代城市公共绿地的发展历程

发展阶段	时间跨度	代表案例	主要特点
公共绿地	1810—1842 年	伯肯海德公园	园林向公众开放，标志着公共绿地的诞生，提升了居民生活质量和城市环境
公园运动	1843—1879 年	中央公园	工业革命加速了城市化，公园运动通过建设大型公园改善城市环境，提升居民健康和社会福利
公园体系	1880—1898 年	“翡翠项链”公园体系	弗雷德里克·劳·奥姆斯特德提出公园体系理论，强调公园网络的生态功能，提升城市的可达性和美观性
重塑城市	1899—1945 年	芝加哥规划	该计划通过整合广泛的绿地网络，重塑城市结构，提升生态功能和社会福利，推动社会和谐发展

表格来源：自绘

英国的摄政公园，于 1838 年正式向公众开放，是伦敦市民重要的休闲场所，见图 2.12。这一转变不仅体现了社会进步，也促进了城市公共绿地的发展。摄政公园最初是为皇室和贵族设计的私人园林，由著名建筑师约翰·纳什（John Nash）设计。其设计融合了自然景观和人工景观，具有典型的英国园林风格。公园内设有广阔的草坪、蜿蜒的小径和各种水景，营造出一个宁静而优美的环境。摄政公园开放后，其迅速成为伦敦市民散步、野餐、运动和社交的重要场所。这不仅改善了城市的环境质量，也对市民的身心健康产生了积极影响。

图 2.12　英国的摄政公园
（图片来源：参考文献 [14]）

伦敦之外，众多自治体城市都着手兴建公园，伯肯海德公园（Birkenhead Park）的成功开发尤为突出。此公园坐落于新兴城市伯肯海德市内，部分土地用于住宅建设，住宅销售所得资金则反哺公园建设。这种开发手法，与摄政公园开发策略一致，通过结合住宅项目筹措公园建设经费，确保资金稳定。资金来源的变化使公众认识到公园绿地建设不仅意味着资金投入，还能带来经济效益，这一认识颠覆了人们以往的看法。伯肯海德公园于 1843 年开始建设，1847 年对外开放。它是英国早期城市公园开发的成功范例，标志着第一个城市公园正式诞生。

这一阶段，绿地从私人享有转向公众共享，城市绿地建设起步，以提升居民生活质量和城市环境为主要目标。皇家园林的开放不仅体现了社会进步，也展示了当时对公共福利的重视。

第二阶段——公园运动：19 世纪中后期，随着工业革命的推进和城市化进程的加速，欧美国家掀起了城市公园建设的第一次高潮，形成了公园运动。这一运动起源于英国，并迅速传播到欧美其他地方，旨在通过建设大型城市公园，改善城市居民的生活和环境条件。工业革命带来了城市的快速发展和人口的激增，但也导致了环境恶化和生活质量下降。城市居民生活在拥挤和不卫生的环境中，亟须改善生活条件。公园作为城市的“绿肺”，提供了新鲜空气、开放空间和自然景观，帮助居民缓解了生活压力，改善了健康状况。

这一时期的重要代表是纽约的中央公园（Central Park）。该公园由弗雷德里克·劳·奥姆斯特德（Frederick Law Olmsted）和卡尔弗特·沃克斯（Calvert Vaux）设计，于 1857 年开始建设，成为第一个完全依照园林设计原则规划的大型公共公园，见图 2.13。中央公园不仅提供了丰富的自然景观和休闲设施，还成为城市社会活动的中心，促进了社区凝聚力的提升和社会交流。在英国，公园运动也取得了显著成效。曼彻斯特的皮尔公园（Peel Park）于 1846 年建成，是英国较早的公共公园之一。皮尔公园的建设标志着城市公园从私人庄园向公共空间的转变，为其他城市树立了榜样。随着时间的推移，越来越多的城市开始建设公园，伦敦的维多利亚公园（Victoria Park）和伯明翰的约瑟夫·张伯伦公园（Joseph Chamberlain Park）都是这一时期的重要项目。

图 2.13　美国纽约的中央公园

（图片来源：https://unsplash.com/.）

公园运动标志着城市公共绿地从私人庄园向公共空间的转变，大规模的公园建设提升了城市居民的生活水平和社会福祉，奠定了城市公园作为城市基础设施的重要地位。城市通过建设大型公共公园，不仅改善了环境，还促进了社区凝聚力的提升和社会交流。

第三阶段——公园体系：1880年，美国风景园林学的奠基人弗雷德里克·劳·奥姆斯特德提出了“公园体系理论”，这一理论逐渐发展为世界城市绿地规划的主要原则。奥姆斯特德的公园体系理论主张在城市中建立由公园、林荫大道和绿地组成的网络体系，使城市居民能够方便地接触到自然环境，并享受多样化的休闲活动。奥姆斯特德的理念强调公园不仅是休闲娱乐的场所，更是城市生态系统的重要组成部分。公园体系通过绿色通道将分散的公园连接起来，形成一个整体，既美化了城市环境，又提升了城市的生态功能。这种设计理念在当时具有开创性，不仅在美国得到了广泛应用，也影响了世界各地的城市规划。波士顿的“翡翠项链”是奥姆斯特德公园体系理论的一个具体应用实例，见图2.14。这一公园体系包括一系列相互连接的公园和绿地，形成了一个环绕城市的绿色带。“翡翠项链”不仅提供了丰富的自然景观和休闲空间，还有效地改善了城市的空气，调节了城市的气候，为市民提供了一个良好的生活环境。公园体系理论还强调公园的社会功能。奥姆斯特德认为，公园应当是所有人都能平等享受的公共空间，有助于促进社会的和谐与融合。他在设计公园时，特别关注公园的可达性和多样性，确保不同背景和需求的居民都能在公园中找到适合自己的活动场所。这一时期，公园体系的理念逐渐传播到世界各地，影响了许多城市的绿地规划。例如，伦敦的绿色环带（Green Belt）和柏林的绿色轴线（Green Axes）都是受到奥姆斯特德理论启发的设计。这些公园体系不仅改善了城市的生态环境，还促进了城市的可持续发展。这一阶段，公园体系理论的应用强调了公园与城市生态系统的有机结合，注重公园的多功能性和社会公平性，对现代城市规划产生了深远影响。奥姆斯特德的理念在全球范围内得到了广泛传播，成为许多城市绿地规划的基础。

图2.14 波士顿的“翡翠项链”

（图片来源：参考文献[15]）

第四阶段——重塑城市：1899 年至 1945 年间，城市绿地从局部调整逐步转向整体重塑，城市规划者认识到了绿地在优化城市结构和功能中的关键作用，强调在城市整体规划中整合广泛的绿地网络。此阶段的绿地建设不仅关注城市美化和居民休闲，还注重城市生态系统的恢复和社会功能的提升。在美国，丹尼尔·伯纳姆（Daniel Burnham）领导的城市美化运动（City Beautiful Movement）是这一时期的代表。他倡导通过宏伟的公共建筑和广阔的绿地美化城市，提升城市功能和“颜值”。1909 年的芝加哥规划（Plan of Chicago）通过一系列公园和绿地将城市各部分有机连接，显著改善了城市空气和居民生活环境，见图 2.15。欧洲同样进行了大规模的绿地规划和建设。柏林的大蒂尔加藤（Größer Tiergarten）是德国的重要项目之一，经过改造，这里成为柏林较大的城市公园。它与城市其他功能区的整合，改善了整体城市环境。大蒂尔加藤不仅提供了广阔的休闲空间，还调节了城市气候，提升了城市的生物多样性。巴黎的绿带计划（Green Belt Plan）和伦敦的绿色环带也在这一时期实施，旨在通过城市周边大面积绿地限制城市无序扩张，保护自然环境，并为市民提供休闲娱乐空间。这些计划不仅改善了生态环境，还提升了城市的宜居性和居民的生活质量。总之，1899 年至 1945 年期间，城市绿地建设从局部调整转向城市整体重塑，绿地在城市规划中发挥了重要作用，提升了城市宜居性，成为城市生态系统的重要组成部分，促进了社会的和谐与可持续发展。

国外近代城市公共绿地的发展经历了四个重要阶段，每个阶段都有其独特的发展特点和社会背景。这些阶段在绿地的功能、设计理念和社会作用等方面存在差异。首先，在功能方面，公共绿地阶段主要通过皇家园林的开放为公众提供休闲和社交场所；公园运动阶段更注重改善城市环境和提升居民生活质量；公园体系阶段进一步强调公园是城市生态系统的一部分；重塑城市阶段则将绿地作为重塑城市结构的重要手段。其次，在设计理念方面，公共绿地阶段强调景观美学；公园运动阶段注重城市公园的生态功能和社会福利；公园体系阶段强调系统化和

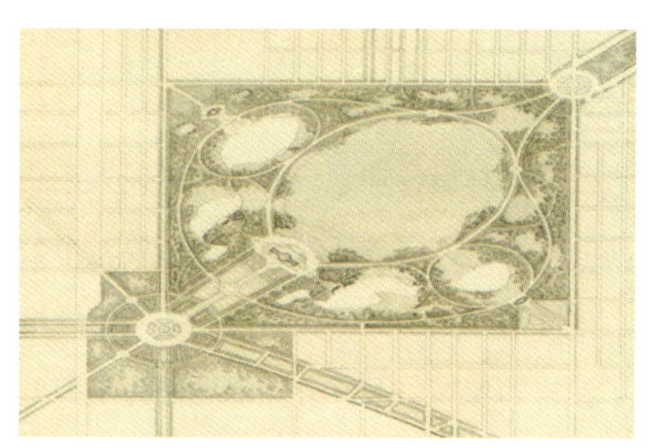

图 2.15　芝加哥规划平面图

（图片来源：https://unsplash.com/.）

网络化的绿地布局；重塑城市阶段注重综合性的城市规划和绿地的功能多样性。最后，在社会作用方面，公共绿地阶段主要服务于贵族和上层阶级的休闲娱乐；公园运动阶段则开始为广大市民提供休闲空间，体现了社会平等和公共福利的理念；公园体系阶段进一步将绿地作为促进社会融合的重要场所；重塑城市阶段则通过绿地改善城市结构和功能，提升居民的生活质量。

尽管各个阶段都有其独特的特点，但是国外近代城市公共绿地的发展也存在一些相同点。首先，各个阶段都体现了对公共福利和社会公平的关注。从公共绿地阶段的皇家园林开放到重塑城市阶段的大规模公共绿地建设，每个阶段都强调为公众提供休闲和娱乐空间，改善居民生活。其次，环境改善是一个贯穿各个阶段的重要主题。通过建设公园、绿带和绿地网络，城市不仅美化了景观，也提升了空气质量，调节了城市气候，为居民提供了更健康的生活环境。另外，各个阶段的公共绿地都强调了生态系统的恢复和保护。从公园体系阶段奥姆斯特德的公园体系理论，到重塑城市阶段的综合绿地规划，生态保护始终是城市公共绿地建设的重要目标。通过连接分散的公园和绿地，形成完整的生态网络，城市在保护生物多样性、改善生态环境方面取得了显著成效。

（2）中国近代城市公共绿地的发展

中国的近代城市公共绿地发展历程反映了社会变革、经济发展和文化进步的多重影响。19 世纪 40 年代到 20 世纪中期这一历程不仅体现了对公共福利需求的增长，还展示了园林规划理念的不断进步和生态意识的逐步增强。通过融合传统与现代的理念，中国的城市公共绿地在改善生态环境、提升居民生活质量和促进社会和谐方面发挥了重要作用。

清末民初时期，随着西方园林思想的引入，中国的城市公共绿地建设开始受到显著影响。上海、天津等沿海城市率先引进西方园林设计理念，并进行了较为系统的绿地规划和建设，见图 2.16。例如，上海的外滩公共绿地成为当时的重要城市公共空间，为市民提供了休闲和娱乐的场所。这一时期，上海不仅引进了西方的绿地规划理念，还结合本土的园林艺术，形成了独特的城市景观。外滩绿地作为上海城市公共绿地的代表，不仅体现了西方园林设计的影响，也展示了与中国传统景观设计的融合。外滩绿地设计注重景观美学和公共服务功能的结合，设置了步行道、花

图 2.16　上海租界的公共花园
（图片来源：参考文献 [16]）

坛和树木，为市民提供了一个休闲、娱乐和社交的场所。这一时期的绿地建设虽然规模较小，但为后续的城市绿地规划提供了重要的参考。清末民初的城市绿地建设主要集中在沿海大城市，这些城市通过借鉴西方园林理念，逐步形成具有中国特色的公共绿地体系。

20 世纪初，随着国民政府的建立和城市规划思想的进一步发展，中国的城市公共绿地建设进入了一个新的阶段。南京作为当时的首都，进行了大规模的绿地规划和建设。南京中山陵园林区是这一时期的重要代表，不仅是纪念性园林，也是市民休闲的重要场所，体现了公共绿地的多功能性和文化价值。南京中山陵园林区作为这一时期的典型案例，其设计融合了中西方园林艺术，注重景观美学与文化内涵的结合，形成了一个具有多重功能的公共绿地，见图 2.17。中山陵作为一个综合性的城市绿地，不仅为市民提供了休闲娱乐的空间，也成为文化教育的重要场所，通过纪念性建筑和景观设计，传承了历史文化。这一阶段的绿地建设不仅丰富了城市公共空间的类型和功能，提供了多样化的休闲娱乐设施和生态环境改善措施，同时也显著提升了居民的生活质量，为市民提供了更多的公共活动场所和与自然接触的机会，促进了市民的身心健康和社会交流。

图 2.17　南京中山陵园的音乐台
（图片来源：参考文献 [17]）

尽管中国近代城市公共绿地在不同历史时期表现出各自的特点，但是它们在某些方面仍具有相似之处。首先，各个时期的城市公共绿地建设都反映了对生态环境改善的重视。其次，公共绿地的建设都体现了政府的主导作用。政府在公共绿地的规划和实施中一直扮演着关键角色，通过政策引导和资金投入，推动了城市绿地的发展。

总结中国近代城市公共绿地的发展历程，可以得到一些关于城市绿地规划与设计的宝贵启示。首先，城市公共绿地的发展应与社会经济的变化同步，灵活调整其功能和设计，以满足不同阶段市民的需求。其次，公共绿地在改善生态环境和提升城市宜居性方面具有重要作用，现代城市规划应充分考虑绿地的生态功能，通过科学设计和管理，促进生态系统的恢复和保护。再次，政府在公共绿地建设中应发挥主导作用，通过有效的政策引导和资金支持，推动公共绿地的可持续发展。最后，公共绿地应当融合生态与文化，既提供休闲娱乐空间，又传承历史文化，打造具有地域特色的城市景观。这些启示将有助于现代城市在公共绿地规划与建设中实现生态、社会和文化方面的多重目标。

2.1.3 当代城市公共绿地

20 世纪中期至今，全球范围内的城市公共绿地建设不仅在数量和规模上大幅度增长，功能和设计理念也得到了持续深化和创新。随着城市化进程的加快及人们对生活质量要求的提升，城市公共绿地在生态保护、社会福利、文化传承和居民健康等方面发挥着越来越重要的作用。这些绿地不仅美化了城市环境，还为市民提供了休闲娱乐、社交互动和健康生活的空间，成为现代城市生活中不可或缺的重要组成部分。

（1）国外当代城市公共绿地的发展

国外当代城市公共绿地的发展可以分为四个主要阶段：20 世纪中期的重建与恢复、20 世纪末的生态规划与社区参与、21 世纪初的多功能设计与可持续发展，以及 2010 年至今的智慧城市技术应用与健康城市理念的兴起。这一演变过程不仅提升了城市绿地的质量和功能，也为全球城市绿地规划提供了宝贵的经验和启示。

第一阶段——重建与恢复：第二次世界大战结束后，各国进入了大规模重建和恢复家园的阶段，城市绿地建设也迎来了新的发展契机。这个时期，战后重建的迫切需求和对城市生活质量的重视，使得城市公共绿地的规划和建设成为各国政府的重要任务之一。各国政府和城市规划者纷纷投入大量资源，重建被战争破坏的城市，恢复并发展城市公共绿地，以提升居民的生活环境和社会福利。在欧洲，许多被战争摧毁的城市通过系统的绿地规划和建设，恢复了城市的生态和美观，见图 2.18。

在重建过程中，城市的绿地面积显著增加，公园和绿地成为市民休闲和娱乐的重要场所，极大地改善了市民的生活。第二次世界大战后的欧洲城市更加注重绿地的规划和管理，使绿地与城市环境和谐共存。在美国，第二次世界大战后经济的快速增长和城市化进程的加速，使得城市公共绿地的建设进入了一个新的高潮。城市规划者认识到绿地在提升城市宜居性和增强社会凝聚力方面的重要作用。大量的公共绿地和公园在这一时期得以建设和恢复，成为市民休闲娱乐的重要场所，并缓解

图 2.18　德国德累斯顿新市场街区的重建与恢复的前后对比

（图片来源：参考文献 [18]）

了城市扩张带来的环境压力。日本在第二次世界大战后的重建中，同样重视城市公共绿地的建设。大城市在重建过程中，广泛规划和建设了城市公园和绿地，为市民提供了良好的生活环境。日本的城市绿地规划注重生态保护和景观美化，推动了城市的可持续发展。在其他国家，第二次世界大战后重建的城市绿地规划也取得了显著成果。许多城市通过增加绿地和公园，改善了城市环境和居民的生活。在第二次世界大战后的重建过程中，绿地成为城市规划的重要组成部分，提升了城市的生态环境和居民的幸福感。在第二次世界大战后的大发展阶段，城市公共绿地的建设成为恢复和提升城市生活质量的重要手段。经过系统的规划和建设，城市公共绿地提升了城市的生态环境和居民的幸福感。绿地在促进社会和谐和提高城市宜居性方面发挥了重要作用。

第二阶段——生态规划与社区参与：20 世纪末，国外城市公共绿地的发展经历了功能多样化、设计生态化和社区参与度提升的显著变化。这一时期的城市绿地建设受到了环境保护意识增强、城市化进程加快以及市民产生高质量生活环境需求的推动。随着全球各大城市对生态环境和城市生活质量的愈加重视，许多城市通过重新设计和建设公共绿地，提高了城市环境质量和市民的生活体验。巴黎的拉·维莱特公园（Parc de la Villette）于 1987 年建成，是这一时期的标志性项目之一，见图 2.19。它由著名建筑师贝尔纳·屈米（Bernard Tschumi）设计，独特地结合了园林、建筑和城市设计，创造了一个多功能的城市空间。公园内那独特的红色结构框架和多样化的活动区域，使其成为生态和文化相结合的成功典范。这个公园不仅为市民提供了丰富的娱乐、文化和自然体验，还通过其创新的设计理念，引领了城市绿地发展的新方向。同样位于巴黎的贝尔西公园（Parc de Bercy），于 1997 年开放。贝尔西公园巧妙地分为大草坪区、果园区和葡萄园区，在设计上强调生态和历史文化的结合。这个公园不仅提供了广阔的绿地供市民休憩，还保留了区域的历史遗迹，融合了现代

图 2.19　巴黎的拉·维莱特公园

（图片来源：https://unsplash.com/.）

设计与自然景观。贝尔西公园展示了如何在保留历史文化的同时，通过现代化的设计手法，提升城市公共空间的功能和“颜值”。此外，旧金山的金门公园（Golden Gate Park）虽然最初建成于19世纪末，但在20世纪末期进行了大规模的现代化改造。通过引入新的生态恢复项目、增加现代设施和改善基础设施，金门公园不仅保留了其原有的自然美景，还进一步提升了公园的生态功能和市民的使用体验。现代化改造项目使得金门公园更好地适应了当代城市居民的需求，提供了更加多样的休闲和娱乐活动场所。

第三阶段——多功能设计与可持续发展：21世纪初，国外城市公共绿地的发展呈现出多样化和创新性的趋势。这一时期，城市绿地建设不仅注重生态功能的提升，还致力于通过设计和功能的多样化来满足市民多方面的需求。在全球各大城市中，许多标志性的公共绿地项目相继建成，这些项目在提升城市环境质量和增强社区凝聚力方面发挥了重要作用。芝加哥千禧公园（Millennium Park）于2004年开放，成为这一时期的标志性项目，见图2.20。千禧公园融合了艺术、建筑和景观设计，提供了一个多功能的公共空间。安尼施·卡普尔（Anish Kapoor）设计的云门以其流线型设计和镜面效果吸引了大量游客，成为公园的标志性景点。公园中由贾梅·普莱恩萨（Jaume Plensa）设计的皇冠喷泉，通过互动性的水景设计和展示市民面孔的LED屏幕，增强了社区的参与感和归属感。千禧公园的设计不仅在美学上具有创新性，还通过开放草坪和步行道为市民提供了多样化的活动空间。纽约的高线公园（High Line Park）是这一时期建成的另一个具有代表性的项目，见图2.21。高线公园由废弃的高架铁路改造而成，第一期于2009年开放。高线公园的设计理念是将废弃的工业基础设施转变为一个独特的城市绿地空间。设计师保留了原有的铁路轨道，并在其间种植了大量本地植物，形成自然生长的生态景观。公园的步道设计灵活，既有开放的广场供人们聚集，也有较为私密的休憩空间。沿线还设置了多处观景平台和艺术装置，使公众能够从不同角度欣赏城市风景。高线公园的成功不

图2.20　芝加哥的千禧公园

（图片来源：参考文献[19]）

图 2.21 纽约的高线公园

（图片来源：参考文献[20]）

仅在于其独特的设计，还在于其生态恢复和社区互动的理念，使其成为城市再生和公共空间设计的典范。

第四阶段——智慧城市技术应用与健康城市理念兴起：2010 年至今，国外城市公共绿地的发展迎来了一个技术与健康深度融合的新时期。随着智慧城市概念的普及，公共绿地不仅成为休闲空间，更成为科技创新和生态可持续发展的实验场。这一时期的公共绿地项目通过先进的智能技术和健康设施，提升了城市的环境质量和居民的生活品质，体现了对未来城市生活模式的积极探索。悉尼中央公园是这一时期的一个典型代表，见图 2.22。该公园采用了多种可持续技术和智慧城市解决方案，包括再生水系统、太阳能面板和智能垃圾管理系统。悉尼中央公园不仅在生态保护方面表现出色，还提供了丰富的健康设施，如健身路径、户外健身器材和休闲区，鼓励市民进行户外活动和社交。其创新的设计和生态技术，使其成为现代城市公共绿地的典范。纽约哈德逊广场公园（Hudson Yards Park）则是另一个体现智慧城市技术和健康城市理念的代表性项目，见图 2.23。哈德逊广场公园于 2019 年开放，是纽约市内一个集绿色空间和高科技设施于一体的现代公园。公园配备了先进的灌溉系统、能源管理技术、智能灯光系统以及安全监控系统，以此提升公园的管理效率和使用安全性。同时，公园设置了健康步道和运动设施，旨在鼓励居民进行日常锻炼，促进身体健康。

国外当代城市公共绿地在不同阶段展现出了明显的差异，主要体现在设计理念、功能侧重点和技术应用三个方面。20 世纪中期重建阶段的设计理念强调功能性和适用性，功能侧重于提供基本的休闲空间和改善城市环境。20 世纪末的设计理念强调

图 2.22　悉尼中央公园
（图片来源：https://unsplash.com/.）

图 2.23　纽约哈德逊广场公园
（图片来源：参考文献 [21]）

生态规划和社区参与，功能侧重于环境改善和社区活动。21 世纪初，设计理念转向多功能性和综合性，功能侧重于文化和娱乐，利用现代建筑和艺术技术创造丰富的公共空间。2010 年后，设计理念融入智慧城市和健康城市，功能侧重于健康与智能，广泛应用智能灌溉、智能照明等科技手段，提升绿地管理和居民生活质量。

尽管在不同阶段有不同的侧重点，但是国外当代城市公共绿地的发展也展现了一些相同点。首先，这些绿地都体现了对居民健康和生活品质的关注。从重建时期的基本休闲空间，到现代公园中的健康步道，这些项目都在不同程度上提升了市民的生活质量。其次，社区参与度的提升也是一个持续的主题。从 20 世纪末的社区参与设计到现代公园中的互动设施，这些绿地项目始终强调居民的参与和互动，增强了社区凝聚力。最后，这些项目都体现了创新精神。无论是设计理念、功能布局还是技术应用，国外当代城市公共绿地都在不断探索和创新，为现代城市绿地规划提供了新的思路和方法。

国外当代城市公共绿地的发展受到多重因素的推动。首先，环境保护和可持续发展的全球趋势，使得生态规划和可持续设计成为城市绿地建设的重要原则。随着全球气候变化和环境问题的日益严峻，城市绿地的生态功能得到了前所未有的重视。其次，城市化进程加速和人口密度增高，迫使城市规划者通过绿地建设来缓解城市压力、提升居民生活质量。最后，科技的进步，特别是智慧城市技术的应用，为现代城市公共绿地的规划和管理提供了新的工具和方法，进一步提升了绿地的功能和管理效率。智能监控、智能灌溉和能源管理系统等新技术的应用，使得现代城市绿地在环境保护和居民健康方面表现得更加优异。

国外当代城市公共绿地的发展历程为城市公共绿地的规划与设计提供了诸多启示。首先，城市公共绿地的设计应具有前瞻性和灵活性，能够根据社会经济发展和居民需求的变化进行调整和优化。其次，公共参与和社会公平应成为城市公共绿地规划的重要原则。城市通过公开征询意见和民主决策，确保市民的参与度和满意度。最后，现代城市公共绿地的设计应结合科技创新，通过智慧城市技术和健康设施的应用，提升管理效率和居民生活品质。

（2）中国当代城市公共绿地的发展

中华人民共和国成立后，特别是20世纪50年代至70年代，中国城市公共绿地建设进入了快速发展时期。我国大力推进城市绿化，初步明确了新时期城市园林绿化建设以改善生态环境和植物造景为主的理念。北京、广州、上海等城市在绿地规划和建设方面取得了显著成就。北京的紫竹院公园是这一时期的典型代表之一，见图2.24。作为城市公共绿地的示范项目，紫竹院公园不仅提供了优美的景观，还为市民提供了丰富的休闲娱乐设施。公园内的竹林、湖泊和花坛，不仅美化了城市环境，还在调节气候、净化空气和提供生态庇护方面发挥了重要作用。

广州的越秀公园是另一个重要案例。作为广州较大的公园之一，越秀公园集自然景观与历史文化于一体，成为市民重要的休闲场所。公园内的山体、湖泊和古建筑，形成了丰富的景观层次，既提升了城市的美学品质，又为市民提供了多样化的休闲

图2.24　北京的紫竹院公园

（图片来源：参考文献[22]）

活动空间。越秀公园的成功建设，标志着中国城市公共绿地建设达到了一个新的高度。在这一阶段的绿地建设中，政府通过系统的绿地规划和大量的资金投入，推动了城市绿地的快速发展，不仅改善了城市的生态环境，提升了市民的生活品质，还促进了社会的和谐与稳定。这些努力为后续的“园林城市”建设奠定了坚实的基础，展示了中国在城市公共绿地规划和建设中的不断创新和进步。

20 世纪末，中国的城市公共绿地发展受到了国家政策的大力推动，尤其在生态恢复和环境改善方面取得了显著进展。这一时期，中国政府开始重视城市绿地的生态功能，将其纳入城市规划和建设中，通过一系列政策和项目，推动了城市绿地面积的增加和生态环境的改善。北京朝阳公园是这一时期的重要代表性项目之一，见图 2.25。该公园始建于 1984 年，是北京市较大的城市公园之一，占地 288.7 公顷。1997 年，朝阳公园建设被列为北京市国庆 50 周年重点工程，得到了政府的政策支持，强调生态恢复和绿化。公园内有大面积的人工湖泊、林地和草坪，为市民提供了丰富的休闲和娱乐空间，极大地改善了周边的生态环境。武汉东湖风景区是中国较大的城中湖风景区之一，占地约 88 平方千米，见图 2.26。在 20 世纪 80 年代，建设部将东湖污染防治技术研究列为“八五”国家科技攻关项目，武汉市也将东湖治理纳入“八五”建设计划，随后武汉市政府对东湖进行了大规模的生态恢复和扩建，增加了绿地和湿地面积，改善了湖泊水质和周边生态环境。东湖风景区不仅为市民提供了广阔的休闲娱乐空间，还在生态保护和环境改善方面发挥了重要作用。

图 2.25　北京朝阳公园

（图片来源：参考文献 [23]）

图 2.26　武汉东湖风景区

（图片来源：自摄）

21 世纪初，中国城市公共绿地的发展进入了一个新的阶段，这一时期的绿地建设不仅注重生态保护和环境改善，还注重文化融合和综合功能的设计。随着城市化进程的加速以及市民对生活质量要求的不断提高，城市绿地已然成为市民文化、教育及休闲的关键场所，展示了中国城市规划在生态文明建设中的创新实践。上海的世纪公园是这一时期的典型代表，见图 2.27。该公园于 2000 年建成，占地约 140.3 公顷，是上海市较大的城市公园之一。世纪公园设计融合了中西方园林风格，分为湖区、草坪区、森林区等不同区域，既有现代景观设计，也保留了中国传统园林元素。公园内设有科学教育中心、艺术展览馆和各类文化活动场所，成为市民休闲和文化交流的重要场所。杭州西溪国家湿地公园则于 2005 年开放，占地约 1150 公顷。公园设计结合了湿地生态保护与文化展示，保留了大量的自然湿地景观，同时展示了江南水乡的传统文化。西溪国家湿地公园内有丰富的动植物资源，以及各类文化展览和生态教育项目，成为市民亲近自然和了解传统文化的重要场所。北京奥林匹克森林公园作为 2008 年奥运会的一部分，占地 680 公顷。公园设计强调生态恢复和可持续发展，同时融合了体育文化和中国传统元素。奥林匹克森林公园内有丰富的植被、湖泊和步道，以及各种体育设施和文化活动场所，成为市民休闲、锻炼和开展文化活动的重要空间。广州海珠湖公园于 2010 年建成，是广州市中心的一个大型城市公

图 2.27　上海的世纪公园

（图片来源：参考文献 [24]）

园，占地约 110 公顷。公园设计融合了现代生态景观和岭南文化元素，设有湖泊、湿地、草坪和森林区。海珠湖公园内还设有文化展览馆、科普教育中心和多功能活动广场，为市民提供了丰富的文化和教育活动场所。总之，这些公园不仅在生态和环境保护方面取得了显著成效，还通过融合文化元素和综合功能，丰富了市民的休闲和文化生活，展示了中国在城市公共绿地建设中的创新和努力。

自 2010 年以来，中国的城市公共绿地发展进入了一个科技创新与全民健康相结合的新时代。这一时期的城市绿地建设不仅注重生态保护和环境改善，还广泛引入了智慧城市技术和健康设施，通过创新的设计和先进的技术手段，显著提升了城市环境质量和居民的生活体验。深圳湾公园是这一时期的代表性案例之一，见图 2.28。该公园于 2011 年建成，是深圳市较大的城市海滨公园，占地约 128 公顷。深圳湾公园内设置了智能照明系统、环境监测系统和雨水收集系统，充分体现了科技与生态的融合。公园内有长达 13 千米的滨海步道和自行车道，配备多种健身器材，鼓励市民进行户外锻炼，成为市民健康生活的重要场所。成都天府绿道则是另一个体现科技创新与全民健康理念的成功案例。天府绿道项目于 2017 年启动，规划总长 16 930 千米，是全球规模较大的绿道系统。绿道系统内安装了智能感应照明设施、监控设备和环境监测系统，提升了绿道的管理和维护水平，见图 2.29。绿道沿线设置了大量的健身步道、运动场地和健康驿站，提供多样化的健康服务，极大地促进了市民的日常锻炼和健康生活。总体而言，这些绿地项目通过智慧城市技术和健康设施的

图 2.28　深圳湾公园的滨海步道和自行车道

（图片来源：参考文献 [25]）

图 2.29　成都天府绿道的照明系统

（图片来源：参考文献 [26]）

应用，不仅提高了城市绿地的管理效率和环境质量，还为市民提供了更为便捷和多样的健康活动空间。

中国当代城市公共绿地在不同阶段展现的差异，主要体现在政策驱动和功能侧重点上。20 世纪中期，中国城市公共绿地建设进入了快速发展时期，政府大力推进城市绿化建设。20 世纪末，政策驱动的影响尤为明显，国家政策大力推动了生态恢复和环境改善。21 世纪初，随着城市化进程加快，公共绿地的发展更加注重文化融合和综合功能的设计，这不仅加强了生态环境保护，还加强了历史文化教育。自 2010 年以来，科技创新与全民健康成为主导，智慧城市技术的广泛应用和健康设施的引入显著提升了绿地的管理效率和居民的生活体验。这些不同的侧重点反映了各个时期的社会需求和发展重点，体现了城市公共绿地在功能和设计上的演变。

尽管各个阶段存在差异，但是中国当代城市公共绿地的发展在几个方面仍表现出一致性。首先，各个阶段都体现了国家政策的强力引导，政府通过一系列政策和项目推动了绿地建设和生态保护。其次，中国城市公共绿地在各个时期都注重文化元素的融合，通过结合传统与现代的园林艺术，创造了独具特色的公共绿地形式。最后，各个阶段的公共绿地建设都在不同程度上反映了中国社会对生态环境的重视和对市民生活品质的关注。

中国当代城市公共绿地发展的推动因素主要是以下三点。首先，国家政策的支持和引导是一个重要因素。其次，快速城市化和经济发展为绿地建设提供了资金和技术支持，同时也提出了更高的环境和生活质量要求。最后，文化传统的影响和现代科技的融合，使得中国的城市公共绿地不仅具有丰富的文化内涵，还具备了先进的管理和服务功能。

中国当代城市公共绿地的发展历程为城市绿地规划与设计提供了一些启示。政策支持和政府引导是绿地建设的重要保障，现代城市应继续加强政策的制定和实施，推动绿地的发展。同时，城市公共绿地应注重功能的多样化和综合性设计，通过融合文化、生态和健康元素，满足不同居民的需求。此外，科技创新与市民参与相结合是提升公共绿地管理和使用效果的关键，现代城市应广泛应用智慧城市技术和健康设施，并鼓励市民参与绿地的设计和维护，提升公共绿地的可持续性和社会价值。

2.2 城市公共绿地规划的理论演进

作为城市生态系统的核心元素，公共绿地不仅提供了休闲娱乐空间，还在改善城市环境、增强生物多样性和提升居民生活质量方面发挥着关键作用。随着社会、经济和技术的不断发展，城市公共绿地规划理论也经历了多次重要变革，从早期的花园城市理论到现代的智慧城市与健康城市理论，每一种理论都为解决特定的城市问题提供了独特的视角和方法。本节将系统梳理城市公共绿地规划的主要理论发展历程，探讨其对现代城市公共绿地规划的启示，为未来的城市公共绿地规划提供借鉴。

2.2.1 早期城市形态探索

（1）城市公园体系

弗雷德里克·劳·奥姆斯特德是美国著名的景观设计师，被誉为“美国风景园林之父”。他在 19 世纪后半期提出的城市公园体系理论，对现代城市绿地规划产生了深远的影响。奥姆斯特德认为，城市公园不仅是美化城市的装饰，更是改善城市居民生活、提升公共健康和社会福利的重要工具。

奥姆斯特德的城市公园体系强调通过创建连贯的公园网络，为城市居民提供多功能的绿地。他设计的公园不仅包括大型的城市公园，还包含绿道、广场、小型公园等多种形式，通过绿地网络将城市的各个部分连接起来，形成一个整体的城市生态系统。这种系统化的设计理念旨在提高城市的可达性和便利性，使居民无论身处何地，都能方便地享受绿地带来的福利。

纽约中央公园是奥姆斯特德著名的作品之一，作为美国第一个大型城市公园，它不仅是城市绿地的典范，也是城市公园体系理念的完美体现，见图 2.30。除此之外，波士顿公园系统也是奥姆斯特德的重要作品之一，展示了他在城市公园体系方面的创新实践，见图 2.31。波士顿公园系统由多个公园和绿道组成，通过绿地网络将城市各部分有机地联系在一起，创造了一个功能齐全、生态友好的城市环境。

奥姆斯特德的城市公园体系通过系统化的公园网络设计，致力于满足城市居民的休闲娱乐需求、改善城市环境和提升公共健康水平。对于城市公共绿地规划来说，

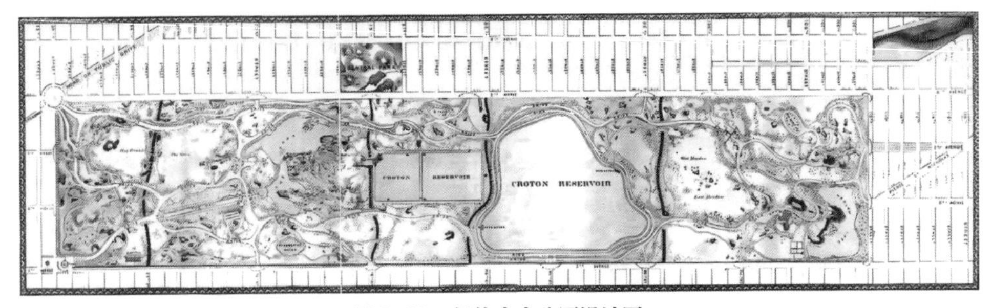

图 2.30　纽约中央公园设计图

（图片来源：参考文献[27]）

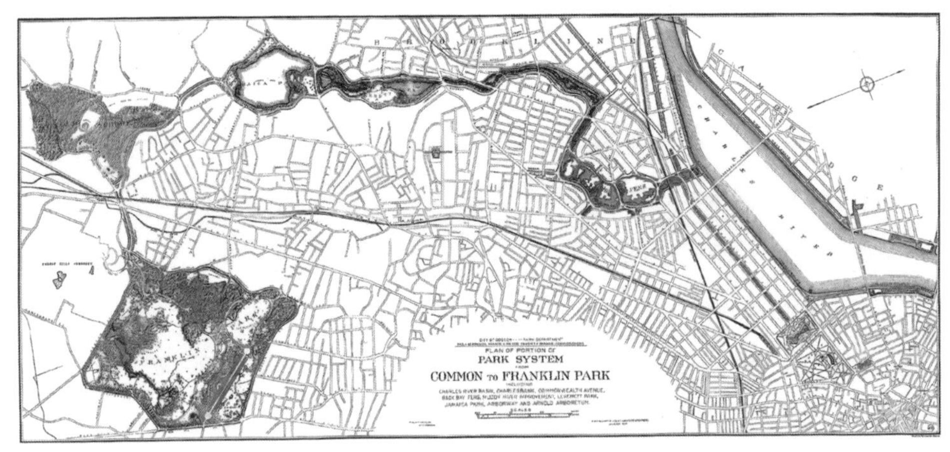

图 2.31　波士顿公园系统设计图

（图片来源：参考文献[15]）

奥姆斯特德的理念提供了系统化和整体性的设计思路，强调了绿地网络的连贯性和多功能性，推动现代城市公共绿地向更加生态化、多功能化和人性化的方向发展。

（2）**田园城市**（Garden City）

田园城市理论由英国城市规划师埃比尼泽·霍华德（Ebenezer Howard）于 1898 年提出，这一理论在城市规划史上具有划时代的意义。1898 年 10 月，他在《明日：一条通向真正改革的和平道路》（第二版更名为《明日的田园城市》）中，提出了结合城市和乡村优点的概念，旨在解决工业化城市带来的环境污染、拥挤和生活质量低下等问题[28]。

霍华德的田园城市概念强调自给自足的社区，居民不仅可以享受城市的便利设施和社会服务，还能享受乡村的宁静和自然环境。他设想的田园城市由中央城市和六个单体田园城市构成城市群组，其地理分布呈现行星体系特征，见图 2.32。中央

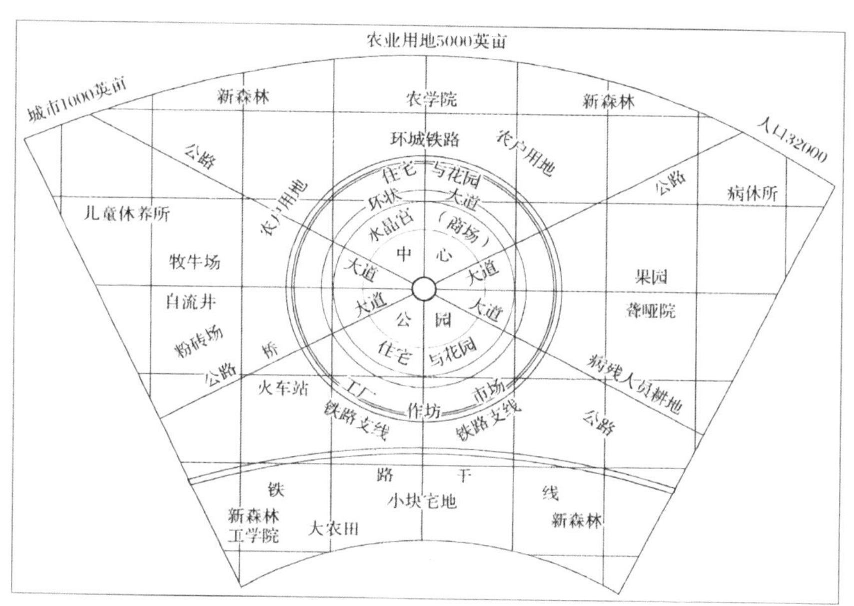

图 2.32　霍华德的田园城市概念图

（图片来源：参考文献 [29]）

城市作为经济、文化和行政中心，而卫星城则通过绿地和交通系统与中央城市相连，形成一个有机整体。每个田园城市规划容纳约 32 000 名居民，占地约 6000 英亩（约合 24.28 平方千米），其中一半为城市用地，另一半为农业用地和绿地。城市内部设计有宽敞的道路、公园和绿化带，确保居民可以方便地接触自然环境。

田园城市理论为解决工业化城市中的环境污染和生活质量低下问题提供了独特的视角和方法，通过将城市和乡村的优点结合，创造出既具备现代城市功能又拥有自然环境的理想居住地。这一理论不仅在英国得到了实践，而且在全球范围内产生了深远影响。例如，英国的莱奇沃思（Letchworth）和韦林花园城（Welwyn Garden City）都是根据田园城市理论设计和建设的。田园城市理论强调生态与生活的融合，启示现代城市规划在追求经济发展的同时，注重生态环境和居民生活质量的提升。

（3）**光辉城市**（Ville Radieuse）

光辉城市理论由法国建筑师和城市规划师勒·柯布西耶（Le Corbusier）提出，是现代主义城市规划的重要里程碑。柯布西耶反对空想社会主义与霍华德以来的城市分散主义思想，主张面对大城市的现实，并拥抱现代化的技术力量，提出以全新的规划和建筑方式改造城市的理论，被称为“城市集中主义”。

柯布西耶的光辉城市概念集中体现于他的两部重要著作:《明日城市》(1922年)和《光辉城市》(1933年),见图2.33和图2.34。在他提出的巴黎改建新设想方案中,他将巴黎城岛对面的右岸地区彻底改造,设计了多幢60层塔楼,供国际公司总部使用。地面完全开敞,自由布置高速公路、公园、咖啡馆和商店等。这个规划抛弃了传统的走廊式街道形式,使空间向四面八方扩展开去[30]。

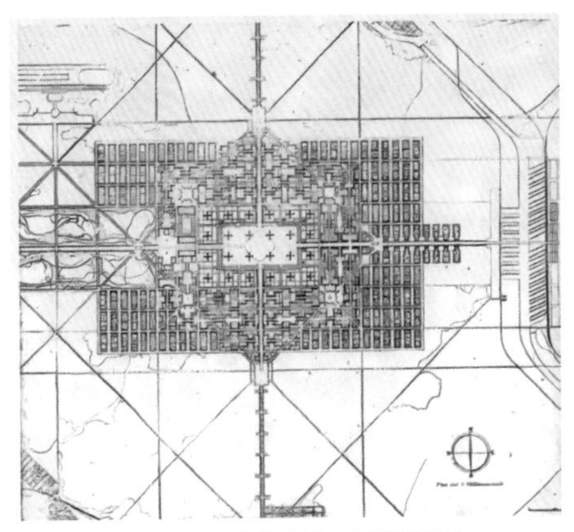

图2.33 光辉城市平面设计图
(图片来源:参考文献[31])

图2.34 光辉城市交通系统设计图
(图片来源:参考文献[31])

光辉城市理论提出了五种核心规划手法,见表2.2,其中最具代表性的是城市的功能分区。柯布西耶通过明确城市依照功能划分为工业区、住宅区、交通区和商业区来提高城市的运作效率。这种分区设计不仅能够减少不同功能区之间的冲突,还能使城市中的各类活动有序开展。他特别强调,住宅区应远离工业区,以保证居民的生活质量不受工业污染的影响。高密度的塔楼建筑是光辉城市规划中的另一种关键手法。柯布西耶设想在城市中心建设高层塔楼,用以安置大量的居民和办公空间。这些塔楼不仅能够节约城市土地资源,还能够通过垂直建筑形式为居民提供开阔的公共绿地和开放空间。高密度的建筑模式与大片开放空间相结合,既确保了人口密度的合理控制,又为市民创造了舒适的生活环境。在交通规划方面,柯布西耶设计了一套高效的多层次交通网络,以应对城市中的交通拥堵问题。地面层被设计为行人专用空间,而机动车则通过专门的高速公路和立体交叉系统快速通行。这样,交通流量被有效分流,避免了不同交通方式之间的相互干扰,同时也为城市居民提供了安全便捷的出行方式。公共空间的开放性在光辉城市规划中得到了特别重视。柯布西耶提出将城市中的地面部分完全开放，摆脱传统街道的局限，使得城市空间向四面八方扩展开来。这种开放性设计不仅提升了公共绿地的使用率，还为居民创造了更多的社交和休闲场所，增强了城市的可达性和活力。最后，柯布西耶在光辉城市规划中强调技术的现代化应用，尤其是在建筑和城市基础设施中广泛采用现代建筑材料和技术手段。钢筋混凝土等现代材料的使用，使得建筑物的结构强度和功能性显著提高，现代化的设备和技术使得城市能够高效运作，同时提升了居民的生活舒适度和城市的可持续发展能力。

表 2.2　光辉城市理论的五种核心规划手法

规划手法	核心概念	设计特点	作用
功能分区	明确划分住宅区、商业区、工业区和交通区	住宅区远离工业区，保障居民生活质量	减少功能区冲突，使城市活动有序开展
高密度的塔楼建设	在城市中心建设高层塔楼，容纳大量居民和办公空间	高层塔楼结合开放绿地，提供公共空间和生活设施	节约土地资源，提供大量居住和工作空间
多层次交通网络构建	构建高效交通网络，地面层为行人专用，机动车通过高速公路和立体交叉系统通行	地面层完全行人化，机动车行驶在高效快速道路上，避免行人与车辆发生冲突	缓解交通拥堵，提高交通流量分配效率
公共空间开放性设计	城市地面部分完全开放，摆脱传统封闭街道	与传统街道封闭不同，空间向各个方向开放，市民更易接触绿地和设施	提升公共绿地和开放空间使用率，增加市民社交和活动空间
现代材料与技术的应用	广泛采用现代建筑材料和技术，如钢筋混凝土	现代化建筑材料可提升城市基础设施的效率和功能性，技术可支持高效运作	提高建筑结构强度和功能性，促进可持续发展

表格来源：自绘

光辉城市理论主要解决的是城市密度高、交通拥堵和环境恶化问题。通过高密度建筑和开放的公共空间设计，柯布西耶提出了一种既能够提高城市效率，又能够提升居民生活质量的城市规划模式。尽管这一理论在实际应用中面临诸多挑战和争议，但其强调城市功能分区和高效利用土地资源的理念，对城市公共绿地规划具有重要启示，提供了密度优化和功能整合的思路。

（4）**广亩城市**（Broadacre City）

广亩城市理论由美国建筑师弗兰克·劳埃德·赖特（Frank Lloyd Wright）于1932年提出，是对现代城市化进程中集中化发展趋势的反思。赖特在其著作《正在消灭中的城市》（*The Disappearing City*）中，提出了一种低密度、分散化的城市规划模式，旨在通过大规模分散居民的居住和工作场所，解决城市拥堵、环境污染和生活质量下降等问题。

赖特的广亩城市概念强调每个家庭拥有一英亩（约合4046.86平方米）土地，用于建设住宅和设置园林，同时配备独立的交通工具和基础设施，见图2.35。这一模式倡导通过分散化的居住和工作布局，减少城市的集中化压力，提升居民的自主性和生活质量。广亩城市不仅是一个居住空间，更是一个综合了农业、工业和商业功能的自给自足社区，居民可以在一个更自然、更健康的环境中生活和工作。

广亩城市理论主要应对的是城市拥堵和生活质量下降问题，通过分散化和低密度发展的模式，创造出一个更自然、更宜居的城市环境。这一理论强调分散化和自给自足的理念，为现代城市规划提供了新的思路，特别是在城市扩展和郊区开发方面具有重要启示。

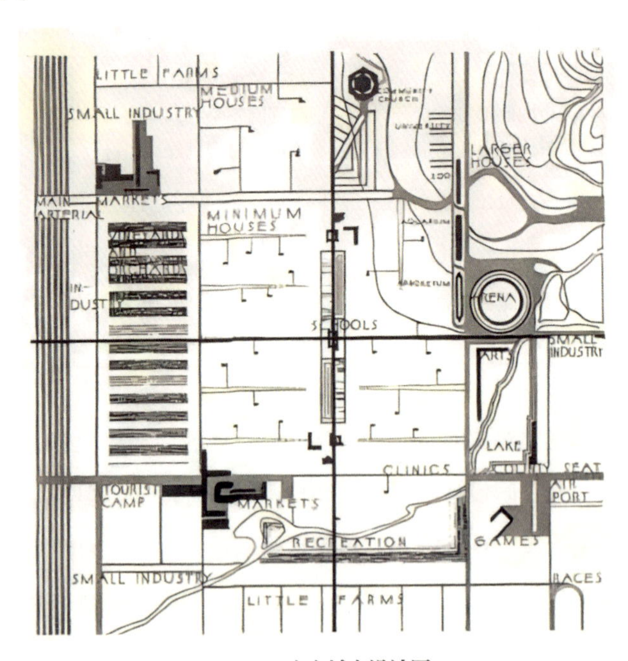

图2.35　广亩城市设计图

（图片来源：参考文献[31]）

（5）**有机疏散理论**（Theory of Organic Decentralization）

有机疏散理论由芬兰裔美国建筑师和城市规划师埃利尔·沙里宁（Eliel Saarinen）于20世纪初提出。沙里宁在其著作《城市：它的发展、衰败与未来》（*The City: Its Growth, Its Decay, Its Future*）中，强调城市结构既要符合人类聚居的天性，便于人们过共同的社会生活，感受到城市的脉搏，又要不脱离自然。

沙里宁的有机疏散理论认为，城市不应当过度集中，而应当根据地形和自然条件进行有机扩展。他提出，在城市中创建一系列分散的小型社区，每个社区都有自己的商业、教育和休闲设施，居民可以在步行或短途交通范围内满足日常需求。这种规划模式既保留了城市的活力和便利性，又通过合理的疏散和绿地配置，改善了城市的环境。

有机疏散理论为解决城市过度集中和环境恶化问题提供了独特的视角，通过有机生长和分散化的理念，创造出一个更加灵活和宜居的城市结构。这一理论在20世纪中期的城市规划中得到了部分应用，尤其是在美国和欧洲的新城镇建设中，展现了其在实际应用中的价值。对于现代城市公共绿地规划来说，沙里宁的理论提供了注重自然条件和有机生长的规划理念，强调了绿地和社区功能的有机结合。

2.2.2 生态系统整合规划

（1）**生态规划思想**

生态规划思想的发展可追溯至20世纪60年代，其中最具代表性的是伊恩·伦诺克斯·麦克哈格（Ian Lennox McHarg）提出的理念。1969年，麦克哈格在其开创性著作《设计结合自然》（*Design with Nature*）中不仅提出了生态评价方法，还倡导了一种全新的城市规划理念——生态规划。这一理念强调在城市规划过程中应充分考虑自然环境因素，以实现人类活动与自然环境的和谐共存。

麦克哈格提出的生态评价方法，即"叠加法分析"，为规划师提供了一种科学的工具来理解和评估区域环境。这种方法以图层的形式将不同的自然要素（如地质、水文、植被等）叠加，从而全面分析区域的生态特征和适宜性，为土地开发和城市规划提供科学依据，见图2.36。这种方法不仅有助于识别生态敏感区域，还能指导城市功能区的合理布局，最大限度地减少城市发展对自然环境产生的负面影响。

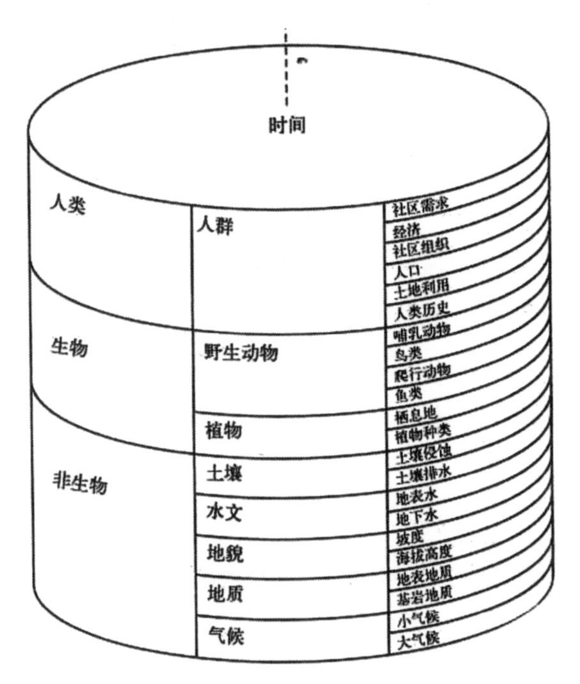

图 2.36　麦克哈格的叠加法

（图片来源：参考文献 [28]）

麦克哈格的生态城市理论主要聚焦于解决城市环境问题。它通过科学地分析和评价自然环境条件，合理布局城市功能区，实现生态保护和城市发展的双赢。这一理论自提出以来，在全球范围内得到了广泛应用，影响了许多城市的生态规划实践，为可持续城市发展提供了重要的理论基础和实践指导。

继麦克哈格之后，其他学者也对生态规划思想进行了进一步的发展和完善。例如，约翰·莱尔（John Lyle）在其著作《人类生态系统设计》（*Design for Human Ecosystems*）中提出了四大绿地配置模式，为城市绿地系统的规划提供了更具操作性的指导。同时，汤姆·特纳（Tom Turner）提出的六大绿地配置模式进一步丰富了生态规划的实践策略。这些模式旨在通过合理布局公园、绿地、森林等自然空间，构建多层次的城市绿色基础设施，提高城市的生态服务功能，增强城市抵御气候变化的能力。

（2）景观生态学

景观生态学作为一门新兴的交叉学科，为城市绿地系统规划提供了革新性的视角和方法。在此领域中，哈佛大学的理查德·福尔曼（Richard T. T. Forman）的研究贡献尤为显著。福尔曼在 20 世纪 80 年代和 90 年代期间，通过陆地卫星图像与地理信息系统（GIS）进行分析，开创了应用生态学研究的新方向。

福尔曼的研究超越了麦克哈格体系中物质因素的垂直叠加，着重探讨生态系统的动态与复杂性。他指出，生态系统不局限于物质世界的静态构成，还需要纳入生态物质（如水体、种子、野生动植物）的流动与互换。在其著作《景观生态学》（*Landscape Ecology*）和《土地镶嵌体》（*Land Mosaics*）中，福尔曼提出了“斑块 - 廊道 - 基质”模型，见图 2.37。该模型将景观视为由不同类型的生态斑块（如公园、湿地）、连接斑块的廊道（如河流、绿道）以及周围的基质（如建成区）组成的复杂系统。通过优化这三种要素的空间配置，可以显著提升城市生态系统的整体功能和稳定性。福尔曼的研究将生态学“空间化”，使之成为“空间生态学”[32]。

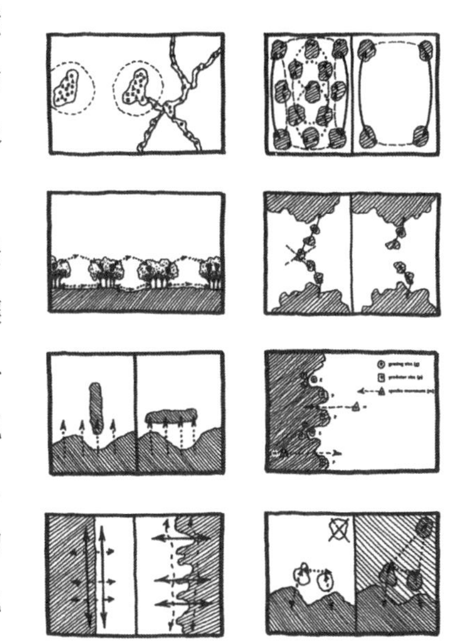

图 2.37　图解：斑块、边缘、廊道和镶嵌体

（图片来源：参考文献 [32]）

这一理论特别关注人为影响下的自然系统形式、功能运作与空间模式，为城市规划设计提供了概念性指导。在景观生态学的框架下，规划师和设计师能够更好地理解土地结构及其相关生态过程的形成，从而通过景观设计创造生态复杂性。

（3）生态城市理论

生态城市这一概念于 20 世纪 70 年代由联合国的“人与生物圈计划”（MAB）首次提出，其核心在于探索实现人与自然和谐共存的可能性。

从生态学视角审视，城市作为人类主导的复合生态系统，其结构主要由社会、经济与自然三大子系统构成。因此，生态城市建设标准应从社会生态、经济生态及自然生态三个维度进行综合评估。社会生态原则以人为核心，旨在满足人类物质与精神需求，促进社会和谐与持续发展。经济生态原则关注资源合理配置与高效循环，追求经济发展与环境保护的和谐共生。自然生态原则强调优先保护生态环境，通过城市规划和建设措施，最大限度减少对自然环境的干扰，确保城市扩张与建设活动均在环境承载能力之内，以维护生态平衡与生物多样性。

（4）生态网络规划

生态网络规划理论的发展始于20世纪后期，得益于生态学与景观生态学领域的显著进步。1991年，欧洲生态学家罗布·容曼（Rob H. G. Jongman）在论著《生态网络与绿色走廊：欧洲规划中的同一体？》中深入探讨了生态网络概念及其实质意义，加速了该理论在欧洲的普及应用。

生态网络规划以生态系统的整体性和连通性为核心，旨在通过建立和维护生态网络，保护生物多样性和维持生态系统服务功能。此方法强调生态系统的结构与功能的统一，并由核心区、缓冲区、生态廊道三大核心元素构成。核心区提供生物栖息地，缓冲区减少外部干扰，生态廊道确保物种和基因流动[28]。生态网络规划强调通过科学的规划和管理，维护和恢复生态系统的完整性和功能。

生态网络规划为应对城市化进程中的生物多样性丧失和生态退化问题提供了科学的方法。它通过建立生态网络，可以有效保护城市中的自然资源，促进生态系统的健康和稳定。荷兰的生态网络规划和我国的国家生态安全格局都是这一理论的成功应用，展示了生态网络在城市生态保护中的重要性。荷兰的生态网络规划通过建立国家和地区级的生态廊道，保护了大量珍稀物种的栖息地；我国的国家生态安全格局则通过构建生态红线和生态廊道，维护了国家生态安全。

（5）景观都市主义

景观都市主义是20世纪90年代兴起的一种后现代主义城市规划理论，由查尔斯·瓦尔德海姆（Charles Waldheim）等人提出，强调城市设计中景观的主导地位。作为后现代主义的一部分，景观都市主义主张将城市视为由生态和社会过程共同构成的复杂系统，倡导通过景观来组织城市空间，以应对现代城市面临的复杂挑战[32]。

景观都市主义理论认为，传统的城市规划方法过于注重建筑和基础设施，而忽视了自然景观和生态系统的价值。将景观设计置于城市规划的核心位置，可以更好地整合自然和城市，提升城市的生态韧性和环境质量。这一理论强调多功能、多层次的绿色空间，通过动态的生态过程和开放的空间结构，促进城市的可持续发展。

2.2.3 可持续与智慧城市发展

（1）紧凑城市（Compact City）

紧凑城市理论的提出，是对20世纪后期城市蔓延和资源浪费现象的回应。1973年，数学家乔治·丹齐格（George Dantzig）和托马斯·萨蒂（Thomas Satty）提出紧凑城市的系统城市模型，这一理论试图解决现代城市中日益严峻的环境压力增大、交通拥堵、土地资源浪费以及生活质量下降等问题。该理念不仅受到两位学者研究的推动，还深受简·雅各布斯（Jane Jacobs）对现代城市规划的反思与批判的影响。雅各布斯在她的经典著作《美国大城市的死与生》中，质疑当时主流的城市功能分区模式，提倡混合功能的城市设计，这一思想成为紧凑城市理念的重要基础。

紧凑城市的核心在于通过合理的土地利用和高密度发展，提升城市的资源利用效率。其规划模式主张在有限的土地上，通过建筑密度优化、功能布局混合、公共交通完善以及步行和非机动车交通推广，减少城市对周边自然资源的依赖。这种规划不仅能有效抑制城市无序扩展，还能减轻环境负担，解决社会问题，创造更高效的城市结构。紧凑城市特别注重空间的合理配置，确保每一片城市土地都能被充分且有效地利用，从而最大限度地提升城市的可持续性和宜居性。

这一理论的早期实践主要出现在欧洲城市，尤其是荷兰、丹麦和德国等国。以阿姆斯特丹为例，通过紧凑城市的理念，该城市成功避免了无序扩展，确保了居住区、商业区、办公区与公共绿地的高度整合。城市的高密度布局配合高效的公共交通网络，使得居民日常生活中不再依赖私人汽车出行，减少了碳排放和交通拥堵。同时，紧凑的城市布局保证了高密度与宜居性的兼容性，进一步提升了生活质量。

总之，紧凑城市理论通过强调高密度开发、功能混合和交通可达性，有效提升了城市公共绿地的空间配置效率。公共绿地不仅成为城市生态和社会功能的重要载体，也成为解决城市蔓延和资源浪费问题的关键因素。在紧凑城市理论的影响下，城市公共绿地得以与其他功能区紧密结合，形成生态、交通和社会效益相统一的城市空间结构，促进了城市生态环境的改善和居民生活品质的提升。

（2）可持续城市规划

1996年在土耳其伊斯坦布尔召开的第二届联合国人类住区会议上，首次出现可持续城市的官方提法。此后，国际上频繁出现与可持续城市相关的议题。

可持续城市规划强调在城市规划过程中，保护自然资源和生态系统，减少污染和资源消耗，同时促进经济增长和社会进步。该理论倡导使用清洁能源、绿色建筑和可再生资源，以实现城市的长远发展。它还注重综合治理环境问题，如城市热岛效应、空气污染和水资源管理，确保城市在快速发展的同时保持生态平衡。

例如，德国的弗赖堡市通过实施可持续城市规划，发展了低能耗建筑、绿色交通系统和再生能源，成为全球公认的生态城市典范。弗赖堡市不仅在市中心区广泛应用太阳能和风能等可再生能源，还通过增加城市绿地和公园，提高了城市的生态韧性和居民的生活质量。该市还实施了严格的土地利用规划，限制城市扩展，保护周边的自然景观和农业用地。

（3）健康城市理论

健康城市理论是世界卫生组织在20世纪80年代提出的一种城市规划理念，旨在通过改善城市环境和基础设施，促进居民的身体和心理健康。在健康城市规划中，城市公共绿地的设计和利用成为关键因素之一。

健康城市理论强调通过设计和规划高质量的城市公共绿地、公园、步道和自行车道，鼓励居民进行户外活动和锻炼，提升身体健康水平。同时，健康城市注重改善空气和水质，并加强噪声控制和废弃物管理等环境管理工作，确保居民生活在一个健康、安全和宜居的环境中。此外，健康城市还强调社会包容和心理健康，通过提供社区服务、文化活动和社会支持网络，增强居民的心理健康和社会凝聚力。

丹麦哥本哈根是健康城市理论的典型应用案例。哥本哈根通过大规模建设自行车道和步道，鼓励居民选择步行和骑行作为主要出行方式，从而减少汽车使用，改善空气，提高居民的身体健康和心理健康水平，提升社会凝聚力。该市还建设了大量的公共绿地和社区花园，为居民提供休闲和社交的空间。这些绿地不仅是居民放松和娱乐的场所，也是城市生态系统的重要组成部分，有助于调节气候和净化空气。

健康城市理论通过优化城市公共绿地的设计和利用，展示了如何通过创造健康的公共空间来促进居民的身体和心理健康。

（4）智慧城市理论

智慧城市理论是21世纪初兴起的一种城市规划和管理理念，旨在通过信息技术和数据分析来优化城市的基础设施和服务，提高城市管理效率和居民生活质量。在智慧城市规划中，城市公共绿地的管理和优化也成为重要组成部分。

智慧城市理论强调数据驱动的决策过程，通过实时监控和数据分析，优化城市资源的配置和使用。例如，智慧绿地管理系统通过传感器网络监测土壤湿度、温度和空气质量，并利用数据分析平台优化绿地的灌溉和维护策略，从而提高绿地的健康水平和可持续性。智能照明系统则通过感应技术调整公园和绿地的照明，节约能源并提升安全性。

新加坡是智慧城市理论的典型应用案例之一。新加坡的智慧国家计划不仅在交通、公共安全和环境监控等方面取得了显著成效，而且在城市公共绿地管理方面也进行了创新。通过传感器和数据分析平台，新加坡能够实时监控和管理其公共绿地，优化资源配置，提高绿地的使用效率和居民满意度。

智慧城市理论通过数据驱动的智能决策，展示了如何利用先进技术优化绿地管理和服务，提高绿地的生态质量和可持续性。这一理论为现代城市公共绿地规划提供了通过智能技术提升绿地管理和服务水平的创新思路。

健康城市理论与智慧城市理论的区别主要在于处理问题的方式上。健康城市理论侧重于通过改善城市环境和基础设施来促进居民的身体和心理健康，强调通过设计高质量的城市公共绿地、公园、步道和自行车道，鼓励居民进行户外活动和锻炼，从而提升健康水平。智慧城市理论则通过信息技术和数据分析来优化城市的基础设施和服务，提高城市管理效率和居民生活质量。智慧城市的核心在于整合物联网、云计算、大数据和人工智能等技术，实现城市的智能化和现代化。智慧城市理论强调数据驱动的决策过程，通过实时监控和数据分析，优化城市资源的配置和使用。

同时，健康城市理论和智慧城市理论在一些关键方面也展现出了共同的关注点。首先，这两种理论都强调通过城市公共绿地的设计和优化，促进居民的身体和心理健康。健康城市理论注重通过高质量的绿地和公共空间，鼓励居民进行户外活动和社交，促进身体和心理健康。智慧城市理论通过智能技术优化绿地管理，提供更健康、更可持续的公共空间，同样促进居民的整体健康。其次，两种理论都注重通过科学规划和管理来保护和改善城市生态系统。健康城市理论通过优化城市环境和基础设施，减少污染，提升空气质量和水质，确保城市生态系统的健康。智慧城市理论则通过数据驱动的决策和智能管理系统，实现对绿地和自然资源的高效利用和保护，确保城市在现代化发展的同时维持生态平衡。

总之，城市公共绿地规划的理论演进历程为实践提供了丰富的指导和启示。从田园城市的理想蓝图到智慧城市的科技应用，每个理论阶段都在为实际问题寻找解决方案。早期理论提供了生态保护和社会福利的基本框架，中期理论强调功能整合和生态韧性，而现代理论则通过智能技术和健康理念，优化绿地管理和提升居民生活质量。这些理论不仅在学术上具有重要价值，更在实际操作中展现出了显著成效。展望未来，城市公共绿地规划将继续在理论和实践的互动中发展，推动城市向更高效、更宜居的方向迈进。

问题讨论

1. 你认为城市公共绿地正朝着什么方向演进，在设计手法上有什么转变？
2. 你对哪种城市规划理论思想印象特别深刻，这种思想有什么优缺点？
3. 你认为自上而下和自下而上的规划设计体系哪种更好？请阐述你的观点。

3

城市公共绿地规划的设计范式和记忆重构

3.1 城市公共绿地规划的设计范式

3.1.1 城市公共绿地的空间特点

城市公共绿地在不同历史时期的发展和演变过程中，逐渐形成了多种空间特点，主要体现在系统性、开放性、场所性和在地性四个方面。这些特点分别对应城市、空间、使用和精神层面的需求，反映了城市规划理念的进步和社会文化背景下的多元期望。

系统性强调城市公共绿地在整体城市结构中的重要性，注重绿地之间的系统连通性。科学合理的规划和布局可以确保城市中的各个绿地能够形成一个有机的整体，提供连续的绿色廊道和生态网络。这种系统性不仅有助于生态环境的保护和提升，还能为城市居民提供便捷的绿色通道，促进步行和自行车交通的发展。例如，巴黎的绿色环线通过一系列公园和绿道连接整个城市，构建了一个连贯的生态网络，提升了城市的生态韧性和环境质量，见图 3.1。

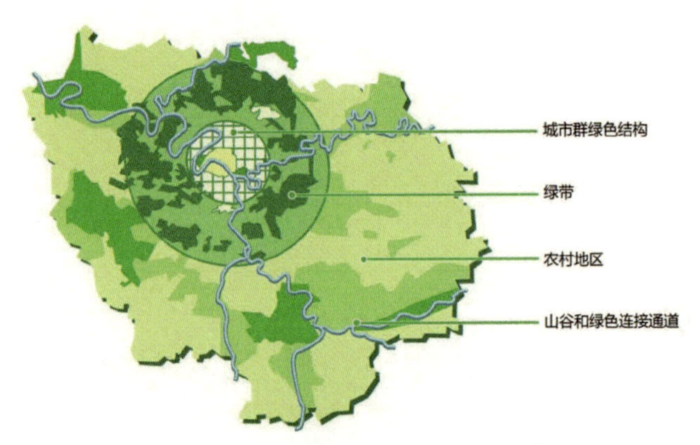

图 3.1 巴黎的绿色环线

（图片来源：参考文献[33]）

开放性强调城市公共绿地的空间应当是开放和包容的，能够吸引并容纳不同人群的使用和活动。绿地设计应注重入口与城市人行流线的网络化，确保绿地的可达性和便捷性。此外，开放性还包括对城市界面的活化，使绿地与城市空间紧密结合，增强其对城市生活的渗透力和影响力。例如，伦敦的海德公园通过多个入口和开放式的设计，与周围的城市环境紧密融合，逐渐成为市民日常生活和社交的重要场所，充分体现了绿地空间开放性的特点，见图 3.2。

场所性是指城市公共绿地在设计和使用过程中通过独特的空间特质及功能属性，形成具有特定意义与吸引力的特定地点。例如，纽约中央公园不仅拥有广阔的草坪和茂密的树木，还配备了运动场、剧院和博物馆，满足了不同人群的需求。多个出入口与完善的内部步道系统确保了公园的高度可达性，茂盛的树木创造了宜人的环境，照明与安全设施增强了使用者的安全感。因为这些特征，纽约中央公园成为一个功能多元、环境优美、富有吸引力的城市公共空间，充分体现了城市公共绿地的重要性，见图 3.3。

图 3.2　伦敦的海德公园入口

（图片来源：https://unsplash.com/.）

图 3.3　纽约中央公园的草坪

（图片来源：https://unsplash.com/.）

在地性强调城市公共绿地在设计中展示历史要素、引入当代主题、强化情感认知与互动。通过保留和展示历史文化元素，并结合现代设计手法，绿地不仅成为自然景观的一部分，还成为文化传承和城市记忆的重要载体。例如，北京的颐和园在设计中保留了大量的历史建筑和景观，同时融入了现代的功能设施，成为一个融合历史与现代的公共绿地，见图 3.4。这种在地性设计使得绿地不仅具有自然美学价值，还承载了丰富的文化内涵和历史记忆。

图 3.4　北京的颐和园

（图片来源：https://unsplash.com/.）

城市公共绿地的空间特点通过系统性、开放性、场所性和在地性的有机结合，不仅提升了城市的生态环境质量，还丰富了市民的生活体验，增强了市民的文化认同感。这些特点在不同历史阶段和文化背景下不断演变和发展，形成了多样化的城市公共绿地空间类型，为现代城市的可持续发展提供了重要的参考和借鉴。

3.1.2 城市公共绿地的空间共识

从城市公园运动的兴起，到城市绿地网络的建设，再到对多元化城市公园的追求，人们对公共绿地的空间需求逐步达成了共识。在这一过程中，人们越来越重视空间的可达性、场地的功能性以及人与空间之间的感知互动。这些共识不仅提升了现代城市公共绿地在城市规划中的地位，还使其成为提高城市生态环境、提升居民生活质量和促进社会和谐的重要载体。

（1）**追求空间可达性的共识**

城市公共绿地的初始价值在于其生态性。随着城市环境的优化，以人为本的使用价值逐渐凸显。在现代城市中，公共绿地不仅是生态平衡的重要组成部分，还是人们日常生活中不可或缺的空间。这些绿地应当是人人都能便捷到达的场所，空间可达性直接影响到公共绿地的使用率和社会效益。可达性不仅意味着物理上的接近，还体现了人本理念的落实，即为各类人群，包括老年人、儿童、残障人士等，提供平等的使用机会。提升空间可达性意味着减少城市结构中不合理的物理屏障，优化交通连接，确保公共绿地的入口和路径设计符合人体工学要求，简化人们到达绿地的路径，并通过合理的标识系统引导使用者进入绿地。此外，还需要考虑绿地在城市布局中的分布，确保居民能够在合理的时间和距离范围内到达最近的公共绿地，从而真正发挥绿地的社会效益。例如，绿地网络中的公园、街头绿地、河滨绿地等，通过步行道和自行车道相互连接，形成一个系统化的绿地网络，在此居民可以在步行或骑行的过程中方便地接触自然环境，见图 3.5。这种布局不仅提升了绿地的可达性，也增强了城市绿地的生态连通性，形成了一个有机的生态系统网络。

图 3.5 美国波士顿公园的步行道

（图片来源：https://unsplash.com/.）

提高城市公共绿地的可达性，能够更好地服务于不同年龄段和群体的居民，满足他们的多样化需求，进而提升他们的生活质量。这种网络化的绿地布局还有助于缓解城市的交通压力，鼓励更多的市民选择步行或骑行等绿色出行方式。这不仅减少了人们对机动车的依赖，减少了交通拥堵和空气污染，还为城市的可持续发展提供了动力。通过建立完善的公共绿地系统，城市能够实现生态效益与社会效益的双赢，真正为居民创造一个宜居、环保和可持续发展的生活环境。

（2）追求场地功能性的共识

功能性是绿地的基本属性。随着城市化进程的加快和城市人口的激增，公共绿地不仅需要满足周边居民的基本活动需求，还需要采用差异化策略适应不同年龄层的需求及局域环境条件，实现场地适宜性与人性化设计的完美融合。

对于儿童友好型绿地，设计的重点在于多样化和教育性。为了使儿童能够亲近自然生态环境并丰富自然认知体验，公共绿地应通过寓教于乐的自然教育，鼓励儿童探索，并促进亲子游乐。郊野型公园的适儿化改造就是关键，可以增加儿童游憩设施，营造自然有趣的空间。此外，城市综合公园、专类公园和广场的适儿化改造同样重要，这些空间应构建多元活力空间，优先增补儿童游乐和体育运动场地，见图 3.6。社区公园、游园和口袋公园的适儿化改造应围绕提高儿童身体素质和社交能力、丰富课余生活等目标进行，为儿童提供亲切适宜的游戏、交流和探索自然的空间。这些公园通过利用社区低效空间和既有绿地，建设“农事体验角”和“迷你菜园”，为儿童提供亲近自然和认识植物的体验场地。此外，公园绿地的地形设计应保证环境安全，避免视线盲区，利用现状地形条件设置土丘、坡地、台地等，鼓励儿童在地形中探索。临水步道和自然驳岸应做防滑设计，并设置安全警示牌和标识牌，避免儿童落水。儿童活动场地应避免使用对儿童身心健康有害的植物，附近应多布局季节性强、色彩鲜明、芳香、可采摘的本土植物，营造感知互动性的生态景观空间。在服务设施方面，公园绿地应设置无障碍通道，规模较大的公园应设置母婴室和第三卫生间，确保重要区域的安全和服务覆盖。结合儿童活动场地布置适应低龄儿童尺度的座椅，并在公园绿地中的休憩长椅旁保留空地，方便

图 3.6　儿童游乐与运动场地

（图片来源：https://unsplash.com/.）

儿童推车和轮椅使用者停留。公园绿地的出入口、主要活动区域和附属建筑等空间宜设置监控系统，确保重点区域监控无盲区。依据儿童年龄层次，游乐设施和体育运动设施应划分为婴幼儿活动区、学龄前儿童活动区、小学生活动区和中学生活动区，以满足不同年龄层次儿童的需求。

对于青年白领，绿地的休憩和社交功能尤为重要。由于超过一半的青年白领会在晚上使用绿地，傍晚时段使用人数次之，中午使用人数最少，因此在商务办公区附近设置绿地显得尤为重要。地理位置靠近商务办公区中央、空间面积较大、绿化率较高、植被丰富、环境安静的公园和广场空间，可以为青年白领提供良好的休憩、社交和洽谈工作的场所。绿地须具备交通便利性，以便青年白领在办公的间隙或者下班后能够便捷地使用。为了形成科学合理的功能布局，绿地还应当配备丰富多样的商业设施，例如咖啡馆、餐厅等，从而为白领在绿地内休憩、用餐以及社交提供便利。此外，绿地还需要兼具运动和观赏功能，提供大面积的运动活动空间以及优美宜人的自然环境，以充分满足青年白领在休憩、运动以及社交等方面的多元需求。

老年人的需求则在于无障碍设施和锻炼设施的完善。西雅图的美国规划师协会（APA）会议表明，步行是老年人最喜欢的活动方式，因此公园与居住地的距离是一个特别关键的影响因素。无障碍坡道设计对于老年人来说尤为重要，可通过无障碍设计的方式为老年人改造道路，方便他们慢慢散步。如果公园设施之间的距离较远，建议在沿途增加长凳，以方便腿脚不便的老年人沿途休息。标识牌的文字应较大且印刷清晰，标识牌的安装高度不应超过 54 英尺（约 16 米），确保老年人特别是坐在轮椅上的人也能看清。照明设备应设置在公园的主要出入口和重要交通线路上，采用适宜的灯光亮度，提高活动场地的使用频率，尤其是在台阶、缓冲带、坡道和路缘石等位置设置低位照明，方便老年人发现脚下的高低变化。丰富的锻炼设施对于鼓励老年人慢跑、散步和做其他健身运动非常重要，公园跑道应标记千米数，健身器材应放在硬铺装地面上，打造适合老年人的锻炼环境。

通过对不同年龄层次和需求的仔细分析和设计，在城市公共绿地功能性方面达成了广泛的共识。这种共识不仅体现在绿地的基本功能设置上，还反映在对未来需求的预见和适应性设计上。经过这样的规划和设计，公共绿地可以更好地服务于不同人群，提升城市居民的整体生活质量。

（3）**追求感知互动性的共识**

城市公共绿地的精神性价值不仅体现在其生态功能和物理空间的存在，还体现在其与使用者之间的长期互动和情感依存。这种互动性不仅通过绿地作为纪念性主题空间的载体表现出来，还通过使用者的情感寄托与历史记忆的物化表达来实现。城市公共绿地往往通过纪念性主题、历史故事的再现以及在地文脉的隐喻，逐步形成人与空间的深层次情感联系。这些空间不仅自上而下地呈现出国家或城市的历史和文化记忆，而且也自下而上地承载了使用者个人和集体的情感寄托。城市公共绿地中的英雄纪念碑、历史遗址和文化符号通过视觉强化和空间设计的巧妙结合，构建了跨越时空的情感纽带，使得使用者能够在当代空间中回顾和认同历史。这种情感互动不仅提升了公共绿地的文化内涵，还增强了空间的社会凝聚力。

北杜伊斯堡景观公园是工业遗产公园再利用的典范。该区域原为德国西部鲁尔工业区的重要炼钢厂和煤矿，于1985年被废弃。在长期的工业开发中，这片土地曾被视为“失落的地带”，生态环境被严重破坏，景观满目疮痍。然而，设计师彼得·拉茨（Peter Latz）通过富有创意的设计理念，将这片废弃的工业区成功转变为充满生命力的城市公共绿地。拉茨的设计不仅保留了大量旧工业设施，如高炉、冷却塔和输送带等作为历史的见证，还通过现代景观设计的手法将这些设施与艺术元素相结合，赋予其象征意义，使其成为公园内的标志性景观。为了重塑这片土地的生态价值，拉茨巧妙利用了废弃的工业结构，将其创造性地融入了自然景观，见图3.7。例如，他在废弃的沉淀池和冷却塔周围种植了各种本土植物，通过生态修复逐渐恢复了当地的自然环境。此外，公园设计引入了水体、湿地等生态元素，这些新生的自然景观不仅丰富了公园的生态系统，还为野生动物提供了栖息地，成功地将工业遗址与城市公共绿地有机结合。

图3.7　北杜伊斯堡景观公园

（图片来源：https://unsplash.com/.）

北杜伊斯堡景观公园的成功还表现在其对城市更新和社会经济复兴的积极推动作用上。作为工业遗址再利用的经典案例，公园不仅极大地美化了周边城市环境，还显著提升了该地区的社会经济活力，吸引了大量游客和投资。公园的复兴也激发了当地居民对这片曾经被遗弃土地的情感认同，于是公园成为鲁尔工业区转型过程中具有象征性的标志之一。工业遗产与生态修复、现代景观设计的结合，使得北杜伊斯堡景观公园不仅延续了工业遗产的历史价值，还为城市公共绿地的设计提供了宝贵的参考。该公园的成功经验表明，经过景观设计，废弃的工业遗址不仅可以焕发新生，还能够成为城市历史记忆与生态复兴的交汇点，体现城市绿地在文化传承与生态修复中的双重价值。

3.1.3 城市公共绿地的设计原则

在城市公共绿地的设计中，遵循科学合理的设计原则不仅能够提升绿地的生态功能和景观效果，还能够更好地满足城市居民的多样化需求。以下是城市公共绿地设计中应当遵循的四项基本原则。

（1）生态优先原则

城市公共绿地建立在以人工生态系统为主导的城市区域内，其主要目标是保护和提升自然生态系统。因此，绿地景观设计必须遵循生态优先原则。这一原则强调在规划和设计过程中，应优先考虑生态保护和修复，注重生物多样性和生态平衡的维护。例如，在绿地设计中应选择适宜的本土植物，并进行科学的植被配置，形成稳定的生态群落。同时，在设计中应考虑水资源的有效利用和循环，减少对环境的负面影响，推动城市绿地的可持续发展。

（2）合理搭配植被原则

植被是城市公共绿地的核心要素，合理的植被搭配不仅可以提高生态效益，还能增强景观效益、社会效益和经济效益。在绿地植被设计中，应选择适宜的植物种类和配置方式，确保植物的生长环境和景观效果相协调。例如，可以结合当地的气候和土壤条件，选择耐旱、耐寒的本土植物，并适当引进观赏价值高且适应性强的外来树种。同时，应根据不同功能区的需求，科学配置乔木、灌木和草坪，形成多层次的植物群落，提高绿地的生态功能和观赏价值。

（3）**因地制宜原则**

因地制宜是城市公共绿地设计中必须遵循的基本原则之一。根据具体的地理环境、气候条件和土壤特性，科学合理地选择树种和绿地布局，可以确保绿地的可持续性和高效性。例如，在干旱地区，应选择耐旱的植物种类，并进行合理的灌溉和排水系统，提升绿地的生态效益。在湿润地区，则应考虑防止水土流失，选择耐水湿的植物种类，构建稳定的生态系统。采用因地制宜的设计方法，可以实现绿地生态效益和景观效益的最大化。

（4）**以人为本原则**

城市公共绿地设计的最终目标是服务于城市居民，提升其生活质量。因此，设计中必须遵循以人为本的原则，充分考虑居民的需求和使用体验。在景观设计中，应注重各类人群的需求，例如儿童、青年和老年人的活动空间需求。通过合理的功能分区，绿地可提供多样化的休闲娱乐设施和安全舒适的活动场所。例如，为儿童设置安全有趣的游乐设施，为青年提供运动场地和社交空间，为老年人设计步行道和休憩区。还应注重绿地的可达性和便利性，设计完善的步行和交通网络，提升居民的使用体验。

总之，城市公共绿地的设计应以生态优先、合理搭配植被、因地制宜和以人为本的原则为指导，通过科学合理的设计方法，构建高质量的城市绿地系统，提升城市的生态环境品质和居民的生活质量。

3.1.4 城市公共绿地的设计范式及应用

在城市公共绿地的设计领域，为维系与周边绿地的连贯性，塑造富有生机的城市界面，以回应现代人群的多元化活动需求，设计师通常会采用系统化的方法步骤。这些步骤不仅有助于构建功能齐全、美观舒适的绿地空间，还能增强绿地的可达性和互动性[34]。以下是城市公共绿地设计的六大范式及其应用。

（1）**强化分流策略，加强场地衔接**

分流是通过规划合理的路径和流线，将城市人流自然地引入绿地空间，构建系统性整体网络。为绿地设计连续、便捷的步行和自行车路径，将绿地与城市其他功能区域无缝连接，增强了绿地的可达性。分流策略应集中在入口设计上，确保公共绿地能有效吸纳、导入并管理多样化的游客流。一方面，设计师应考虑到公共绿地与外部交通系统的连接，以及与地铁、公交站等公共交通设施之间的互动关系；另一方面，设计师还应考虑到场地对于使用者的可达性，以达到场地独立性和便利性的平衡。

分流路径的设计旨在保障游客顺畅通行，同时通过精巧的空间布局规划，最大限度地利用环境特征，提升场地的多样性。此过程的核心在于确保路径具备充足的出入口和通畅的主干道，以此奠定设计方案的基础。设计师通过借鉴城市人口流动模式，构建城市步行系统的交通网络，可以实现场域内部丁字形交叉口的呼应设计，强调对角线和中心穿越路径的关键构成，达到高效的人流畅通效果，见图 3.8。

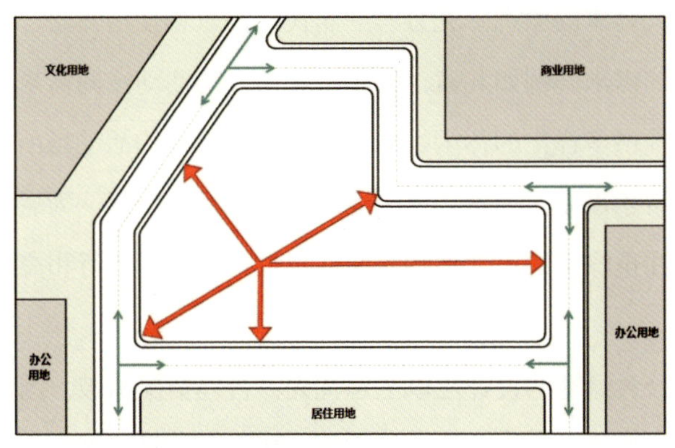

图 3.8　城市公共绿地的设计范式——游客分流

（图片来源：自绘）

（2）识别分级需求，深化空间等级

细分主次流线、定性流线、深化等级，可以为功能空间层次的深化提供线形结构基础。

在此阶段，一级流线扮演着连接外部环境与核心功能区的重要角色，通过有效的内部板块分割，可保障资源的高效流通与可达性。相比之下，二级流线则专注于串联内部功能板块，建立内向空间逻辑，创造出兼具开放性和私密性的公共功能空间，以适应多样化的使用需求与体验。

在构建功能空间互联体系时，运用串联与依附策略是区分空间的关键步骤。随着场地规模的增长，其交通路径及空间层级相应升级。在进行流线设计时，须结合特定场地的特性与功能布局，实现各层级间的有机融合与整合。量化分析周边的人

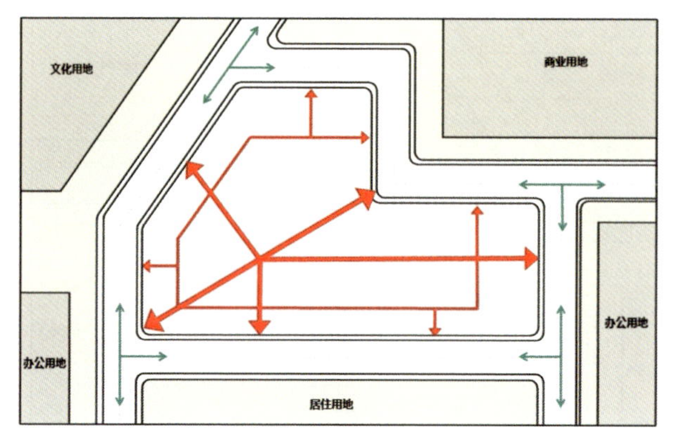

图 3.9　城市公共绿地的设计范式——需求分级

（图片来源：自绘）

流密度，能清晰区分并确定出入口的优先级，进而提高空间利用率并提升用户体验，见图 3.9。

分流与分级，旨在提升内部与外部的连通性和促进空间层次的深化发展，以实现精巧的空间布局和优化用户体验。这一设计策略不仅确保了公共绿地与周边环境的有机结合，还能够通过多层次、多维度的空间组织，提升人对绿地的使用效能和体验感受。合理规划分流和分级路径，可以实现对人流的有效疏导与引导，避免出现交通拥堵和空间利用不均的现象，从而创造出更加宜人的城市公共空间。

（3）划分功能区域，预设场地模式

功能分区是指根据不同的使用功能和需求，将绿地划分为若干个功能区。明确功能的构成需要经过三个核心阶段。一是需求评估与历史回顾：运用问卷调查、深度访谈和详尽数据分析等方法，确保功能设计准确契合用户需求。二是互动对话与偏好收集：开展互动访谈，深化参与者对空间构成要素的理解，并收集关于地形、地貌和资源特色的偏好信息。三是专家引导与布局规划：借由专业见解明确各功能区的布局方案，强调其与内部景观的和谐共生及其与外部城市功能的互动效应。

基于设施与场地需求评估，明确区块规模及功能空间特性，是进行后续设计工作的基础。需求空间化过程是从场地调研到定性分类，再到规划定量和场地模式预设，充分体现了从下至上的空间需求满足。划区设计既要结合场地的自然条件，又要考虑人群的使用习惯和需求，以确保每个功能区都能得到充分利用。对于不同需求强

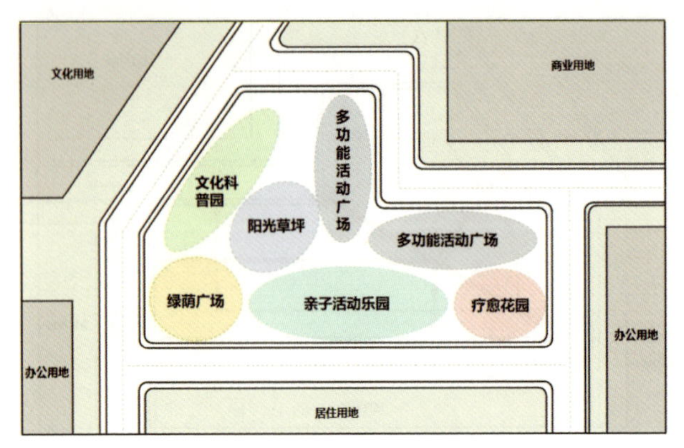

图 3.10　城市公共绿地的设计范式——功能分区

（图片来源：自绘）

度的功能，须调整流线策略以匹配其特性和规模，见图 3.10。需求强度大的功能应采用主流线策略，而需求强度小的功能则通过二级流线进行细化。此策略旨在优化布局与规模，通过流线协调区块，同时保留并优化原有流线结构，从而实现功能与效率的双重提升。

（4）确定场地形式，协调动静流线

场地形式是指通过明确的设计语言和形式，对绿地的空间进行形态设计，以契合主题，呼应场地特征，并内嵌地域文化元素。在创新设计手法的应用中，应彰显时代特色，进而培育出具有地域特色的语言体系，以实现设计与环境语境间的和谐共生。设计语言的个性化特征源自地方性，强调设计应得到场地的认同。遵循统一与变化、虚与实之间的辩证法则，达成广泛的社会审美共识。

在建立以抽象流线和功能关系为导向的结构之后，下一步的关键任务是选定并组织空间元素，这一过程被称为“定形”，见图 3.11。依据基本美学原理，所选的抽象构建须以语言形式整合，清晰界定空间形态的界限。此时，空间形态的重复与变异应遵循“统一与变化”的原则。完成场地流线与功能的抽象关联梳理后，定形设计须深化细化，最终目标是实现标志绿地功能格局空间边界的具象化。例如，在主题公园设计中，巧妙融入雕塑、植物造型与景观小品等元素能创造独特空间景观风格。定形设计不仅可显著提升绿地的视觉美，增加文化内涵与吸引力，还可促进人与自然和谐共生。这一过程充分展现了艺术与功能融合的理念，旨在创造美观实用的空间。

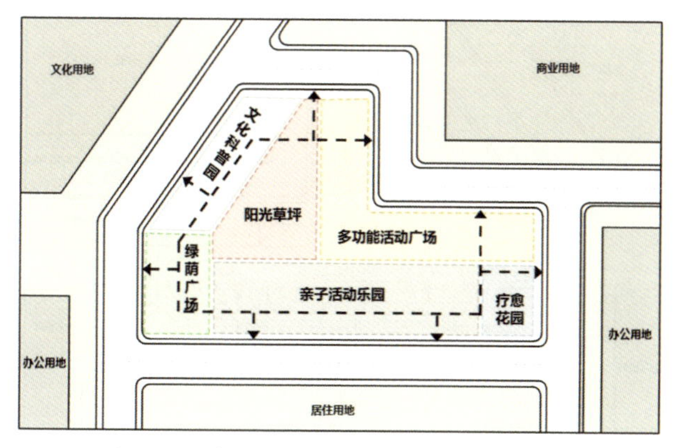

图 3.11　城市公共绿地的设计范式——场地定形

（图片来源：自绘）

划区与定形是构建城市公共绿地功能空间和视觉特征的关键步骤。这一设计策略不仅确保了各类功能区块的合理配置，还能够通过明确设计语言形式，创造出契合主题、呼应场地特征的空间。科学划定功能区域并确定其形式，可以实现空间的高效利用，满足不同人群的需求。同时，划区与定形还能够通过多样化的空间形态，提升绿地的美观度和使用体验，打造出富有特色和活力的城市公共空间。

（5）打造竖向空间，营造场地效果

空间轮廓的立体化，是竖向设计提升绿地的空间层次和视觉效果的关键。此领域的实践主要包括四个方面。

① 整体地形优化：综合考量现有地形的高差特性，实施全面规划策略。这一环节旨在实现安全与美观的均衡，促进空间布局和视觉轮廓的创新设计。

② 城市界面融合：采用微地形设计，实现内部与外部空间的无缝连接，有效解决高差问题，提升空间的连贯性和通透性。

③ 多元竖向塑造：采用多元化的竖向设计手法，创造出独特的场所氛围，增强空间的趣味性和可识别性，同时丰富环境的视觉层次。

④ 视觉元素引导：优化景观布局，巧妙地运用视觉引导策略，可以全面提升视觉体验，确保空间的层次感得以深化，视觉效果更加丰富多样。

针对相对平坦的场地地形，可在完成路径流线和功能分区后，进行竖向空间的塑造和深化，见图 3.12。针对相对复杂的场地地形，竖向设计应被优先考虑。通过竖向分析引导路径导向与功能层级区分，能有序组织地形走向，辅助场地设计决策，

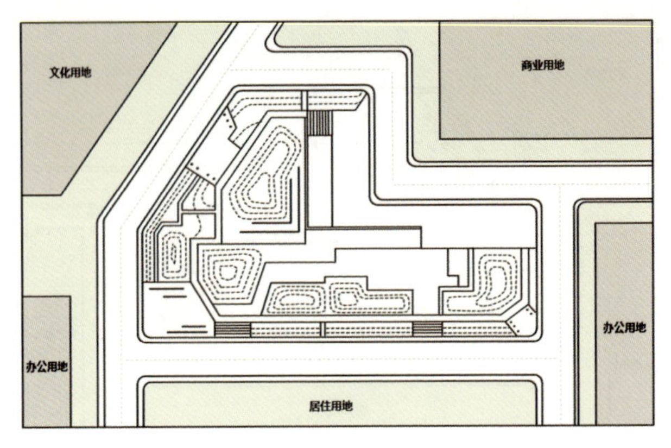

图 3.12　城市公共绿地的设计范式——竖向设计

（图片来源：自绘）

实现功能需求与视觉美学的和谐统一。

（6）整合场地元素，塑造景观空间

景观塑造是通过整合和保留场地的自然和人文要素，强化绿地的可见性和景观效果，可增加绿地的吸引力并塑造具有独特性的空间环境。对风景园林要素进行综合运用，灵活调控各组成元素的位置、规模与形态，可适应设计需求，实现预定的空间构想。此过程确保了绿地的功能性，优化了空间配置，并彰显了地域文化特质，进而显著提升了塑景的整体价值与意义。

设计师通过雕塑、水池、设施与景观的有机结合，精心营造空间特质，以此彰显其对景致、活动、文化、艺术及历史的深刻理解和创新理念，见图 3.13。该过程旨在增强视觉流动性、身体互动性以及情感共鸣，从而实现与特定场地的多层次连接。为了提升体验，后续工作将专注于精细调整景观元素的布局配置，力求为各个景点和场景营造出独特的氛围。

竖向设计与塑景是提升城市公共绿地立体感和场所感的核心步骤。这一设计策略不仅确保了地形与空间的有机结合，还能够通过多层次的视觉景观塑造，强化绿地的感知互动性。进行合理的竖向设计和精细的景观塑造，可以营造出富有层次感和视觉冲击力的绿地空间。同时，竖向设计与塑景还能够通过融合自然和人文要素，延续场地文脉，增强使用者的情感认同，从而创建出具有深刻文化内涵和独特审美价值的城市公共绿地。

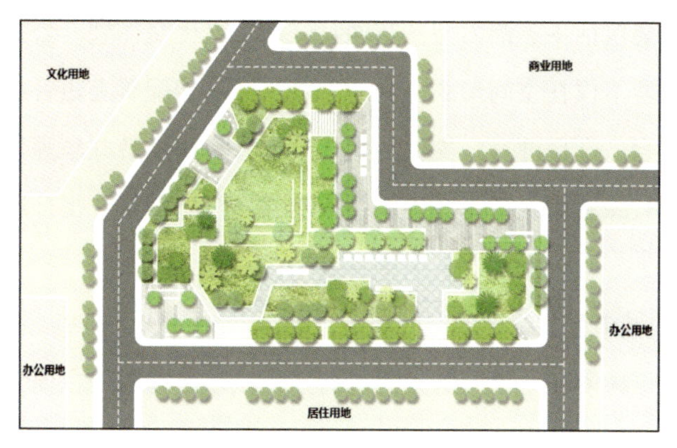

图 3.13　城市公共绿地的设计范式——景观塑造

（图片来源：自绘）

总之，城市公共绿地的设计范式不仅涵盖了从整体布局到细节优化的各个方面，还通过游客分流、需求分级、功能分区、场地定形、竖向设计、景观塑造等多层次、多维度的方法，确保了绿地空间的功能性、可达性和互动性。这些设计范式相辅相成，共同构建出一个既满足生态需求，又提升居民生活质量的高效公共绿地系统。这些方法的综合应用，展示了现代城市公共绿地设计的复杂性和艺术性，为城市发展提供了可持续、宜居的绿色空间解决方案。

3.2　城市公共绿地的更新和记忆重构

3.2.1　新时代城市公共绿地的类型优化

随着城市建设从增量发展向存量优化的转型，以及从粗放式开发向精细化管理的转变，城市公共绿地的规划和设计也面临着新的挑战和机遇。在有限的城市空间内，如何满足人们对城市绿地公共空间的迫切需求，成为解决公共空间发展困境、提升居民生活质量的关键问题。合理利用长期被忽视的绿地空间，重新定义和优化其功能和设计，已成为新时代城市公共绿地发展的重要方向。

在这一背景下，新时代城市公共绿地的空间类型与优化设计逐步形成了多样化的发展路径，主要包括生态活力型、交通互联型、文化交往型、公共服务型和功能复合型。这些类型不仅在空间形式上有所不同，在功能配置上也各具特色。通过环境友好、功能复合、全民健身、文化活力、共享共治和全龄共享等优化设计策略，新时代的城市公共绿地正在逐步满足不同人群的多样化需求，提升城市的生态效益和社会价值。

（1）新时代城市公共绿地的空间类型

基于周边城市环境和主要服务人群的特点，城市公共绿地主要分为以下五种类型：生态活力型、交通互联型、文化交往型、公共服务型和功能复合型。

生态活力型城市公共绿地旨在通过区域生态修复和动植物多样性保护来提升城市的生态环境品质。这类绿地通常包括社区活力公园、街心生态公园和滨水休闲公园。其主要功能是恢复区域生态和保护动植物多样性，以改善城市环境，并为市民提供接触自然和参与生态保护的机会。生态修复通过引入本土植物、建设湿地和恢复自然水系，改善土壤和水质，重建生物栖息地，提高生物多样性。动植物多样性保护通过建立保护区和栖息地走廊来保护濒危物种和生态敏感区域，维持生态平衡。生态活力型绿地的空间特点主要体现在滨水临绿和生境重构上。滨水临绿指在空间设计中充分利用水体资源，如河流、湖泊和湿地，营造亲水景观，提升绿地的生态和景观价值。生境重构意味着通过多样化的生态景观设计，创造不同的栖息环境，如湿地、草地和林地，为多种动植物提供适宜的生存空间。深圳湾公园是这一类型的典型代表，见图 3.14。公园通过建设湿地、恢复自然岸线和种植本土植物，形成了一个集生态保护、休闲娱乐和环境教育于一体的综合性生态绿地。深圳湾公园不仅改善了区域生态环境，还为市民提供了亲近自然和参与生态保护的机会，成为生态活力型绿地的成功范例。

图 3.14　深圳湾公园的滨水休闲区
（图片来源：自摄）

交通互联型城市公共绿地通过优化交通组织和慢行流线组织，提升城市公共空间的交通连接性和步行可达性，见图 3.15。这类绿地的主要功能包括串联城市交通网络、组织慢行流线，以及改造和利用消极空间，从而为市民提供便捷的交通连接和休闲空间。交通组织串联通过规划贯通城市的步行和自行车路径，确保各主要交通节点之间的无缝连接，提升交通系统的整体效率和便捷性。慢行流线组织则通过步行和自行车路径的精细化设计，创造安全、连续且舒适的步行和骑行环境，鼓励绿色出行。交通互联型绿地的空间特点主要体现在消极空间的利用再生方面。消极空间的利用再生指在空间设计中改造和利用城市中的废弃、闲置和低效用地，如废弃铁路、桥下空间和城市边角地，通过绿地建设将这些消极空间转化为积极的城市公共空间。纽约的高线公园是这一类型的典型代表。公园由废弃的高架铁路改造而成，贯穿曼哈顿的多个街区，形成了一条独特的空中步行廊道。高线公园通过植被种植、景观设计和公共艺术装置，创造了一个集交通连接、休闲娱乐和文化展示于一体的多功能绿地，成为交通互联型绿地的典范。

图 3.15　新加坡未来公园连接网络桥效果图

（图片来源：参考文献 [35]）

文化交往型城市公共绿地是专门为促进地域文化交流和公共交往而设计的公共空间。通常包括文化街角公园和口袋特色公园，见图 3.16。其主要功能是提供地域文化交流和公共交往空间，以展示和传承当地的历史和文化，并提供市民互动和社交的场所。地域文化交流通过融合本地文化元素和活动，如设置展示当地传统手工艺、纪念碑或文化节庆活动的空间，增强文化氛围和社区归属感。公共交往空间则支持

图 3.16　以伞为主题的口袋公园
（图片来源：https://unsplash.com/.）

社区活动和公共聚会，提供市民交流和互动的场所。文化交往型绿地的空间特点主要体现在文化浸润和片区客厅两个方面。文化浸润指在空间设计中大量融入地方特色，如传统建筑风格、特色植物和历史遗迹，以增强文化氛围。片区客厅意味着该空间成为社区居民的聚集点和交流中心，提供舒适的座椅、开放的活动场地和多样的功能设施，满足居民的日常休闲和社交需求。景德镇的昌南里广场是这一类型的典型代表。广场采用瓷器元素设计节点，展示了景德镇独特的陶瓷文化，设有多个文化展示区和公共艺术装置，为市民提供了丰富多样的文化体验和交流空间。通过这些设计，昌南里广场不仅成为居民日常休闲的好去处，也成为传承文化和增强社区凝聚力的重要场所。

公共服务型城市公共绿地主要承担社区服务中心和休闲运动中心的功能。它通常包括社区科教广场和社区商业广场。其主要功能在于为社区居民提供便捷的生活服务设施、丰富的休闲娱乐活动和多样化的公共服务。社区服务中心通过设置便民设施，如公厕、饮水点和健身器材，提升居民生活的便利性。休闲运动中心则通过提供多样化的运动场地和娱乐设施，如篮球场、足球场和儿童游乐场，满足不同年龄段居民的运动和娱乐需求，见图 3.17。公共服务型绿地的空间特点主要体现在社区生活方面。这类绿地在空间设计中注重满足社区居民的日常生活需求，提供丰富的

图 3.17　新加坡的公共服务型城市公共绿地
（图片来源：https://unsplash.com/.）

社区服务和活动空间，提升社区生活质量和居民幸福感。杭州的未来科技城广场是这一类型的典型代表。广场通过设置多功能活动场地、儿童游乐区和社区服务中心，形成一个集生活服务、休闲娱乐和社区活动于一体的综合性公共绿地。未来科技城广场不仅可为居民提供便捷的生活服务设施和丰富的休闲娱乐活动，还成为社区居民日常交流和互动的重要场所，这充分体现了公共服务型绿地的功能特点和设计原则。

功能复合型城市公共绿地旨在通过综合多种功能，满足城市居民多样化的需求。它通常包括社区活力公园、城市综合公园和多功能开放空间。其主要功能在于结合文化交流、慢行流线组织、社区生活服务和公共交往空间，提供一个多层次、多功能的公共绿地。上海世博园区是这一类型的典型代表，见图 3.18。园区通过设置多功能活动场地、文化展示区和休闲娱乐设施，形成一个集文化交流、休闲娱乐和公共服务于一体的综合型公共绿地。上海世博园区不仅为市民提供了丰富的文化和娱乐活动，还成为市民日常交流和互动的重要场所，充分体现了功能复合型绿地的设计理念。

图 3.18　上海世博园区鸟瞰图
（图片来源：参考文献 [36]）

（2）新时代城市公共绿地的优化设计策略

新时代的城市公共绿地优化设计策略主要包括环境友好、功能复合、全民健身、文化活力、共享共治和全龄共享。这些策略将指导公共绿地的规划与设计，确保其在生态、社会和文化等方面的综合效益，创造更加健康、宜居的城市环境。

新时代城市公共绿地的优化设计首先应遵循环境友好的原则。采用高耐用性、低维护成本的材料与构造是实现这一目标的重要手段。引入节能环保技术与设备，可以有效减少绿地的碳足迹。例如，使用透水铺装材料不仅可以减少雨水径流，缓解城市内涝，还能提升地下水补给能力。此外，节能照明设备、太阳能供电设施以及雨水收集系统等绿色技术的应用，也有助于提升绿地的环境友好性。为绿色出行提供便利，如设置自行车停车设施和便捷的步行道，进一步推动了低碳出行方式的普及和应用。

功能复合策略是对有限空间进行高效、集约利用的关键。在新时代的城市建设中，公共绿地不仅是一个单一的生态空间，还是一个多功能复合的综合体。对闲置或腾退空间进行再利用，可以在同一场地引入多类型的功能与设施。例如，白天可以用作运动场地，晚上则转变为社区文化活动的场所。这样的设计不仅提高了场地的利用率，也促进了不同人群在不同时间段的共享。功能复合的理念强调空间的弹性使用，确保每一块公共绿地都能最大限度地满足多样化的需求。

随着健康生活理念的普及，全民健身已经成为城市公共绿地规划中的重要内容。引入健行步道、运动公园、健身场地和休闲健身设施，可以营造浓厚的健身氛围，激发市民的运动热情。例如，在城市绿地中规划环形跑道、户外健身器材和篮球场等设施，不仅为居民提供了便捷的运动场所，也在无形中推动了健康城市的建设。全民健身策略的实施，不仅能够增强居民的体质，还能促进社会的和谐与进步。

文化活力策略强调公共绿地应与周边地区的文化内涵紧密结合，传承历史文脉，展现地区特色。在设计过程中，融入当地的文化元素，可以提升绿地的文化景观价值。例如，在设计中加入传统建筑风格的景观设施，设置展示地方历史文化的艺术装置，或者组织定期的文化活动，都能增强绿地的文化氛围。这不仅能够丰富居民的精神生活，还能提升城市的文化品位，打造具有独特魅力的城市公共空间。

共享共治策略强调公共绿地的共建、共治、共享。在规划设计中，应该充分调动社区居民的积极性，让他们参与到公共绿地的设计、建设和管理中来。灵活响应周边居民的活动需求，推进空间的改造与维护，可将共建共治共享的精神贯穿于微公共空间的日常活动中。例如，社区花园可以由居民自发组织管理，共同维护，这不仅能够提升居民的归属感，还能增强社区的凝聚力。共享共治策略的实施，使公共绿地真正成为社区居民共同的家园。

全龄共享策略旨在满足不同年龄段居民的需求，促进各年龄群体之间的社会交往。在设计中，应考虑到幼儿、青少年、老年人等不同群体的日常活动需求。例如，为儿童设置游乐场地，为青少年提供运动场所，为老年人设计休闲健身区域。合理布局和无障碍设计，可确保所有年龄段的居民都能方便地使用公共绿地。全龄共享不仅体现了设计的人文关怀，还促进了代际之间的交流与融合，推动了社会的和谐发展。

通过这六大优化策略的实施，新时代的城市公共绿地不仅在功能上得到了极大丰富，也在生态、文化和社会价值方面实现了全面提升。它们共同构筑了一个健康、宜居和可持续发展的城市环境，为居民的生活质量提供了坚实的保障。

3.2.2 城市更新中的公共绿地空间规划

随着城市化进程的不断推进，城市空间的有限性和居民对高质量生活环境的迫切需求，促使城市更新与微更新成为城市发展的重要策略。在这一过程中，如何合理利用和规划城市公共绿地和非正式绿地，成为提升城市宜居性和居民生活质量的关键问题。

（1）城市更新与微更新

城市更新自 2021 年起被正式确认为国家层面的战略目标，是我国“十四五”规划中推进内生性增长与高质量发展的重要战略举措。该战略的核心在于激活既有城市资源，优化居民生活环境，同时促进消费水平的提升，引领当前的城市发展模式转型。城市更新的双重目标为：一是通过创新城市实体和环境建设，完善物质基础设施；二是传承低碳生活方式与城市文化精神，积极倡导并践行可持续的生活方式。

城市微更新作为维护城市原貌与传承历史记忆的精细化、渐进性策略，相比大规模更新行动，其优势在于周期短、成本低及规模小。此策略强调多元参与与分阶段推进的更新过程，旨在实现城市环境的持续优化而非彻底重塑。这一创新理念源自西方学者对普遍采用的大规模城市改造模式的反思，尤其注重在城市更新过程中融入“以人为本”的核心价值，以确保历史风貌得以保存并维护传统空间结构的完整性。2011 年，住房城乡建设部提出“微更新”和“微绿地”的概念，倡导以低冲击、小尺度的手法，低碳低成本地实现城市的有机更新。

城市更新与微更新在策略侧重点上存在显著差异，前者侧重大规模改造老旧区域，后者则聚焦局部优化以持续激发城市活力。城市更新的关键包括提升居住环境品质、调整产业布局和激活文化资产；而微更新则基于问卷调查与深度访谈，在了解社区需求后实施精准规划，旨在增强居民的集体认同感，有效解决特定地域问题，促进社区和谐与可持续发展。

在城市更新与微更新中，城市公共绿地建设不仅能提供优质的环境，促进人们的健康，还能通过整合自然元素、合理配置设施与精心设计空间，对使用者的情感、行为及社会功能产生积极影响。在此过程中，城市公共绿地不仅是物理空间的存在，更是连接人与人、人与环境的重要纽带。设计与管理策略应充分考虑多元社会需求，以创建包容、可持续的空间环境为目标，促进使用者的身心健康，全方位提升社会福祉[37]。

（2）城市更新过程中公共绿地建设的困境

在城市更新的进程中，公共绿地的建设面临诸多挑战，亟须有效应对。当前，缺乏从“规划”到“实施”的有效路径传导。尽管绿地系统规划已经独立编制，但由于没有纳入法定规划层级，对城市开发建设的约束力较弱。以广州市城市绿地系统规划（2010—2020）为例，规划目标包括建立481座城市公园及784个社区公园，然而实际建成的公园比例分别为40%与25%，表明规划与实施间存在较大偏差，绿色空间构建未能得到充分引导[38]。

高品质公共绿地的建设也未受到足够关注。尽管各地政策鼓励优先利用零散用地和空置地来建设公共服务设施，但实际项目中更重视教育、医疗、养老等设施的配建，往往忽略了公共绿地的布局和质量。以2020年广州市为例，公共服务设施用地占城市更新总规模的14%，而绿地比例仅为2.7%。相比之下，北京和青岛推进的“留白增绿”计划，公共绿地面积占比达到了15%~20%。

此外，更新地区公共绿地建设的政策指导仍需要加强。广州已构建较为完善的城市更新政策体系，涵盖法规、政策与标准指南，但在公共绿地具体建设细则上仍有不足。政策虽强调服务设施规模，但未明确绿地布局与设置标准。例如，2020年发布的《广州市城市更新单元设施配建指引》要求单个社区公园面积不低于1公顷，但对绿地总量、空间布局及人均使用指标等细节规定不够详尽。

社会资本参与公共绿地建设的积极性低。面对绿色生态空间需求的增长，政府面临着巨大资金压力与高昂运营成本。引入社会资本能减轻财政负担，但在以经济增速和快速建设为主的市场导向城市更新中，经济效益主导决策。公共绿地的非营利特性使其在利益分配中处于劣势，优先级低于居住区、商业等经营性用地。这导致部分绿地建设仅满足最低规划标准，甚至有地方通过混淆绿地率与绿化覆盖率、折算立体绿化等方式缩减面积，损害公共绿地的发展。

（3）解决公共绿地供给难题的城市经验

在城市更新过程中，公共绿地供给难题已经成为全球城市共同面临的挑战。各地城市通过一系列创新策略和政策，逐渐摸索出适合自身特点的解决路径。

1）纽约——激励性政策下的私有公共空间建设与管控体系

纽约市于1961年通过新区划法规，引入并明确了“私有公共空间”的概念，即它指由私人所有但向公众开放的公共区域。为了确保这些空间的高质量和可持续使用，纽约在区划条例中详细规定了空间形式、位置、朝向、可视性等18项具体内容，并制定了严格的量化标准。区划条例依据四个设计原则来指导制定统一的设计标准，这四个原则分别是：确保人行道对公众开放和共享的原则、实现无障碍可达的原则、营造高品质休憩环境的原则以及保障安心和安全的原则。

此外，纽约还引入了容积率奖励机制，通过市场化手段鼓励开发商提供公共空间。政府通过与开发商签订关于公共空间建设的社会契约，进行相应的容积率奖励，从而实现对公共空间质量的有效管控。这种激励性政策不仅调动了开发商的积极性，而且有效提升了城市公共空间的整体质量。

2）上海——强化公共空间控制体系与建设导引

上海致力于强化公共空间管理框架与建设导则，确保公共绿地的有效实施。在总体规划层面，上海基于服务半径推进公园建设，并制定专项方案以保障公园绿地与广场用地的合理布局。在详细规划层面，上海市通过细分核心指标至区、街道、街区级别，实现了布局的优化与执行力的提升。

具体政策文件如《上海市城市更新规划土地实施细则（试行）》和《上海市主城区单元规划编制技术要求和成果规范》明确提出，政府应按照“注重品质，公共优先”的原则，对更新地区进行公共要素评价，并在区域评估范围内列出需要落实的公共要素清单。这些措施确保了在上海城市更新过程中，公共绿地建设能够得到有效推进，提升了城市公共空间的品质和服务水平。

3）深圳——创新面向城市更新的公共空间政策机制

深圳通过创新的公共空间政策机制，保障更新地区的公共空间供给。2012 年出台的《深圳市城市更新办法实施细则》明确规定，城市更新单元范围内应无偿移交一定比例的公共用地给政府，用于落实城市公共利益项目。该政策要求每个城市更新单元至少移交 3000 平方米的公共空间给政府，这极大地保障了更新地区的公共利益。

此外，深圳结合公用地与更新项目，容许在非拆除重建类更新项目中融入公共空间用地。深圳通过理顺经济关系，由更新项目实施主体完成建筑拆除并将用地无偿移交给政府。这种类似“飞地”的形式（指一个地区在地理位置上与其所属行政区不相连，但行政上仍归该行政区管辖的地理政治现象），为政府获取公共空间用地提供了基础保障，并确保了公共空间规划及建设的关键保障得以实现。

通过这些创新性的政策和实践经验，纽约、上海和深圳在解决公共绿地供给难题上取得了显著成效。纽约通过激励性政策和详细的设计标准，调动了开发商的积极性并提升了公共空间质量；上海通过强化公共空间控制体系和政策指引，确保了公共绿地的有效落实；深圳通过创新性的政策机制和“飞地”形式，保障了公共空间的供给。这些成功经验为其他城市提供了宝贵的借鉴与启示，展示了在城市更新过程中，如何有效解决公共绿地供给难题的多种路径。

（4）城市更新下的城市公共绿地设计策略

在城市更新过程中，公共绿地的设计策略至关重要，它不仅影响居民的生活质量，还直接关系到城市的可持续发展。下面从规划、建设和设计三个层面探讨城市公共绿地的设计策略。

1）规划层面——统筹空间利用，系统组织绿地

在城市更新的规划层面，统筹空间利用和系统组织绿地是关键步骤。首先，需要划分功能结构，明确区域绿地的功能定位，这不仅有助于绿地的合理配置，还能提升其生态效益。城市通过整合和优化绿地资源，恢复绿地系统的完整性，可以增强城市绿地的连贯性和整体性。此外，规划师通过合理组织交通流线，连通步行绿地空间，不仅能提高绿地的可达性和使用频率，还能促进步行网络的形成。例如，在城市总体规划中，明确各区域绿地的功能定位，并进行合理划分和优化布局，使

绿地系统更具连贯性和整体性，进而提高绿地的生态和社会效益。

2）建设层面——挖掘地域特色，重塑景观形象

在建设层面，挖掘地域特色和重塑景观形象是至关重要的。明确文化主题，优化景观组织，可以突出地域文化特色，使绿地具有独特的吸引力。对节点空间进行场景化设计，可营造独特的体验氛围，增强绿地的趣味性和参与性。此外，注重植被绿化的协调统一与特色呈现，可以增强绿地的可识别性，提升绿地的视觉效果和生态价值。例如，设计师将基础设施与景观艺术相结合，不仅解决了技术难题，还塑造了具有地域特色的景观形象。这一做法不仅提高了绿地的美学价值，还增强了其文化内涵和社会影响力。

3）设计层面——结合使用需求，完善功能设施

在设计层面，结合使用需求，完善功能设施是提高绿地利用率和用户满意度的关键。综合分析用户需求，合理布局和配置设施，绿地可以同时满足不同人群的多样化需求。功能融合的设计理念以及多样化活动场地的设置，能够有效促进社会交往和居民参与，进而提升绿地的活力。此外，共享智慧系统的引入，可以提高绿地的管理和服务水平。在此，以深圳大沙河生态长廊项目为例进行分析。

大沙河生态长廊项目是深圳市重点民生工程，总长 13.7 千米，建设面积约 95 公顷，是大沙河综合整治工程的重要组成部分。经过数年的治理和建设，大沙河生态长廊于 2019 年开始逐步对市民开放。该项目不仅改善了河道水质，还创造了一个集生态保护、休闲娱乐和文化教育于一体的城市公共绿地，见图 3.19。

该项目在实施过程中面临多重设计挑战。首先是生态修复问题，大沙河长期受到污染，需要在改善水质的同时恢复河道生态系统。其次是空间利用问题，在土地资源紧缺的深圳城市背景下，如何在有限的空间内创造多功能的公共绿地是一大挑战。再次是文化传承问题，项目需要在现代化建设中保留和展示当地的历史文化元素。最后是可持续发展问题，设计需要考虑长期的生态效益和社会效益，确保项目的可持续性。

大沙河生态长廊项目采用了一系列创新的设计策略，有效应对了项目中遇到的各类挑战。首先，项目在生态修复方面采用了“近自然”的设计理念。项目通过构建多层次的植被系统和生态浮岛，不仅提高了水体自净能力，还为本地动植物提供

图 3.19 大沙河生态廊道更新展示
（图片来源：https://unsplash.com/）

了栖息地。例如，在河道两岸种植了超过 200 种本地植物，形成了生物多样性廊道。项目的实施有效优化了周边的景观格局，使绿地斑块的凝聚度提高、分离度降低、连接性提高，进而改善了生态环境，提升了整体景观质量。

其次，在空间利用方面，项目采用了“立体式”的设计策略。项目通过巧妙的地形设计和多层次的空间布局，在有限的面积内创造了丰富的功能区域。比如，设计了高架步道系统，这不仅提供了观景平台，增加了可利用的绿地面积，还显著提高了步行可达性，见图 3.20 和图 3.21。这样的设计不仅方便了人们的日常活动，也为动物在城市中穿行提供了安全通道，增强了生态系统的连通性。同时，在河道边设置了多个下沉式广场，既作为滞洪区，又成为市民休闲娱乐的场所。

在文化传承方面，项目融入了深圳本土的文化元素。例如，在长廊的多个节点设置了反映深圳渔村历史的艺术装置，以现代设计语言诠释传统文化。此外，还保留和修复了沿河的古树和历史建筑，将其融入新的景观设计中，形成了独特的文化景观。

最后，为确保项目的可持续发展，设计团队引入了智慧管理系统。项目通过安装水质监测设备和智能照明系统，实现了对生态长廊的实时监控和高效管理。同时，设计了多个环境教育站点，通过互动式展示和科普活动，提高市民的环境保护意识。

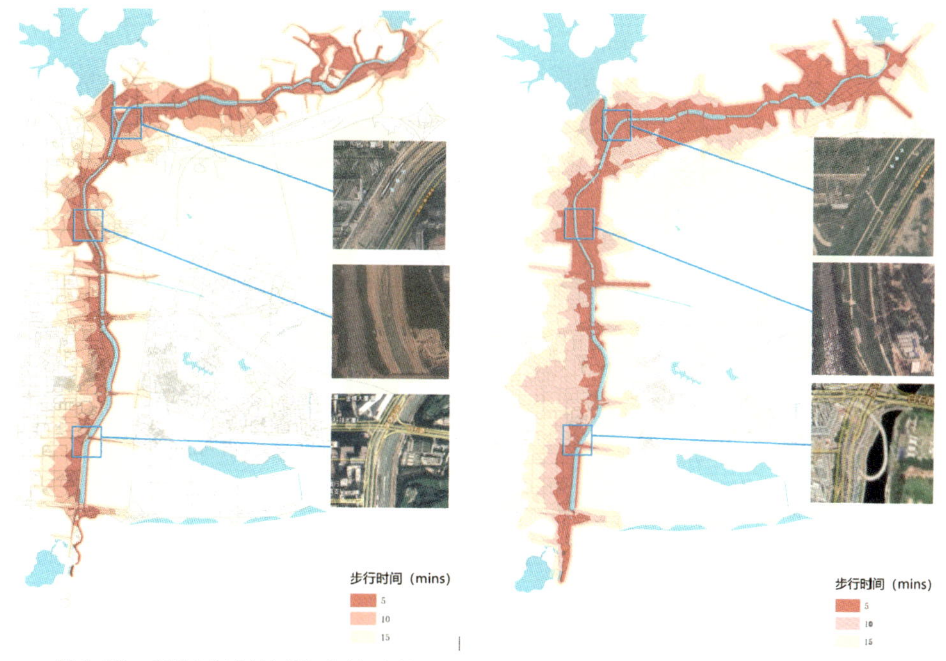

图 3.20　2014 年大沙河桥面局部分析
（图片来源：自绘）

图 3.21　2019 年大沙河桥面局部分析
（图片来源：自绘）

总之，深圳大沙河生态长廊项目通过系统的规划、创新的建设和科学的设计，从规划层面统筹空间利用，系统组织绿地；从建设层面挖掘地域特色，重塑景观形象；从设计层面结合使用需求，完善功能设施，为城市公共绿地的设计提供了宝贵的经验。项目整合了生态修复、文化传承、智慧管理和多功能公共空间，体现了高效的空间利用和创新的设计理念。通过这些城市公共绿地设计策略，大沙河生态长廊的更新不仅解决了城市水环境问题，还使其成为一个兼具生态价值、文化内涵和社会功能的城市绿地更新范例。

（5）城市更新下的城市非正式绿地规划

非正式绿地泛指未受管理、自发生长植被的绿地，其特征包括低覆盖率、不明产权与缺乏维护，体现非正式与临时性特质，构成社会生态实体。这类绿地可根据周边用地、社会生态条件及用户需求，演化为支持性、即时性或自发性绿地空间，从而丰富城市功能用地，满足临时需求并填补绿地服务缺口。鉴于其在应对高密度城市土地资源限制与绿地短缺问题上的潜力，近年来受到国内外学者的广泛关注[39]。

克里斯托弗·鲁普雷希特（Christoph D.D. Rupprecht）将非正式绿地分为九种类型：空置或废弃地块、棕地、水系周边绿地、街道边缘、铁路周边绿地、缝隙空间、结构性空间、微型绿地、电力线周边绿地。根据其非正式性呈现的形态和规模，可以进一步分为面状、线性及点状的非正式绿地。面状及线性非正式绿地具有明确的地块边界，可能采用“用地转变”及“低扰提质”等更新模式，而点状非正式绿地尺度较小，强调从城市设计、景观微更新层面对其进行“融绿”再设计。

非正式城市绿地大多体量小且位于边际或中介地段。典型的分布位置包括街旁、街角、口袋、中庭、间隙和河滨。这些绿地通过灵活利用城市中的边缘空间和过渡地带，为城市提供了额外的绿色空间，并且其分布位置使其在改善城市环境方面发挥了重要作用。

在城市更新的背景下，非正式绿地具有重要的价值。首先，它提供了支撑性服务，能够就近为人群提供过渡性和辅助性的保障服务，支撑和完善区域主导服务功能。其次，非正式绿地具备即时性服务价值，根据特定时间和活动的需求，灵活提供临时性停留、交流和集散的绿色空间。此外，非正式绿地还具备自发性服务价值，满足人们日常需求与偏好的变化，弥补城市绿地功能缺失的不足，提供晾晒衣物、寄取快递、接送外卖等功能。这种自发性规划不仅减少了政府投资，还满足了居民的多样需求，是双赢模式的重要体现。因此，非正式绿地在提升城市绿地布局公平性、促进居民健康和社会互动方面，具有巨大的潜力和显著的价值。

非正式绿地的规划设计需要充分考虑其独特的特点和潜力，以提升其生态和社会功能。非正式绿地作为城市中的自发性绿色空间，不仅是城市绿地系统的重要补充，更是实现城市可持续发展的重要手段。下面将从六个方面探讨非正式绿地的规划设计策略。

①营造安全健康社区。非正式绿地提升居民健康水平的路径主要包括环境、行为和心理三条路径。在环境路径上，非正式绿地中的植被能有效过滤污染物，如臭氧与二氧化硫，提高社区空气质量，减少太阳辐射相关疾病（如皮肤癌）的发生。在行为路径上，非正式绿地通过提供园艺、散步等绿地活动，可以增强居民体质，降低健康风险。在心理路径上，非正式绿地通过提供休闲空间，减轻居民压力，促进心理健康。更新后的非正式绿地通过提升环境质量，可促进积极使用，减少犯罪，

缓解暴力倾向与精神疲劳，强化社区安全与健康。同时，还可增强绿色基础设施韧性，全面促进居民福祉的提升。

②提升非正式绿地布局公平性。非正式绿地分布在城市的“缝隙”和“孔洞”中，其高可达性使其成为居民日常光顾的重要绿地。绿地布局公平性是指所有城市居民，包括老年人、儿童和低收入人群，都能够方便且平等地享受绿地的功能与服务。非正式绿地作为潜在资源，可以显著提升城市绿地布局公平性。

③提高非正式绿地的使用率。了解居民的使用情况与感知偏好，是进行非正式绿地更新设计的关键依据。对非正式绿地持正面看法的居民普遍认为这些绿地无使用限制、位置靠近居住区且植被丰富；相反，对非正式绿地持有负面看法的居民则常提及管理缺失、垃圾未得到妥善处理及缺乏休闲设施等问题。进行清除垃圾、修剪植被、增加座椅和体育设施等更新设计，可以提高人们对非正式绿地的接受度和使用率，提高非正式绿地的社会效益。

④非正式绿地的用地转型。将非正式绿地融入城市绿地系统规划，改变其用地性质，是用地转型的关键。这一过程涉及棕地、闲置土地、废弃铁路等面状、线性非正式绿地，它们因城市收缩、产业调整、郊区化而生，通常具备很大的转型潜力。转型策略分为政府主导与公众参与两类，前者通过政策与规划体系推动转型，后者鼓励社区、非正式团体与规划师合作，共同促进非正式绿地转变为城市绿地。

⑤针灸式低扰提质。在保持非正式绿地用地属性不变的条件下，改变城市下垫面材料、增加花池树椅等经济环保的服务设施，可以促进非正式绿地优化升级。此方法特别适合于无法更改或尚未调整用地性质的非正式绿地，通过微改造提升其使用功能和景观效果，如美国费城的“改造空地”项目和中国上海的“百草园”项目，都成功地将非正式绿地更新为社区花园和城市微农场。

⑥融绿增绿景观设计。对于点状非正式绿地，可以采取“融绿、增绿”的更新设计模式。具体方法包括覆土建筑绿地、街面围墙植物美化、建筑屋顶绿化与立交桥绿化等。这一设计过程旨在将绿色景观融入城市空间，激活“身边绿意”，提升绿视率和绿感度，达成开窗即见景、出门即遇绿的目标。此策略不仅能美化城市视觉环境，而且能增强市民对绿地的亲近体验感。

在城市非正式绿地规划的背景下，上海“百草园”项目是对城市边缘地带和零散绿地进行更新和再利用的典范，展现了非正式绿地在城市更新中的多元价值和灵活性。非正式绿地这类空间通常以空置地、边缘绿地或临时性用途存在，但随着城市的发展，其具备了巨大的改造潜力，为城市提供了灵活的公共空间资源。

百草园作为城市非正式绿地的一个案例，原本是一片功能不明确的绿地，它虽位于虹口区人口密集的商业区域，但未能提供有效的休憩功能，也未融入周边街道的步行网络。在传统城市规划中，这类绿地常常被忽视，因其面积有限且缺乏明确的规划用途，往往被视为边缘化空间。然而，随着居民对高质量、可进入的公共空间需求的提升，这些非正式绿地逐渐展现出其在城市更新中的重要作用。

“百草园”项目通过对零散、未利用空间的创新设计，将原本封闭、难以使用的绿地转变为社区居民和游客喜爱的公共开放空间，见图 3.22。设计团队从鲁迅的文学作品《从百草园到三味书屋》中汲取灵感，赋予这一非正式绿地以文化和历史内涵。文化元素的融入不仅丰富了绿地的功能，也提升了其社会价值，使其成为城市文化传承与社区记忆的重要载体。这种基于历史文化的非正式绿地规划策略，通过重塑空间与居民之间的情感连接，使百草园成为一个具有文化沉淀和生活气息的社区共享空间。

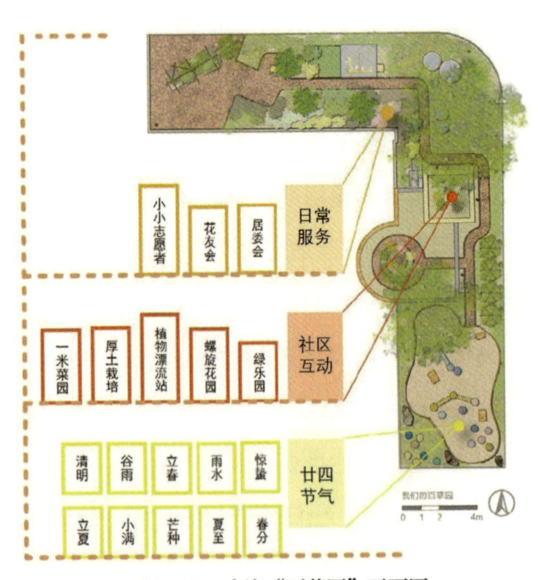

图 3.22　上海“百草园”平面图

（图片来源：参考文献[40]）

在绿地的植物配置和景观设计上，项目特别关注植物的多样性与季节变化，旨在提升生态效益的同时，创造一个四季皆宜的自然空间。百草园通过巧妙利用本土植物和自然元素，强调绿地的生态恢复与环境改善功能。这种策略正是非正式绿地规划的重要组成部分——将这些边缘化、临时性的绿地通过生态手段与城市的整体环境系统相结合，丰富了城市的绿色基础设施。

除了文化和生态方面的提升，百草园项目还借助现代科技增强其互动性和教育功能。设计师通过设计互动设施如二维码植物标识，使参观者能够轻松获取植物知识并与文化作品进行“对话”，这不仅增强了人们对空间的参与感，也进一步拓展了非正式绿地的功能范围，使其兼具了教育和文化传播的作用。此外，园区的夜间照明设计注重环境的宜人性和视觉美感，充分考虑到居民夜间活动的需求，进一步丰富了绿地的使用场景。

总的来说，百草园案例展示了非正式绿地在城市更新中的灵活应用和多功能性。这类绿地的规划不依赖于传统的宏大城市设计，而是通过对现有资源的巧妙利用，在有限的空间中实现了生态、文化、社交等多种功能的融合。上海“百草园”不仅是对非正式绿地的成功改造，也是现代城市更新过程中的一项具有创新意义的实践，为城市通过非正式绿地提升空间品质和社区生活质量提供了宝贵的借鉴。

3.2.3 城市公共绿地的记忆场所分层重构

城市公共绿地不仅是生态与休闲的空间，还是承载和传递城市记忆的重要场所。在城市更新的背景下，城市公共绿地作为记忆场所，其蕴含的自然要素、人工要素与事件活动，构成了城市历史与文化的多重维度。这些记忆要素不仅记录了城市和社会发展的不同层面，也在集体记忆中留下了深刻的印记。关注这些记忆要素并进行有意识的重构，不仅是对历史的尊重和传承，还是推动城市公共绿地更新与创新的重要切入点。对绿地记忆进行分层重构，能够在保留历史精神的同时，赋予绿地新的生命和功能，实现历史与现代的融合，为城市公共绿地的未来发展提供持续的动力。

1. 自然要素

自然要素是城市公共绿地记忆的重要组成部分，反映了绿地的自然特征。这些要素包括气候气象、地质地貌、山水格局和生物群落等。从古典园林的景观原型到现代景观设计，自然要素总是与人类记忆有着天生的联系，见图 3.23。例如，某些城市绿地中的老树、湖泊或天然岩石，不仅是自然景观的一部分，还承载了人们对过去自然环境的记忆。老树不仅是城市绿地的重要组成部分，还记录了城市的历史变迁；湖泊和河流作为重要的水体，不仅调节了城市小气候，还成为人们休闲、娱乐的重要场所。自然要素通过与人们日常生活的紧密联系，形成城市绿地独特的自然记忆。

图 3.23　苏州留园里的自然要素
（图片来源：https://unsplash.com/.）

在城市公共绿地的规划与设计中，自然要素的应用至关重要。设计师应当充分利用现有的自然资源，保留原有的地形地貌，结合现代设计理念，创造出既有自然美感又具有生态效益的绿地景观。例如，在设计一个新的城市公园时，可以保留和修复场地中的老树和天然水体，设置生态湿地和自然保护区，既为动植物提供栖息地，又为市民创造一个亲近自然的环境。此外，还可以利用植被配置和季相变化，营造四季分明的自然景观，使市民在不同季节都能体验到自然的美丽。

2. 人工要素

人工要素是城市建设的印记，体现了人类对土地的利用和改造。这些要素包括建筑、构筑物、家具小品、艺术作品和建构空间等。人工要素的形成过程与城市和社会的发展密不可分，反映了不同时期的科技文化与意识形态。例如，一件具有历史意义的雕塑或一栋风格独特的建筑，不仅代表了当时的建筑技术和艺术水平，还记录了那个时代的人文精神和社会氛围。城市广场上的纪念碑、公园中的亭台楼阁，都是城市历史文化的象征，见图 3.24。这些人工要素通过其独特的形式和象征意义，成为市民集体记忆的重要载体。

图 3.24　城市广场上的纪念碑

（图片来源：https://unsplash.com/.）

规划师可以通过对历史建筑和构筑物的保护和修复，保留和延续城市的历史文化记忆。例如，在规划一个历史公园时，可以保留并修复原有的历史建筑，设置历史文化展示区，展示城市发展中的重要事件和人物，使市民了解城市的历史。此外，还可以通过新建具有地方特色的建筑和艺术作品，丰富绿地的文化内涵，增强市民对绿地的认同感和归属感。

3. 事件活动

事件活动是场所活力的直接源泉，长期的活动参与和重大事件的发生进一步丰富了绿地的公共性。风俗习惯、休闲活动、节日庆典和历史事件等活动，不仅增强了场所的吸引力，还形成了独特的集体记忆。例如，每年在某个公园举办的音乐节或体育赛事，成为市民共同的记忆和城市文化的一部分，见图 3.25。再现和举办这些活动，使绿地相关的文化元素或文化内涵得到了有效保护和传承。城市绿地中的重大历史事件，如战争纪念活动、社会运动集会等，往往成为市民记忆中不可磨灭的印记；而日常的社交活动，如家庭聚会、与朋友一起散步，也在无形中构筑了市民对城市绿地的情感依恋。

设计师们在进行绿地规划时，应充分考虑如何利用和激发事件活动的潜力，通过传递城市记忆和重塑文化来实现绿地的更新与再生。可以规划多功能活动空间，设置灵活的活动设施和舞台，并提供充足的公共服务设施，如厕所、饮水点和座椅，以保障各种活动的顺利进行。同时，策划和组织多样化的文化活动，如音乐会、展览、

图 3.25　公园里举办的音乐节

（图片来源：https://unsplash.com/.）

体育比赛和节庆活动，不仅能吸引市民广泛参与，还能通过这些活动将城市的历史和文化记忆注入绿地，增强其文化内涵与社区认同感。将这些设计与活动相结合，使城市公共绿地不仅成为市民日常休闲娱乐的场所，而且通过承载和传递城市文化记忆，成为促进城市文化更新的重要载体。这样的设计策略不仅赋予城市公共绿地新的活力，还能使其在不断演变的城市环境中，保持历史与文化连贯性，从而为城市公共绿地注入持续的生命力和吸引力。

深圳松元厦碉楼时光公园是深圳首个碉楼主题社区公园，其独特的古朴外形在周围高楼林立的现代建筑群中备受瞩目，见图 3.26。该项目位于深圳市龙华区观湖街道松元厦社区，毗邻观澜生态文化区与麓湖科技文化片区，是连接观澜街道与观湖街道的文化腹地。辖区历史悠久，坐拥 32 处不可移动文物点，现存客家碉楼 22 座，是龙华区天然的文物古建筑“博物馆”。然而，由于高密度建设和不完善的社区管

图 3.26　深圳松元厦碉楼时光公园

（图片来源：自摄）

理措施，周边社区的历史底蕴在一定程度上被掩盖，社区活力和凝聚力逐渐减弱。

基于“让文化遗产重新回到人们的生活中”的设计理念，设计团队在深圳松元厦碉楼时光公园的改造中，采用了一系列创新的设计策略。这些策略不仅保留了场地的历史遗迹，还有效地提升了公园的可达性和视觉效果，使其成为居民和游客共同享受的文化休闲空间。以下是该项目的具体设计策略。

①打开场地边界，提升公园的可达性与视野开阔度。设计团队对碉楼进行活化利用，致力于打造一个兼具传统与现代功能的社区公园。通过打开场地边界，公园的可达性和视野开阔度显著提升，居民也能够更便捷地进入公园并感受其中的自然景观与文化氛围。开放的边界不仅提升了公园的通达性，还为市民提供了更为开阔的活动空间。

②强化原有中心广场轴线，塑造历史厚重感。注重强化原有中心广场的轴线，以塑造历史厚重感来增强场地的文化氛围。设计保留并修复了场地内的四座碉楼，通过增设故事景墙和地图铺装，碉楼成为公园的文化焦点，吸引居民和游客的关注。

③保留场地内的文物和自然生机，延续历史文化与自然的融合。进行精心设计和布局，确保碉楼与周围的自然环境和谐共生，既保留了历史遗迹，又不破坏自然生态。例如，公园中保留了原有的自然植被，同时增添了具有地方特色的植物，形成四季常青的景观效果。这样的设计不仅保护了自然生态，还通过植物的四季变化，丰富了公园的视觉体验。

④增设架空栈道，以无障碍方式沿碉楼外围连通公园游览路径。为了提升公园的可达性和游客的游览体验，在碉楼外围增设了架空栈道。这种无障碍设计，使得不同年龄和体力的游客都能方便地游览整个公园，了解碉楼的历史背景和文化价值。同时，架空栈道为游客提供了更好的视野，使其可以从不同角度欣赏公园的美景。无障碍的设计提升了公园的包容性，让更多人能够轻松享受公共绿地。

⑤立足碉楼文化，增添故事景墙及地图铺装。通过这些设计元素，游客可以了解碉楼的历史故事和文化背景，增强对场地的认同感和归属感。例如，公园中设置了带有文字介绍和图片的景墙，详细介绍了碉楼的历史和文化价值，使游客在游览中不仅能欣赏美景，还能学到丰富的历史知识。这些设计细节不仅丰富了公园的文化内涵，还提升了游客的游览体验。

⑥挖掘文化内涵，重塑碉楼精神。公园中最特别的存在当数消失的“第五碉楼”。2012 年，陈显堂碉楼不幸在暴雨中坍塌。设计团队采用抽象结构和玻璃丝印的技术，于广场中心将其复原，让陈显堂碉楼再一次展现在公众视野中，延续过去的时代印记。公园现存的四座碉楼在“第五碉楼”的玻璃映射中形成奇妙的时代对话，向前来参观的人们无声地诉说着城市的百年变迁与几代人的文化传承。通过这样的设计，公园不仅保留了历史文物，还赋予其新的生命，使其成为城市文化的重要象征。

深圳松元厦碉楼时光公园通过打开场地边界、保留文物和自然生机、增设架空栈道和故事景墙，不仅保护了历史遗迹，还为社区居民提供了一个富有文化内涵和历史厚重感的公共空间。它不仅提升了社区的文化氛围，还增强了居民的归属感和认同感，成为城市公共绿地更新和文化复兴的成功范例。

总之，城市公共绿地的记忆场所分层重构，通过对自然要素、人工要素和事件活动的综合运用，能够更好地保护和传承城市的历史文化记忆，增强绿地的文化内涵和历史价值，使其在现代城市生活中焕发新的活力。设计师应当在规划和设计过程中，充分尊重和利用这些记忆要素，创造出具有独特文化魅力和生态价值的城市公共绿地，满足市民对美好生活环境的需求。

问题讨论

1. 在设计城市公共绿地时，不同空间特点如何影响其使用功能和市民的体验？
2. 现代的城市公共绿地设计范式如何应对气候变化、城市扩张等问题？
3. 如何通过城市公共绿地设计重构城市的集体记忆，同时适应现代社会的需求？
4. 你认为在城市更新的背景下，非正式绿地规划的重点是什么？

4

城市公共绿地规划的健康促进策略

4.1 城市公共绿地与居民健康的关系

4.1.1 城市公共绿地与健康的理论基础

城市公共绿地作为城市生态系统的重要组成部分，不仅在改善环境和增强生物多样性方面发挥着重要作用，还在提升居民健康和福祉方面扮演着关键角色。城市公共绿地通过提供绿色空间和自然环境，能够有效缓解居民的心理压力，促进身心健康，并增强社会凝聚力。本节将从以下几种理论出发，深入探讨城市公共绿地与居民健康的关系。

①生态系统服务理论萌芽于 20 世纪 60 年代。1970 年《人类活动对全球环境的影响》研究报告中首次使用了生态系统服务的概念，沃尔特·韦斯特曼（Walter Westman）在 1977 年提出了“自然服务”，随着更多的研究深入探讨该理论，该理论现已得到广泛的认可和应用[41]。生态系统服务理论是理解城市公共绿地健康效益的重要理论基础。它强调生态系统通过提供一系列服务，直接或间接提升人类福祉。这些服务通常分为四类：供给服务（如食物和水）、调节服务（如气候调节和空气净化）、文化服务（如休闲和美学价值）和支持服务（如土壤形成和养分循环）。在城市环境中，公共绿地作为生态系统关键的组成部分，提供了调节服务和文化服务。具体而言，城市绿地能够通过吸收污染物和调节温度来改善空气和微气候，从而降低居民患呼吸道疾病和热相关疾病的风险。此外，绿地提供的休闲和审美体验有助于人们减轻心理压力，提升精神健康水平。

②恢复性环境理论由斯蒂芬·卡普兰（Stephen Kaplan）和珍妮特·弗雷·塔尔博特（Janet Frey Talbot）在 1983 年针对荒野体验的心理益处提出，主要探讨自然环境对人类心理和生理恢复的作用。

该理论认为，自然环境中的某些特征，如绿色植物、水体和开阔空间，能够促进心理恢复和缓解压力。这一过程通过三种机制实现：注意力恢复、情绪恢复和生理恢复。注意力恢复机制指出，自然环境能够提供无需求的注意力分散，从而缓解认知疲劳。情绪恢复机制强调，自然环境的美学和愉悦特性能够提升情绪状态，减少焦虑和抑郁感。生理恢复机制则表明，自然环境能够通过降低心率、血压和皮质醇水平，促进身体的生理放松和恢复。因此，城市公共绿地被视为一种重要的恢复性资源，在提升城市居民的心理健康和生活质量方面具有不可替代的作用。

③亲生物假说（Biophilia Hypothesis）由著名生物学家爱德华·威尔逊（Edward O. Wilson）提出，他认为人类天生具有亲近自然的倾向，这种内在的需求源自人类漫长的进化过程[42]。根据这一假说，接触自然环境，如城市中的公共绿地，不仅能够满足人类对自然的本能需求，还能显著促进身心健康。亲生物假说认为，自然元素，如植物、水体和自然景观，能够激发人类的积极情感反应，减少压力激素的分泌，增强免疫功能，并提升整体幸福感。现代研究进一步支持了这一观点，表明定期接触自然环境可以降低抑郁和焦虑的发生率，提高认知功能和创造力。因此，在城市规划中融入更多的绿地和自然元素，不仅是满足居民健康需求的有效途径，还是一种符合人类本性和提升居民福祉的策略。

④健康城市的概念于1984年在加拿大多伦多召开的“2000年健康多伦多”大会上被首次提出。1986年，世界卫生组织在《渥太华宪章》中正式提出了健康城市的理念及行动战略，旨在通过综合改善城市环境和生活条件，提升居民的整体健康水平和福祉。健康城市的核心思想是将健康纳入所有政策和行动中，强调城市规划和公共政策对健康的深远影响[43]。在这个框架下，城市公共绿地被视为实现健康城市目标的关键要素之一。健康城市倡导通过增加城市绿地面积和提高绿地质量来提供更多的户外活动空间，促进身体健康，并通过与自然环境的接触提高心理健康水平。此外，绿地还被用来加强社会互动和增强社区凝聚力，减少社会隔离，增加居民的社会资本。因此，健康城市概念不仅强调物理环境的改善，还关注社会和心理健康的全面提升，凸显了城市公共绿地在健康促进方面的重要作用。

⑤健康促进被世界卫生组织在1986年的《渥太华宪章》中进行了明确的定义和阐述。其核心思想是通过改善社会和环境条件，提升个体和社区的健康潜力。健康促进不仅关注疾病预防，更强调积极的健康水平的提升，通过提供支持性环境和资源，鼓励健康的生活方式。城市公共绿地作为健康促进的重要载体，能够提供多样化的活动空间，鼓励居民进行户外活动、社交互动和心理放松。健康促进强调社区参与和赋权，认为居民的主动参与和自我管理是健康水平提升的重要途径。因此，

公共绿地的设计应考虑社区的实际需求和偏好，鼓励居民参与规划和管理过程，增强其对绿地的认同感和使用意愿。从健康促进视角来看，公共绿地不仅是绿色空间，更是社区健康和社会资本的重要资源。

综合这些理论，可以清晰地看出城市公共绿地对居民健康的多层次影响。理解和应用这些理论，有助于城市规划者和政策制定者在实际操作中设计更具健康促进效益的城市公共绿地，从而提升居民的整体健康水平和生活质量。

4.1.2 城市公共绿地的多维度健康效益

随着城镇化和城市致密化的发展，环境污染、汽车使用依赖等问题日益加剧，呼吸系统疾病、循环系统疾病和肥胖等慢性疾病成为居民健康的主要威胁[44]。同时，城市绿地数量的减少和空间破碎化也使城市公共绿地可达性和服务质量下降。然而，城市绿地，特别是公共绿地，被证明在促进身体、心理、社会和总体健康方面具有显著效益。因此，本节将从生理健康、心理健康、社会健康和总体健康四个维度，系统探讨城市公共绿地的多维度健康效益。

1. 生理健康效益

在生理健康方面，城市公共绿地通过多种机制促进居民健康，包括降低超重或肥胖概率、降低患心血管疾病及糖尿病的风险、降低呼吸系统疾病发病率、促进生理健康感知、降低患癌症的风险等。其中，城市公共绿地在改善呼吸系统、促进体力活动与预防慢性病、减少空气污染与相关疾病等方面的作用尤为显著。

（1）改善呼吸系统

城市公共绿地通过减少空气中的污染物，如臭氧和颗粒物，显著提高了空气质量，有助于降低呼吸系统疾病的发病率。植被，尤其是乔木和灌木，通过吸收二氧化碳、释放氧气以及过滤空气中的有害物质，有效地净化了空气。绿地中的树木能够捕捉和吸附空气中的颗粒物，从而减少这些污染物对呼吸道的刺激，进而降低患哮喘、过敏性鼻炎和慢性阻塞性肺病等呼吸系统疾病的风险。

城市公共绿地的存在特别有助于为儿童、老年人等易感人群提供更清洁的空气环境，促进其呼吸健康。例如，学校、社区及工作场所附近的绿化带不仅能够减少空气中的污染物，还能为人们提供一个自然的呼吸环境。此外，绿地中的植物通过降低城市中的热岛效应，减少了热应激对呼吸系统造成的负担，从而进一步改善居民的呼吸健康状况。

（2）促进体力活动与预防慢性病

城市公共绿地为居民提供了安全舒适的活动空间，促使居民进行体力活动，从而降低居民患慢性病的风险。绿地中的步行道、运动场和休闲设施吸引居民散步、跑步、骑行和健身，这些活动有助于预防肥胖和心血管疾病。绿化水平高的社区不仅能够提升体力活动的多样性，还能够在突发公共卫生事件中降低感染风险。

植被特征对体力活动的影响显著。杂乱无序的乔木配置可能不利于提升活动的多样性；而多样化的灌木通过颜色和香味刺激感官，可促进人们投身于更多的体力活动。居民喜欢有树荫的地方，因为它们能提供凉爽的环境，增强活动的舒适度。

（3）减少空气污染与相关疾病

植被通过吸收二氧化碳、释放氧气，以及过滤空气中的颗粒物和有害气体，减少空气污染，降低与之相关的疾病发病率。绿地中的乔木和灌木能显著减少空气中的污染物，如臭氧、二氧化硫、PM2.5 和 PM10，进而降低呼吸系统和心血管疾病的发病率。

城市绿地的分布和规模直接影响其净化空气的效果。大规模的城市公园和街道绿化带能有效吸附和过滤有害物质，为居民提供更清洁的空气。特别是在空气污染严重的地区，绿地可以显著减少污染物对健康的影响。种植适当的乔木和灌木，如银杏、法桐等，能进一步提高绿地的空气净化功能，促进居民健康。

2. 心理健康效益

城市公共绿地对居民心理健康具有显著的促进作用，包括促进总体精神健康、缓解注意力缺陷障碍症状、减轻痛苦感、缓解压力、调节情绪、缓解焦虑及抑郁症状、提高认知能力等[44]。

（1）缓解压力与应激反应

城市公共绿地中的绿色植被可通过多种方式帮助缓解压力。当面对环境中的潜在危险时，人体会激发压力反应，释放压力激素皮质醇。接触自然能够有效缓解这种应激反应。尽管效果微弱，但其缓解心理压力的作用具有统计显著性。城市公共绿地为人们提供了远离日常生活压力的空间，以便人们通过接触自然环境，有效缓解心理紧张。

自然环境的宁静和美丽有助于人们放松身心，特别是在高密度城市中，这一效果更加明显。绿地中的鸟鸣、风声等自然声音也能增强放松效果。此外，水体景观通过视觉和听觉刺激，可进一步减少心理压力和焦虑感。多样化的自然景观共同创造了一个舒适的环境，全面帮助缓解压力和应激反应。

（2）调节情绪与心理状态

接触城市公共绿地有助于人们快速调节情绪。丰富的自然景观通过多种感官刺激，可提升人们的情绪状态。居住在绿地附近的居民更容易保持积极情绪，减少抑郁和焦虑症状。

绿地中的休憩和社交空间也能够有效促进情绪调节。与家人朋友在绿地中活动，能增强社会互动，提升情绪稳定性和积极性。城市公共绿地通过提供自然与社交的融合空间，在情绪调节和心理状况改善方面发挥了重要作用。

（3）提高注意力和认知能力

城市公共绿地通过提供一个“软吸引”的环境，可减轻认知疲劳，提高注意力和认知能力。自然环境的信息能够被大脑高效处理，与自然接触可以有效提高短时记忆能力，提高注意力水平。

在绿地中进行步行等活动，能显著提升短时记忆和注意力[45]，对学生和职场人士尤为有益，可帮助其提高学习和工作效率。绿地中的安静空间和步道设计，也有助于认知功能恢复，冥想、阅读和轻度运动都能增强大脑的认知能力。

（4）增添生活乐趣和幸福感

城市公共绿地通过多感官刺激，可增添人们的生活乐趣，提升其幸福感。自然景观如四季变化的花草树木、鸟鸣声和水流声，为居民提供了丰富的感官享受，增添了生活乐趣。绿地的宁静环境对主观幸福感有重要影响，而绿地的数量与面积则影响幸福感的情感成分。此外，绿地中的休闲和娱乐设施，如运动场地、儿童游乐区和休憩角落，能满足不同年龄和兴趣群体的需求，提升其生活质量和满意度。

3. 社会健康效益

城市公共绿地不仅在促进生理和心理健康方面发挥了重要作用，还显著提升了居民的社会健康水平。通过提供一个安全、便利和富有吸引力的环境，城市公共绿地能够提高社区满意度、增强社会安全感、促进社会总体健康、提高社会凝聚力并降低犯罪率。

（1）提高社区满意度和增强社会凝聚力

城市公共绿地通过提供高质量的休闲娱乐空间，提高了居民对社区的满意度。绿地的美景与安静氛围让居民感到舒适与愉悦，增强了社区的归属感。例如，散步、慢跑、瑜伽等活动，能够使居民在大自然中放松心情，从而增强对社区的认同感。

同时，城市公共绿地通过促进社交活动，增强了社区的社会凝聚力。绿地中的步道设计方便了居民日常活动和交流，促进了邻里关系的和谐。社区聚会、节庆活动等集体项目使居民之间建立起了更紧密的社会联系，增强了整体社区凝聚力。

（2）提高社会安全感和降低犯罪率

公共绿地的开放性和良好的可视性也提升了居民的安全感。精心的绿地设计布局，如开阔的视野和适当的照明，显著提高了居民的安全感。这种安全感不仅体现在物理环境上，还反映在社会心理层面，使居民在使用这些空间时感到更加自在和安心。

此外，良好的绿地环境和高效管理也有助于降低社区犯罪率。通过保持绿地的整洁和设施完好，居民自然而然成为环境的监督者，从而抑制犯罪。自然景观还能帮助居民缓解精神压力，减少暴力倾向。公共绿地能吸引更多居民使用，人流量的增加使潜在犯罪更容易被发现和阻止，从而进一步降低犯罪发生的概率。

（3）促进老年群体的社交活动

城市公共绿地在促进老年人社交活动方面发挥着关键作用。老年人的社交活动主要分为三类：个体活动、亲友邻里活动以及与志同道合者的活动。

个体活动指老年人独自进行的社交活动，如静坐、锻炼等。绿地规划应提供适当的独立空间，以满足他们对安静和独处的需求。亲友邻里活动包括亲子锻炼、中秋赏月等社交活动，活动时的舒适感对这些活动至关重要。设施分布的便捷性也影响了老年人对绿地的使用，特别是分布均匀的设施更能吸引亲友邻里的共同参与。与志同道合者的活动包括老年人参与的广场舞、下棋等社交活动。场地的历史背景和文化氛围吸引了具有共同兴趣的群体，场地依恋感促进了这些活动的进行。城市公共绿地中的特色活动场所与文化活动有效促进了陌生人之间的互动，增强了老年人的社会支持网络。

4. 总体健康效益

城市公共绿地在促进总体健康方面发挥着不可忽视的作用，总体健康涵盖生理、心理和社会健康多个方面，涉及居民生活的方方面面。通过改善总体健康状况、减少健康抱怨次数、提高幸福感和生活满意度以及降低全因死亡率，城市公共绿地成为提升居民总体健康的重要因素。

（1）改善总体健康状况

总体健康涵盖生理、心理和社会层面。城市公共绿地为居民提供了接触自然、放松心情的场所，定期的户外活动可增强体质，改善心肺功能，降低患慢性疾病的风险。散步、跑步等运动可以有效减少高血压、心脏病和糖尿病的发生，同时自然环境中的宁静和美景有助于舒缓压力，提升心理健康水平。接触自然的人群的心理健康状况显著优于长期处于高压环境中的人群，绿地在促进心理健康方面发挥了重要作用。

（2）减少健康抱怨次数

健康抱怨反映了居民对自身健康状况的不满。城市公共绿地通过提供清新的空气、安静的环境和舒适的空间，可有效缓解居民的身体不适和心理压力，减轻头痛、失眠、疲劳等症状。居住在绿化覆盖率较高区域的居民健康抱怨较少，这得益于绿地带来的良好空气质量和宁静环境。

（3）提高幸福感和生活满意度

城市公共绿地中的自然景观和开放空间为居民提供了远离城市喧嚣的休闲场所，以便居民可以在这里散步、锻炼、放松，享受自然带来的美好，从而提升居民的幸福感和生活满意度。接触自然并参与户外活动的人，其主观幸福感和生活满意度明显高于与绿地接触较少的人群，尤其是在都市高压环境下，绿地为人们提供了心灵的栖息地，显著提升了情感体验和生活质量。

（4）降低全因死亡率

绿地通过提供健康、安全的环境，降低了多种疾病的发生率和死亡率。绿化覆盖率高的城市，其居民全因死亡率显著低于绿化覆盖率低的城市。植被可以过滤空气污染物，减少呼吸系统疾病的发生；绿地中的锻炼空间可以帮助居民保持健康体重和心血管健康，降低患心脏病和中风的风险。这些因素共同作用，最终降低了城市居民的全因死亡率，提升了城市居民的整体健康水平。

总之，科学规划和设计城市公共绿地，充分发挥其在生理、心理、社会和总体健康方面的效益，能够极大提升城市居民的生活质量和幸福感。这不仅有助于提升个体的健康水平和福祉，也为城市的可持续发展和社会和谐奠定了基础。

4.1.3 城市公共绿地对居民健康的作用路径

近年来，城市公共绿地在促进居民健康方面的作用日益受到关注。公共绿地是城市中的休闲空间，它们通过多种途径影响居民的生理、心理和社会健康。公共绿地的生态系统服务，包括生态供给、生态调节、生态支持和文化生态服务[46]，在这一过程中起到了重要的中介作用。这些服务不仅提供了直接的物质资源，还通过改善环境状况、提升生物多样性和提供文化与社会互动空间，间接地对居民的整体健康产生积极影响。因此，深入探讨城市公共绿地对居民健康的作用路径，不仅有助于更好地理解绿地的多维度价值，还能为城市规划和健康促进策略的制定提供科学依据和实践指导。

（1）生态供给服务

城市公共绿地通过其生态供给服务，为居民提供了多种直接的物质资源。首先，绿地中的植物可以提供新鲜的空气，改善城市的空气，这对居民的呼吸系统健康具有重要意义。新鲜的空气有助于减少呼吸系统疾病（例如哮喘和支气管炎）的发病率，这在城市污染严重的地区尤为重要。

此外，某些城市绿地还可以用于城市农业，提供新鲜的食物和药用植物，从而提升居民的营养水平和健康状况。例如，社区花园和城市农场不仅提供了健康的食品，还为居民提供了一个参与户外活动和社会互动的平台，进一步促进了心理和社会健康。这些农园可以种植有机蔬菜、水果和药草，不仅优化了居民的饮食结构，还增强了他们对自然的认识和保护意识。

生态供给服务还包括绿地为城市提供的其他材料和资源，如木材和纤维。这些资源可以用于社区建设和艺术创作，进一步提高绿地的社会和文化价值。因此，通过多种途径，生态供给服务在提升居民健康方面发挥了重要作用。

（2）**生态调节服务**

城市公共绿地的生态调节服务在改善环境和促进居民健康方面起着至关重要的作用。绿地通过调节城市气候、减少空气污染、缓解城市热岛效应等方式，为居民提供了一个更宜居的环境。植被的蒸腾作用可以降低周围环境的温度，从而减少高温对居民健康的负面影响。例如，树木和草地的遮阴效果可以显著降低夏季的地表温度，减少热相关疾病的发生。

同时，绿地中的植被可以吸收和过滤空气中的有害物质，减少空气污染，降低呼吸系统疾病的发病率。绿地植物如乔木和灌木能够捕捉空气中的悬浮颗粒物和有害气体，如二氧化硫和氮氧化物，从而提高空气质量。此外，绿地还可以减少噪声污染，提供一个安静的环境，有助于改善居民的睡眠状况和心理健康状况。

绿地的生态调节服务还包括雨水管理和洪水控制。通过增加城市中的渗透区域，绿地可以有效地减少地表径流，防止洪涝灾害，从而保障居民的安全和健康。因此，生态调节服务在多方面提升了城市居民的生活质量和健康水平。

（3）**生态支持服务**

城市公共绿地的生态支持服务通过提高生物多样性和维持生态平衡，对居民健康产生间接影响。多样化的植物和动物群落不仅丰富了城市的自然景观，还为居民提供了与自然接触的机会，这对促进心理健康和增强自然保护意识具有积极意义。例如，生物多样性的提高有助于形成一个稳定的生态系统，减少病虫害的发生，从而降低居民接触有害生物的风险。

通过提供丰富的自然景观和生物多样性，城市绿地还可以为环境教育和生态旅游提供资源，进一步提高居民的生态意识和健康水平。学校和社区可以利用绿地开展自然教育活动，增加学生和居民对自然环境的了解和热爱，从而促使他们产生可持续发展的理念。生态支持服务通过多维度的途径，间接地促进了居民的生理和心理健康。

（4）**文化生态服务**

文化生态服务是城市公共绿地对居民健康产生影响的一个重要维度。绿地不仅提供了一个进行体力活动、社会交往和休闲娱乐的场所，还在促进心理健康和增强社会凝聚力方面发挥着关键作用。例如，绿地中的步道、公园设施和开放空间为居民提供了一个安全和便捷的运动场所，有助于提高居民的身体活动水平，预防肥胖和心血管疾病。定期的体育活动，如散步、跑步和瑜伽，不仅有助于居民保持身体健康，还能帮助他们舒缓心情和减轻压力。

此外，绿地还是居民进行社会互动和建立社区联系的重要场所，通过组织社区活动、文化节庆和娱乐项目，绿地可以增强居民的社区归属感和幸福感。公园中的社交活动，如集体舞蹈、音乐会和市集，不仅丰富了居民的文化生活，还促进了邻里之间的交流和理解。

心理学研究表明，与自然环境的接触可以显著降低压力水平，缓解焦虑和抑郁症状，提升整体心理健康水平 [47]。绿地提供的安静和美丽的自然环境可以帮助居民放松心情，减轻工作和生活中的压力。因此，文化生态服务通过提供多种文化和社会互动的机会，提升了居民的心理和社会健康水平。

总之，城市公共绿地通过生态供给服务、生态调节服务、生态支持服务和文化生态服务，促进了居民的生理、心理、社会和总体健康。这些作用路径不仅强调了绿地的多功能性和多维度价值，也为城市规划和健康促进提供了新的视角和实践依据。在未来的城市发展中，更加科学和合理地规划和管理城市公共绿地，将是提升居民健康水平和生活质量的重要手段。

4.1.4 影响城市公共绿地健康效益的关键因素

城市公共绿地作为居民健康的重要资源，其健康效益受到多种因素的综合影响。首先，直接影响因素如绿地自身特征、可获得性、可达性、舒适性，以及绿地的管理与维护，决定了绿地对居民健康的直接作用。这些因素通过不同的机制共同塑造了绿地的使用体验和健康效益。同时，潜在调节因素，包括人口统计特征、社会经济特征和建成环境特征，则通过复杂的社会和环境机制，对绿地的健康效益进行调节和提高。

1. 直接影响因素

（1）绿地自身特征

城市公共绿地的自身特征是影响其健康效益的基础，包括其内部特征和属性。

绿地的构成要素、基本属性、质量以及管理和监督都在不同程度上决定了其对居民健康的促进作用。

首先，绿地的构成要素是衡量其内部多样性和复杂性的关键指标。自然元素如水体、植物和野生动物的多样性，以及设施类型如步行道、骑行道和运动场地等，都对居民的使用体验和健康效益产生直接影响。丰富的自然元素和完善的设施可以吸引更多居民前来使用，从而提高其健康效益。

其次，绿地的基本属性包括绿地的尺寸、类型和植被结构等。这些属性不仅决定了绿地的视觉吸引力，还影响其生态功能。例如，较大的绿地可以提供更多的活动空间和生态服务，而不同类型的绿地（如口袋公园、森林公园）则可以满足不同居民的需求。

绿地的质量也是影响其健康效益的重要因素。高质量的绿地通常得到良好的维护，具有丰富的物种多样性和高水平的美学价值。这些特征不仅提升了绿地的吸引力，还增强了其生态功能和休闲娱乐功能。此外，绿地的清洁和安全是居民愿意使用绿地的重要因素。不良的维护和脏乱差问题会显著降低绿地的吸引力，甚至妨碍居民的使用。

最后，绿地的管理和监督也是决定其健康效益的关键因素。有效的管理和监督不仅能够保证绿地的清洁和安全，还可以通过组织和计划活动来提高居民的参与度。例如，定期的社区活动和公园咨询委员会的建立，可以增强居民对绿地的归属感和提升其满意度，从而进一步提高绿地的使用率和健康效益。

（2）**绿地可获得性**

绿地可获得性是指一定区域内绿地的供给与分配情况，是影响居民健康的重要因素之一。它主要关注城市、社区、街道等不同尺度上的绿化水平和绿地的数量。

绿地的可获得性通常通过人均绿地面积、绿化覆盖率和绿地密度等指标来衡量。这些指标反映了区域内居民接触和使用绿地的潜在机会。例如，人均绿地面积和绿化覆盖率是评估区域绿化水平的重要指标，而特定类型绿地的人均面积和数量则反映了绿地的分布和密度。

提高绿地的可获得性一直被视为促进公共健康的有效措施之一。然而，密集的城市环境中绿地供给不足的问题依然存在。为了解决这一问题，城市规划者需要综合考虑绿地的分布和数量，确保每个居民都能公平地享受到绿地带来的健康益处。

需要注意的是，绿地可获得性仅反映了居民接触绿地的潜在机会，并未考虑实际使用情况。因此，仅通过绿化覆盖率等指标来评估绿地的健康效益可能存在局限性。为了更全面地了解绿地对健康的影响，还需要结合其他因素如绿地可达性进行综合分析。

（3）**绿地可达性**

绿地可达性是指居民到达城市绿地的便捷程度，反映了居民接近和使用绿地资源的可能性，是评估绿地健康效益的重要指标之一。它既考量绿地的分布与距离，又关注居民到达绿地的实际难易状况。

绿地可达性通常通过缓冲距离、距离和时间等指标来综合衡量。例如，以在特定时间内（如 5 分钟、10 分钟、15 分钟）通过不同交通方式能够到达绿地的覆盖面积或比例作为评价指标。常用的缓冲距离包括 250 米、500 米、1000 米等。此外，绿地可达性还涵盖特定绿地类型的分布状况，以及居住在特定绿地缓冲区域内的人口比例等方面的指标。

良好的绿地可达性能够显著提高绿地的使用率和健康效益。距离较近的绿地可以鼓励居民进行更多的户外活动，增强体力活动水平，从而促进身体健康和心理健康。然而，绿地可达性在不同的城市区域和社会经济群体中存在显著差异。城市中心区域的绿地往往比城市外围地区的少，而低收入居民区的绿化覆盖率也相对较低。

为了解决这一问题，许多城市已将提高绿地可达性纳入公共健康干预策略。例如，哥本哈根公共健康办公室早在 2006 年就提出，90% 以上的居民应在 400 米范围内拥有可达的城市绿地[44]。这一措施不仅提高了绿地的使用率，还提高了居民的整体健康水平。

（4）**绿地舒适性**

绿地舒适性是指城市公共绿地为使用者提供的整体感受和体验，是影响其健康效益的重要直接因素。舒适性涵盖了物理环境、微气候调节和感官体验等多个方面，直接关系到居民使用绿地的频率和满意度。

首先，绿地的物理环境舒适性包括地形起伏、空间布局和休憩设施等要素。适度的地形变化可以增加空间的趣味性，同时为不同强度的体力活动提供选择的机会。

合理的空间布局能创造出开阔与私密并存的区域，满足不同群体的需求。此外，充足且人性化的休憩设施，如舒适的座椅、遮阳棚等，能显著提升使用者的舒适度。

绿地的微气候调节功能对舒适性有重要影响。通过合理的植被配置和水体设计，绿地能有效调节局部温度、湿度和气流，缓解城市热岛效应，为居民提供舒适宜人的户外活动环境。

绿地的感官体验也是构成舒适性的重要部分。视觉上，丰富的色彩搭配和层次分明的景观设计能给人带来愉悦感；听觉上，鸟鸣、流水声等自然声音可以掩盖城市噪声，营造宁静氛围；嗅觉上，花香和草木气息能够提供自然芳香体验。这些不同维度的感官刺激能够有效缓解精神压力，提升心理健康水平。

需要强调的是，绿地舒适性的营造应注重包容性设计，考虑不同年龄段、不同身体状况人群的需求。例如，为老年人和行动不便者设置无障碍设施，为儿童提供安全的游戏空间等。这种全面考虑的舒适性设计能够吸引更多样化的人群使用绿地，从而使其健康效益最大化。

（5）绿地管理与维护

城市公共绿地的管理与维护是不可忽视的关键因素。良好的管理与维护不仅能够确保绿地环境的安全和清洁，还能对居民的心理健康产生深远的积极影响。一个管理良好的绿地，通常能够为居民提供一个整洁、安静、舒适的环境，这种环境有助于缓解日常生活中的压力，提升整体心理健康水平。定期的绿地维护，如修剪植被、清理垃圾、维护步道和休闲设施，确保了绿地空间的美观和功能的正常运行，使居民在使用绿地时能够感受到愉悦与放松。这种愉悦感不仅来源于视觉上的享受，还源于对环境的安全感和信任感，居民可以安心地在绿地中散步、运动或社交，进而减少心理焦虑和抑郁的可能性。

经过精心维护的绿地往往更具吸引力，它不仅能吸引更多居民前来休憩，还能成为社区互动的重要场所。高质量的绿地管理能够促进居民频繁参与户外活动，增加与他人的社交机会，从而增强社区的凝聚力和居民的归属感。这种良好的社会互动和强烈的社区归属感，对个人和集体的心理健康都有显著的促进作用。此外，完善的绿地管理还包括对绿地安全性的重视，如防范病虫害、定期消毒、维护夜间照明等，确保居民在任何时间都能安全使用绿地，进一步提升居民的身心健康水平。

因此，绿地管理与维护不仅是维持绿地正常运转的基础工作，还是直接影响居民健康效益的关键因素。在城市规划与管理中，绿地的管理与维护应被视为与绿地规划设计同等重要的环节。通过科学、有效的管理和维护策略，城市公共绿地不仅可以长期保持其生态和美学功能，还能持续为居民提供高质量的健康支持，为构建健康、宜居的城市环境做出重要贡献。

2. 潜在调节因素

城市公共绿地的健康效益不仅受到直接因素的影响，还受到多种潜在调节因素的影响。这些调节因素包括人口统计特征、社会经济特征和建成环境特征，它们通过影响居民的偏好、需求及价值导向，影响绿地的使用情况和健康效益的发挥。

（1）人口统计特征

人口统计特征是指绿地使用者的基本人口学信息，包括年龄、性别、受教育程度、婚姻状况、民族、种族和就业情况等。这些特征对绿地与健康效益之间的关系有着显著的调节作用。

首先，年龄是影响绿地使用和健康效益的一个关键因素。不同年龄段的人对绿地的需求和使用方式存在显著差异。例如，老年人侧重于健康考量，偏好安全便捷的绿地，主要用于休闲与社交。相反，年轻人关注活力与社交，偏好在宽阔场地进行体育活动及聚会。因此，城市公共绿地的设计和管理需要考虑到不同年龄群体的需求，以使其健康效益最大化。

性别也是一个重要的调节因素。男性和女性在绿地使用和健康效益方面存在显著差异。男性通常更倾向于参与体育活动，而女性则更注重绿地的美学价值和休闲功能。此外，受教育程度和婚姻状况也会影响绿地的使用和健康效益。

（2）社会经济特征

社会经济特征包括个体层面和地区层面的经济状况。个体层面的特征包括家庭收入和职业等，地区层面的特征包括社区的经济发展水平和社会资源分配等，两个层面的特征都会对绿地的使用和健康效益产生影响。

家庭收入是影响绿地使用和健康效益的一个重要因素。高收入家庭通常居住在绿化良好的社区，拥有更多的休闲时间和资源来利用绿地。因此，他们能够更好地享受绿地带来的健康益处。相反，低收入家庭资源有限，往往居住在绿化覆盖率低的社区，其绿地的使用率和健康效益较低。

社区的经济发展水平和社会资源分配也是重要的调节因素。经济发展水平较高的社区通常拥有更多的资源用于绿地的维护和管理，因此其绿地的质量和可达性较高，绿地的健康效益也较大。而经济发展水平较低的社区绿地资源较少，维护和管理水平较低，绿地的健康效益难以充分发挥。

（3）建成环境特征

建成环境特征是指绿地周围的物理环境和基础设施，包括用地混合、社区安全、城镇化水平、交通流量、住房特征和居住密度等。这些特征通过影响居民的绿地使用方式和绿地的健康效益，起到调节作用。

用地混合是影响绿地健康效益的重要因素之一。合理的用地混合能够使居民在日常生活中更便捷地使用绿地。例如，商业区与住宅区混合布局能够使居民在购物或工作之余轻松到达绿地进行休闲活动，促进身心健康。不同功能用地的混合还能提高绿地的使用频率和多样性，提升其在促进居民健康方面的效能。相反，不合理的用地混合可能导致绿地被孤立或难以到达，从而削弱其对居民健康的积极影响。

社区安全也是一个重要的调节因素。安全的社区环境能够提高居民的绿地使用频率，促进健康活动的开展。相反，不安全的社区环境会减少居民的绿地使用，限制其健康效益的发挥。改善社区安全和提高绿地可达性，可以显著提高居民的绿地使用率和绿地的健康效益。

城镇化水平和交通流量也是影响绿地健康效益的关键因素。高城镇化水平和高交通流量往往伴随着绿地的减少和环境污染的增加，限制了绿地的健康效益。相反，城镇化水平和交通流量低的地区通常拥有更多的绿地资源和较好的环境质量，有利于绿地健康效益的发挥。

总而言之，影响城市公共绿地健康效益的关键因素涵盖了直接和潜在两大方面。直接影响因素如绿地自身特征、可获得性、可达性以及绿地的管理与维护直接决定了绿地的品质和使用便捷性，从而对居民的健康产生直接影响。与此同时，潜在调节因素如人口统计特征、社会经济特征和建成环境特征，通过影响居民对绿地的使用习惯和频率，进一步调节了绿地健康效益的实现。全面了解并优化这些因素，是提升城市公共绿地健康效益的关键。这不仅要求在绿地规划和设计中注重多样性和便捷性，而且要求关注不同人群的需求和社区环境特点，从而实现资源的公平分配和最大化利用，进而为城市居民创造更健康、更宜居的生活环境。

4.2 城市公共绿地的健康促进规划策略

在现代城市规划中，城市公共绿地不仅是居民休闲娱乐的重要场所，而且是提升城市整体健康水平的关键因素。本节将探讨一系列有健康导向的城市公共绿地规划策略，全面提升城市公共绿地的健康促进功能。

4.2.1 提升绿地空间的可获得性、可达性与可视性

提升城市绿地的可获得性与可达性是确保居民充分享受绿地健康效益的基础。通过优化城市规划和交通网络，提高居民接触和使用绿地的便利性，可以有效增加居民与自然的互动频次，促进健康。提升城市绿地的可获得性、可达性与可视性是促进居民健康的重要策略。首先，可以通过增加社区绿地的数量，确保绿地在城市各区域的均衡分布，特别是在新城规划建设阶段，要设定合理的绿地评估指标，以提升城市绿地的可获得性。同时，改善步行和骑行路径，提供良好的公共交通连接，确保居民能够便捷地到达绿地，从而提升绿地的可达性。此外，规划设计师通过增强绿地的可视性，如在绿地系统规划中充分考虑绿地与周边环境的视觉呼应，明确绿色景观的视觉焦点与人群活动的主要观赏面，能够有效缓解人群的精神压力。

一个成功的案例是新加坡的滨海湾花园，这是一个集创新、生态可持续性与城市美学于一体的现代绿地规划项目。该绿地位于新加坡城市核心区域，得益于高效的交通系统和步行路径的设计，居民和游客可以通过地铁、公交车以及便捷的步道网络轻松到达，见图 4.1。这种交通设计提升了滨海湾花园的可达性，使其成为城市居民日常生活中方便接触的绿色空间。在可视性方面，滨海湾花园的设计也独具匠心，尤其是其“超级树”景观，见图 4.2。这些巨大的树形结构不仅在视觉上极具吸引力，还通过绿化和夜间照明技术，成为城市中的视觉焦点。即便从远处望去，“超级树”和周边的绿化景观也能显著地提升城市绿地的存在感，缓解人们的精神压力。

图 4.1 新加坡滨海湾花园的交通系统
（图片来源：https://unsplash.com/.）

图 4.2 新加坡滨海湾花园的“超级树”夜间照明
（图片来源：https://unsplash.com/.）

滨海湾花园通过突出绿地的可视性，不仅在美学上为城市增添了亮点，还通过创造更亲近自然的环境，提高了居民的心理健康水平和福祉。通过这些综合策略，滨海湾花园实现了提升城市绿地可获得性、可达性和可视性的多重目标。该案例表明，科学的规划设计不仅能提高绿地的使用率，还能使其健康促进功能最大化，为城市居民提供高质量的生活体验。

4.2.2 提升绿地要素的多样性与包容性

在城市公共绿地规划中，合理配置绿地内部的功能区，以满足不同人群的多样化需求，是提升绿地多样性和包容性的重要策略。绿地的设计不仅要满足居民的体力活动和社交需求，还要兼顾其在心理健康促进和情感安抚方面的作用。合理协调“硬质”与“软质”空间的比例，可以实现各类使用需求的平衡。“硬质”空间如健身区、运动场地和社交聚集场所，为体力活动和社交互动提供了场地，而“软质”空间则通过绿色植被、自然景观和安静休息区，为居民创造了缓解精神压力、放松身心的环境。这种功能区的合理划分有助于提升公共绿地的整体使用率，并增强其在健康促进和心理支持方面的功效。

为实现这一目标，规划设计师可以在绿地内部设置多样化的功能区。例如，儿童游乐区为家庭提供安全、愉快的活动场所，老年人健身区通过设计低冲击运动设施，帮助老年人保持健康活力，而安静休息区则提供了适合个人沉思和放松的安静空间。此外，绿地中的无障碍设施和安全设施也至关重要，确保了所有年龄层和身体状况的人群都能够方便、安全地使用绿地。无论是步行通道的无障碍设计，还是座椅的合理布局，这些细节都直接影响到绿地的包容性。

一个典型的成功案例是芝加哥科默儿童医院的“游戏 & 疗愈花园”，该花园通过多样化的功能区设计和设施配置，体现了如何在有限空间内实现绿地的优化利用，见图 4.3。设计师不仅考虑到不同年龄段的人群需求，还特别关注了身体能力不同的使用者，从婴儿到老年人，从健康儿童到病患及其家庭成员，均能够在花园内找到适合自己的活动空间。丰富的游戏和疗愈体验设计将音乐、自然和艺术元素有机结合，创造了一个多功能的庇护所。植物景观与活动设施、休息空间巧妙融合，构建了一个色彩丰富、充满活力的微缩自然世界，为病患家庭提供了一个心理支持与情感共鸣的空间。这不仅提升了公共绿地的使用率，还强化了其在健康疗愈方面的作用，展示了绿地在医疗环境中的潜在价值。

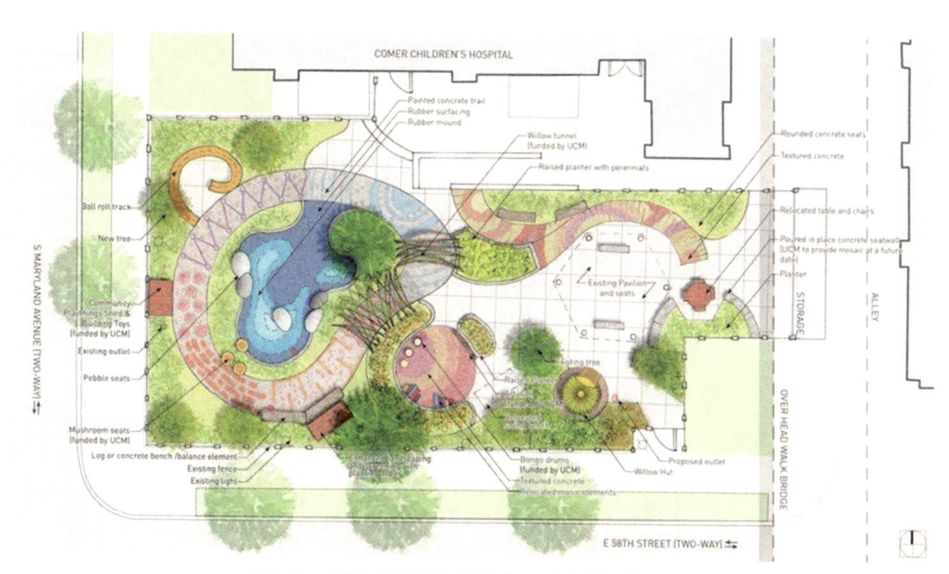

图 4.3　科默儿童医院“游戏 & 疗愈花园”平面

（图片来源：参考文献 [48]）

4.2.3 增强绿地网络的系统性与连通性

通过系统性规划和设计，构建连通性强的绿地网络，是提升城市公共绿地整体效益的关键策略。网络化的城市公共绿地不仅有助于增强绿地的可达性，还可以通过增强城市生态系统的稳定性，进一步提升绿地的生态调节功能。这种网络化的格局使得绿地不再是孤立的存在，通过绿廊、步道、绿道等连接形式，形成一个连续的绿色空间网络，不仅为市民提供了更便捷的户外活动场所，还为城市生态的平衡与多样性提供了有力支持。规划设计师通过设计绿廊、步道和绿道，可以在城市的不同区域之间实现绿地的有效连通，居民可以沿着这些绿色通道散步、骑行或进行其他户外活动，享受与自然的无缝连接。这种绿色网络不仅提升了居民的户外活动水平和体力活动的参与度，还通过提供舒适的绿色景观和健康的生态环境，缓解了城市生活中的压力，改善了市民的生活。

纽约高线公园是一个经典的案例，展示了如何通过系统性的设计实现绿地网络化，见图 4.4。高线公园将废弃的铁路高架改造成了一条贯穿城市多个社区的步行绿

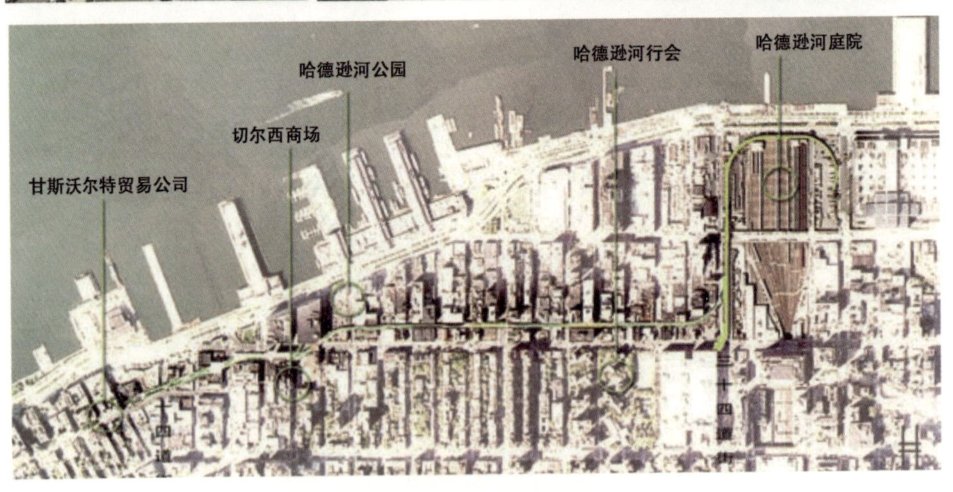

图 4.4　高线公园路径布局和周边社区分布

（图片来源：参考文献[49]）

道，成功打造了一个独特的绿色空间网络。这条步道不仅保留了历史的痕迹，还通过精心设计的植物景观和休憩设施，创造了一个兼具历史感与现代性、自然与人文相结合的绿色体验场所。高线公园不仅提升了附近社区的可达性，使得居民可以通过步行绿道轻松往返于不同绿地之间，还成功地将这片曾经废弃的工业区域转化为一个充满活力的公共空间。这种设计不仅提升了市民的户外体验，还通过引入丰富的植物群落、合理布局的休闲设施，增强了城市生态系统的多样性与稳定性。这一成功的案例表明，网络化的绿地结构不仅能激发更多的社会互动，促进居民的身体健康，还能增强城市的生态韧性，进一步提升城市公共绿地的整体效益。

4.2.4 强化绿地环境的安全性与健康性

在城市公共绿地规划和管理过程中，识别并有效缓解绿地可能带来的健康负面影响，是确保居民安全与健康的关键环节。虽然城市绿地在提升生活质量和促进健康方面具有明显优势，但其潜在的健康风险同样不可忽视。例如，蚊虫滋生、花粉过敏等问题在绿地环境中较为常见，若不加以科学管理和预防，可能会影响居民的使用体验，甚至对某些敏感人群的健康构成威胁。因此，对绿地进行合理的规划与管理，可以有效减少这些潜在风险，使绿地真正成为安全、健康的公共空间。

科学规划的第一步是在设计绿地时进行全局考虑，避免形成适合蚊虫滋生的积水区域。例如，优化排水系统、合理铺设地面和进行水体设计，确保绿地内部不存在长期积水情况，从而减少蚊虫繁殖。此外，控制植被的种类和结构也是降低健康风险的重要手段。过多的花粉传播会引发居民的过敏反应，因此在选择树种和植被时，应避免种植高致敏性、花粉量大的植物物种，而应选择那些既能提供景观效益、又不会给人造成健康困扰的低过敏性植物。同时，适度的植物修剪和管理可以保证绿地有良好的通风与光照，减少潮湿环境的产生，从而抑制媒介昆虫的生长。除了蚊虫问题，城市绿地还可能因不良的管理导致其他健康问题的产生，例如野生动植物的侵扰、绿地设施的老化与损坏等。为确保绿地设施的安全性，绿地管理者应定期维护和更新基础设施，确保其安全和功能性，并加强对环境的清洁和消毒。建立有效的监管机制和反馈系统，确保发现问题后能及时处理，也至关重要。

上海人民公园作为一个位于市中心的标志性绿地，实施了一系列综合性的管理措施，降低了潜在的健康风险，见图 4.5。公园采用了科学的植被配置策略，避免种植高致敏性植物，通过定期修剪和清理，减少了过多的花粉和病虫害的传播。此外，公园还优化了排水系统，确保绿地和水体的区域不会形成积水，有效减少了蚊虫滋生的机会。与此同时，上海人民公园通过常态化的环境卫生维护，保持了绿地的清洁，降低了媒介昆虫的滋生风险。

除上海外，其他城市也在积极探索创新的绿地管理方法。成都活水公园实施了一系列创新性的管理措施，旨在创造“无蚊公园”的舒适环境，提升人们的游园体验。公园引入了空气捕蚊机系统，通过 50 台设备无死角覆盖园区，有效降低了蚊虫密度。同时，公园强化了水生态净化系统，确保水体流动，并优化了植物配置，减少了蚊虫繁衍空间。这些综合措施不仅有效控制了蚊虫密度，还保持了公园的自然生态平衡，为城市绿地的健康管理提供了新思路。

图 4.5　上海人民公园的绿地和水体

（图片来源：https://unsplash.com/）

4.2.5 提升设施配置的适应性与灵活性

为了确保公共卫生安全，城市规划者必须调整和优化绿地设计，使其能够为市民提供一个既安全又可持续使用的公共空间。对绿地进行科学的规划与管理，不仅可以保障绿地继续为居民提供休闲娱乐的场所，还能在公共卫生工作中发挥积极作用。

其中一项重要的策略是增加绿地内的开放空间，减少过度集中的设施布局，以避免人员聚集带来的潜在健康风险。过于密集的设施容易成为病毒传播的高风险区域，因此，分散布局公共设施，如座椅、活动区域和儿童游乐区，可以在确保人群有足够的空间进行活动的同时，减少密切接触的机会。为了进一步降低交叉感染的风险，可以在地面设置清晰的标识，引导市民保持安全距离。这种标识不仅能规范人们的行为，还能通过视觉提醒增强人们的防控意识，帮助绿地管理者更有效地引导人流和控制使用密度。

另一项关键措施是设置临时的公共卫生设施，包括移动洗手站、消毒点和手部清洁站等。这些设施应在绿地的关键区域布置，如公园入口、游乐区附近和活动场所周边，以为市民提供方便的卫生条件，减少病毒的传播风险。此外，绿地内部的路径和活动区域应根据疫情防控需求进行合理规划。增加步行道的宽度或开辟临时的活动区域，可以确保人们在进行户外活动时保持适当的社交距离。这样的设计不仅保障了个人的健康安全，还为城市中的健康生活方式提供了持续的空间支持。

灵活的植物配置和设施布置也是绿地规划的重要内容。合理选择和布局植被，不仅能够美化绿地，还能通过自然的空间分隔来避免人群的集中。植物与设施的有机结合，例如利用绿植围栏划分活动区域，既可以实现空间隔离，又能创造出舒适的自然环境，提升居民的体验感和安全感。

维也纳的“距离公园”（Parc de la Distance）是一个极具代表性的案例，展示了如何设计一个安全且功能丰富的公共绿地，见图 4.6。为应对社交距离要求，维也纳市政府在市区设立了“距离公园”。在这个公园中，设计师采用了指纹形状的路径布局，确保每条小路的入口和出口都有明确的指示，方便游客安全地单独行走而不会与其他访客产生接触。公园的路径设计不仅注重了社交距离的保持，还充分考虑了不同人群的活动需求。通过这种路径布局，公园既保证了市民的活动空间，又有效地控制了人流的密度。此外，公园还配备了标识系统，引导游客按照规定的路线行进，避免因行走交叉路径带来的风险。路径的多样性和灵活的设计既提高了公园的使用效率，又增强了居民在绿地中的安全感。维也纳“距离公园”还通过减少密集设施，设置临时卫生站和防护设施，确保居民安全地使用这些公共绿地。通过这些科学的规划与管理措施，城市公共绿地不仅能够继续为居民提供安全的休闲场所，还能通过适应性设计有效应对公共卫生危机，提升城市整体的健康韧性。

图 4.6 维也纳“距离公园”的路径布局图
（图片来源：参考文献[50]）

4.2.6 提升系统规划的整体性与参与性

统筹区域绿地规划与引入公众参与机制，能够有效提高城市公共绿地的整体效益和居民满意度。具有健康导向的绿地系统规划不仅要最大限度地增强绿地的生态和社会效益，还应当关注城乡一体化发展的需求。在此过程中，区域绿地的协调互通以及公众的广泛参与是关键。

区域绿地的统筹规划能充分发挥其多元功能，包括生态保护、游憩休闲、防灾防护等。进行科学合理的区域布局，可以增强绿地系统的连通性与多样性，使绿地更具包容性与可达性。以深圳的香蜜公园为例，这座综合性公园在规划时注重区域绿地的整体协调，成为区域生态体系的一部分，见图 4.7。香蜜公园不仅有丰富的植被、湿地和水系，还通过一系列景观廊道与周边绿地、居住区和交通系统有机连接，形成了一个连通性强的绿地网络。这种系统化的设计，不仅为居民提供了多样化的活动空间，还在区域层面提高了生态系统的整体性。

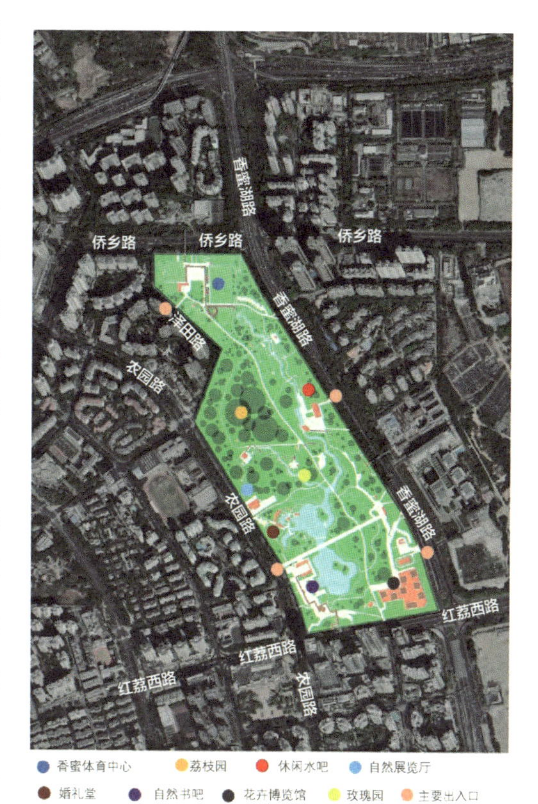

图 4.7 深圳香蜜公园平面图
（图片来源：参考文献 [51]）

参与式规划在提升城市公共绿地的可持续性和居民认同感方面也发挥了不可替代的作用。在香蜜公园的建设过程中，规划者引入了社区参与式设计，通过多次与居民沟通使用需求，合理配置了多样化的功能区。根据需求反馈，公园设计了独具特色的中西式户外婚礼场地，紧扣“时间”和“体验”两个关键词，将等候厅、办公区、登记室、中西婚礼堂等围绕池塘串联成一个围合空间，满足了居民举办户外婚礼的需求。为响应居民对自然环境的重视，公园保留和优化了原有的生态系统，创设了观鸟、观蝶等自然科普教育区，为居民提供了学习自然知识的场所。居民还对园内步道设计、公共设施的分布及植物景观的选择提出了宝贵的建议，这使得公园的整体设计更贴合社区的实际需求和文化特质。通过这种参与式规划，香蜜公园不仅满足了居民对休闲活动的多样化需求，还增强了居民的归属感。公园开放后，居民对绿地的利用率显著提升，这里成为该区域内极受欢迎的公共绿地之一，也成为深圳市参与式公园规划的典范。

这一策略的成功，表明区域绿地统筹和公众参与可以在有健康导向的城市规划中产生显著的积极效应。区域绿地可以通过空间上的有机整合，使生态、游憩和社会效益最大化。通过参与式规划，城市公共绿地不仅是规划者的产物，而且是居民共建共享的成果。这样的规划方式，不仅使城市绿地更加贴近居民的实际生活需求，也为公众参与城市环境建设提供了一个有效的平台。居民对绿地的主动参与和使用，不仅增强了公共空间的社会功能，也使得绿地成为提高社区凝聚力、促进社会健康的有力工具。通过整合区域绿地系统和引入公众参与机制，未来的城市公共绿地规划能够更好地响应居民的需求和健康导向的目标，确保城市生态、文化和社会环境的可持续发展。

通过以上策略和案例，可以清楚地看到，健康导向的城市公共绿地规划不仅能够促进居民的身体、心理、社会和总体健康，还能提高城市的整体环境质量。系统性地提升绿地的可获得性与可达性，优化空间要素组成，构建网络化绿地格局，以及科学地应对潜在的健康负面影响，是实现健康城市的重要途径。未来的绿地规划和设计应当在多学科的合作与公众参与中不断进步，创建出一种更健康、更宜居的城市环境。

问题讨论

1. 你认为健康城市建设中应关注公共绿地的哪些方面？
2. 你认为新冠疫情后的公共绿地规划与设计应该着重什么？

5

城市公共绿地的多维度精明规划

5.1 城市公共绿地发展面临的挑战

城市公共绿地在提升居民生活质量、改善城市生态环境方面的作用愈发重要，但是城市公共绿地的发展和管理面临着诸多复杂的挑战，直接影响着绿地的功能发挥和可持续性。这些挑战不仅体现在发展规划中的整体与局部矛盾，还体现在如何应对人口多样性的外延价值挑战。此外，随着城市用地性质的转变，城市公共绿地的管理和维护模式也在经历变革。因此，深入探讨这些挑战对于实现城市公共绿地的精明规划具有重要意义。

5.1.1 发展规划中的整体与局部矛盾

在我国城镇化快速推进的背景下，城市公共绿地的发展面临着“整体重大轻小”与“区位矛盾不同”的双重挑战。随着城市建成区面积的逐渐扩大，公共绿地的布局和质量在不同区位之间呈现出显著的不平衡性[52]。

一方面，在城市发展的初期阶段，城市建设的重点更多集中于物质和经济空间的拓展，公共绿地的建设往往被置于次要地位。这种“重大轻小”的规划思路导致了市级、区级公共绿地在承担更多职能的同时，在规模和功能上出现了不合理的分布，见图 5.1。大型公共绿地虽然面积广阔，但其布局多集中于城市原有建成区的核心区域，导致了城市中心区的公共绿地资源趋于饱和，新增绿地的空间非常有限，难以满足日益增长的居民使用需求。

另一方面，随着城市扩展至边缘地区，公共绿地的区位矛盾日益凸显。城市边缘区尽管开发潜力相对较大，但其原有的市郊定位，导致现有公共绿地多为面积广阔但封闭性强的大型公园，如森林公园和郊野公园。这些绿地虽然为城市提供了重要的生态服务，但因其边界封闭、出入口距离较远，无法满足居民日常休闲和游憩的需求。与此同时，边缘地区的新建社区与原有村镇社区在街道肌理、尺度格局和土地权属等方面的差异，进一步增加了社区公共绿地的配置难度。小型社区公共绿地的缺失，直接影响了居民的生活质量，尤其是那些依赖步行和短途交通的老年人和儿童等。

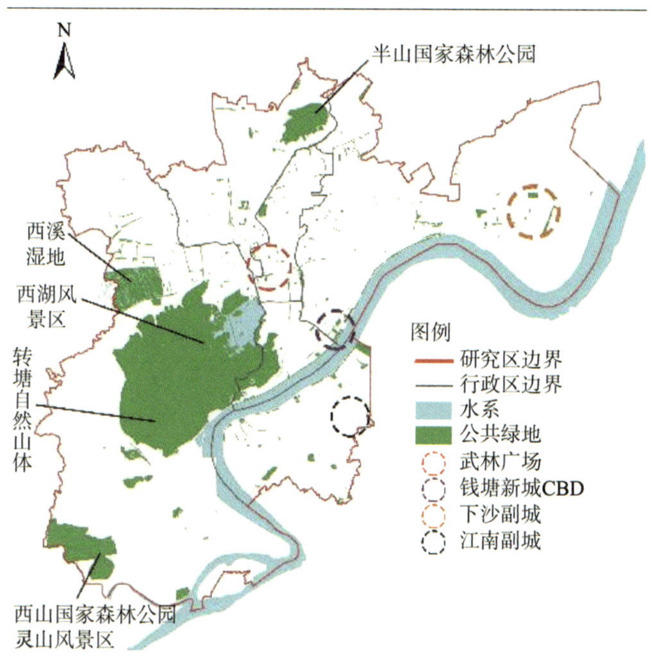

图 5.1　城市公共绿地在规模和功能上的不合理分布

（图片来源：参考文献 [53]）

这种“重大轻小”和“区位矛盾”的发展特质，不仅暴露了城市公共绿地规划中的结构性问题，也对未来的精明规划提出了更高的要求。在未来的城市规划中，平衡整体与局部的需求，既保障城市级大型公共绿地的生态功能，又确保社区级小型绿地的便利性和可达性，将成为城市可持续发展的关键。只有深度理解不同区位的特征，优化公共绿地的空间布局，才能真正实现城市公共绿地的均衡发展，提升城市的宜居性和居民的生活质量。

5.1.2　外延价值与人口多样性的挑战

在城市的快速发展过程中，城市人口结构日益复杂，社区内部和社区之间的人口特征差异显著。城市公共绿地作为一种重要的公共资源，不仅具有生态和休闲功能，还承载着创造共享空间、促进社会融合的外延价值。然而，当前的实际情况显示出，城市公共绿地在应对人口多样性方面面临着严峻挑战。

老龄化社会的到来以及多孩政策的实施，显著增加了公众对社区公共绿地的需求。特别是在距离居民区较近的小型公共绿地中，老年人和儿童已成为主要的使用群体。这些群体由于其特殊的生活方式和健康需求，对绿地的依赖性较强，往往在日常生活中频繁使用这些空间。然而，有限的绿地资源在这些急需人群的高度使用下，出现了功能上的过度集中，无法有效地服务于其他年龄段和不同背景的居民。因此，公共绿地作为为所有人群提供共享空间和促进社会友好关系的平台，其外延价值未能得到充分体现。

社区内部和社区之间的显著人口差异，进一步加剧了公共绿地使用的不均衡性。在某些社区，如某些城市的学区房，年轻家庭和儿童较多，对活动空间和互动场所的需求旺盛；而在另一些社区，特别是老旧小区，老年人口比例较高，对安静、舒适的休憩环境的需求更为突出。这种人口结构的多样性要求公共绿地在设计和功能配置上具有更高的灵活性，以满足不同人群的多样化需求，见图 5.2。

如何在满足老年人和儿童使用需求的同时，确保其他群体也能公平地享有公共绿地资源，是当前城市公共绿地规划中亟须解决的问题。这不仅需要在绿地布局和功能设计上进行精细化的考量，还需要通过社区参与、需求调查等方式，深入了解各类人群的使用需求和偏好。在未来的城市规划中，提升公共绿地的包容性，确保其能够为全年龄段的人群提供服务，将成为实现社会公平与社区和谐的关键路径之一。

图 5.2　绿地公共服务设施配置示意

（图片来源：参考文献 [54]）

5.1.3　用地性质多样与维护管理的变革挑战

随着城市公共绿地类型和功能的不断扩展，其维护和管理工作也面临着日益复杂的挑战。按照惯例，城市公共绿地的维护与管理主要由市政绿化部门负责。然而，随着社区生活圈内公共绿地数量的增加及其功能的多样化，原有的管理模式正面临着严峻考验，见图 5.3。

图 5.3　性质多样的城市公共绿地

（图片来源：参考文献 [55]）

社区生活圈内的公共绿地权属情况复杂，用地性质多样化。例如，部分绿地在改造过程中保留了原有的用地性质，并叠加了游憩功能。这些绿地既具备原有的用途，又承担着新的社会功能，如何在不改变其用地性质的前提下，确保其功能的可持续性，是当前面临的主要问题之一。现有的市政绿化部门管理体系往往难以覆盖这类性质多样的绿地，导致其维护和管理效果不尽如人意。

对于这些性质多样的公共绿地，传统的维护管理机制显得力不从心。由于权属分散、管理主体多元等因素，绿地的长期维护与管理难以形成统一的标准和流程。这种情况不仅影响了绿地的日常使用效果，也对其长期的可持续运转提出了挑战。

为应对这些挑战，建立一个灵活且可持续的维护管理机制变得尤为重要。这种机制需要考虑到用地性质的多样性，制定差异化的管理策略。对于那些未改变原有用地性质但叠加了游憩功能的公共绿地，可以通过建立多方合作机制，将市政部门、社区组织和私人业主等不同利益相关方纳入管理体系，从而形成合力。此外，还可以借助现代技术手段，如智能监测和数据管理系统，提升管理效率和维护质量，确保这些绿地的长期可持续运转。

因此，如何在日益多样化的用地背景下，创新维护管理机制，保障城市公共绿地的可持续发展，是未来城市规划中不可忽视的重要议题。只有通过制度创新和技术应用，才能有效应对这一变革挑战，为居民提供更加宜居的城市环境。

5.2 城市公共绿地的多维度精明规划实践

5.2.1 精明规划目标与措施

随着全球城市化进程的不断加快，城市扩张现象愈发明显，这一过程不仅包括城市中心向外的延伸，还涉及郊区的无序蔓延。城市扩张带来的问题在世界范围内普遍存在，在大都市中尤为突出。具体表现为城市土地的增长速度远超人口增长的速度，低密度发展的区域大量涌现，城市中的居住区、商业区和工作地点之间的空间距离不断拉大，导致了“职住分离”的现象。同时，城市缺乏高密度的经济中心，居民难以通过步行实现日常的通勤和生活，巨大的街区和复杂的道路网络进一步增加了城市内部交通和管理的难度。这种扩张模式不仅浪费了大量土地资源，还对生态环境和城市功能的可持续性构成了威胁。

在此背景下，精明增长理念应运而生，成为应对城市扩张的有效策略。精明增长作为一种城市发展模式，虽然在全球范围内没有一个确切的定义，但其核心思想是控制城市的无序扩张，通过提高土地利用效率来促进经济发展，保护生态环境，提升城乡居民的生活质量。

在我国，随着城市规模的不断扩大，城市病问题逐渐显现。无序的城市扩张、生态环境的恶化、城市内部功能的分离等问题严重影响了城市的可持续发展。在这一背景下，精明增长理念为我国的城市规划和发展提供了有益的借鉴。我国在吸收和借鉴精明增长经验的基础上，根据自身国情，探索出了一条具有中国特色的精明增长之路，并形成了适应我国城市发展的规划和管理模式。

在这种探索过程中，明确精明规划的核心目标至关重要。为了更好地引导我国城市化的可持续发展，精明规划的核心目标可以归纳为以下四个方面。

①控制城市蔓延与保护农地：精明增长的首要目标是通过合理的规划和密度控制，避免城市的无序扩张，尤其是避免城市扩展对农业用地的侵占。城市扩张往往会侵占农地，导致农业生产受到威胁，影响粮食安全和生态平衡。采用精明增长发展模式，可以有效控制城市的蔓延，保护农业用地，确保农业和城市发展的协调共生。

②保护自然生态与人文环境：这一目标旨在确保城市发展过程中，能够有效地保护自然生态环境，如森林、水源和野生动植物栖息地，同时保留和保护城市的文化遗产和社会文化。随着城市化的推进，生态环境的破坏和人文资源的消耗愈发严重。精明增长强调在发展的同时，必须保护和恢复自然生态系统，保留和保护文化遗产、社会文化。

③促进经济繁荣与社会发展：通过提高土地利用效率和推动经济活动的合理布局，精明增长将助力城市经济的可持续发展。城市中心区的高密度开发和土地集约利用，能够集聚经济活动，推动区域经济的繁荣发展。

④提升城乡居民的生活质量：精明增长强调以人为本，通过优化公共服务、改善基础设施、创造宜居环境，全面提升城乡居民的生活质量。这不仅体现在改善城市基础设施和公共服务上，还体现在创造一个更宜居、更健康的生活环境，使所有居民都能享受到城市发展带来的福利。

为达成这些核心目标，精明规划制定了一套系统性的实施措施。

①规划层面：精明增长通过合理布局和优化土地利用，增强城市公共绿地的可达性和分布合理性。首先，精明增长提倡优先开发城市内部的存量空间，这对城市公共绿地尤为重要。在已有建成区内增加绿地面积或提升现有绿地的功能性，可以有效避免外围绿地的分散布局带来的不便，确保绿地服务于更广泛的居民群体。此外，精明增长强调提高建设密度，这意味着在规划中必须充分考虑绿地的布局，确保在

高密度开发区域内设有足够的公共绿地，满足居民的日常休闲和生态需求。土地集约利用也是规划层面的关键措施，通过将公共绿地与住宅、商业、教育等功能相结合，可以形成多功能综合体。这样的规划方式不仅能让公共绿地融入日常生活，还能提高绿地的使用频率和社会效益。例如，在城市更新项目中，将绿地作为社区的一部分，通过把步行网络和公共交通系统与周边地区相连接，提升绿地的可达性和使用便利性，实现精明增长的目标。

②建设层面：精明增长强调对现有公共绿地的更新与改造，以及新建绿地的高效配置。对于现有的老旧绿地和被忽视的公共空间，通过精明增长的理念进行改造和再利用，可以显著提升其生态功能和社会价值。例如，精明增长提倡将城市中的废弃土地和边角空间改造成绿地，这不仅能够增加城市绿化面积，还能提高环境质量，增强社区的宜居性。保护和优化城市中的开放空间是精明增长在建设层面的另一项重要措施。这包括将新建或改造的公共绿地设计得更加多样化和功能化，以满足不同年龄段居民的使用需求。例如，通过增加休闲、运动和社交等多功能区域，城市公共绿地可以更好地服务于社区居民的日常生活。此外，精明增长提倡使用节能环保的材料和技术进行绿地建设，减少资源消耗，提升绿地的可持续性。

③政策层面：精明增长通过制定和实施一系列激励、限制和保护政策措施，确保城市公共绿地的规划和建设符合可持续发展的要求。首先，精明增长主张通过政策手段鼓励开发商和社区参与者优先考虑公共绿地的配置。例如，政府可以通过减税、补贴和其他经济激励措施，鼓励在开发项目中增加绿地面积，或在现有社区中提升绿地质量。限制性政策也在精明增长中扮演着重要角色，它通过严格的土地使用和规划法规，控制城市的无序扩张，保护现有的自然生态系统和农业用地。这些政策确保了城市公共绿地的规划和建设不会被盲目的城市扩展所侵蚀，保障绿地成为城市生态平衡的重要组成部分。此外，精明增长还强调公共参与和社区合作的重要性，通过制定鼓励公众参与的政策，将居民的需求和意见纳入公共绿地的规划和管理过程。这不仅有助于提升绿地的功能性和使用率，还能增强社区居民的环境意识和归属感，促进城市公共绿地的可持续管理。

总之，精明增长作为一种高效、集约、紧凑的城市发展模式，既是对传统城市扩张模式的反思，也是对未来城市可持续发展的探索。通过明确的规划目标和切实可行的实施措施，精明增长为城市发展提供了一条可行的路径，使城市在经济繁荣的同时，能够兼顾环境保护和社会和谐，为居民创造一个更美好的生活环境。

5.2.2 多维度精明规划策略

在城市公共绿地的规划过程中，不仅需要关注空间布局的合理性，还需要考虑社会价值的多样性以及管理的可持续性。为了全面提升城市公共绿地的功能性和包容性，实现更高水平的社会公平与社区凝聚力，规划策略可以从空间、价值和时间三个维度入手，逐步推进这些目标的实现。

1. 空间维度：整体有机弹性布局，保证公平性

在城市公共绿地的规划过程中，空间维度的策略至关重要，它不仅决定了绿地的分布与布局，还直接影响居民的日常生活质量和城市的生态效益。精明规划从整体城市空间出发，结合社区类型和城市发展格局，通过有机弹性布局，逐步实现公共绿地空间的公平性、功能性和可持续性。

（1）增量策略：分类增绿，提升社区生活圈绿化覆盖率

在空间维度上，城市公共绿地的布局应首先关注绿地“增量”策略，即通过不同类型的社区增绿措施，提升绿化覆盖率，满足居民的日常休憩需求。由于大都市中不同社区的区位、类型和功能结构各异，其生活空间的集中程度及潜在优化能力也不尽相同。因此，针对不同社区的具体条件，制定有针对性的增绿措施显得尤为重要。

针对大都市中心区与郊区乡镇的老旧居住区，规划着重于空间探索与资源共享机制建设。实施微更新策略，可在保持现有土地用途不变的前提下，提升现有绿色空间的使用效率。整合周边可用的开放单位绿地资源，增设公共活动区域，可有效解决绿地不足的问题，并全面提升居民的生活品质。

对于已建成社区的既有开发需求，因其通常分布于城市边缘区与中心城区，故规划时须考虑地块异质性，实施精细化管理。针对已开发地块，促进创新空间有效利用，提高运作效率，发掘潜在价值。同时，建立激励机制鼓励高效利用与创新。对于无物业权利地块，须在土地出让前进行综合评估，优化公共绿地配置，确保合理布局，提升公共福祉，确保土地公平分配与城市生态系统健康发展。

新建社区往往倾向于在城市边缘选址。因此，在进行控制性详细规划时，重点应放在社区生活圈内的公共绿地布局上，并确保这些绿地与周边各种空间要素之间的和谐共生。此策略旨在确保新建的绿地系统适应未来的社区发展需求，构建一个既功能完备、内容丰富又高度集成的公共绿地网络。

（2）增效策略：延展功能，提升绿地服务效能

除了增加绿地面积，提升绿地的服务效能也同样关键。社区生活圈的公共绿地应适应“多中心、网络化、组团式”的城市空间发展格局，以社区服务中心为基点配置公共绿地，形成与线性和带状绿地相结合的布局模式。这种布局不仅能在社区内部有机连接绿地，还能通过绿道和滨水绿带等方式，连接区级和市级公共空间，建立多类型、多层级、互通共享的大都市社区生活圈游憩网络。

在这种网络化布局中，公共绿地不仅承担传统的生态和休憩功能，还应延展出更多的服务功能。例如，绿地可以与文化广场、体育公园、健身设施等公共空间结合，形成综合性的服务平台，为居民提供更加多样化的活动选择。此外，规划师通过将“正式”绿地与“非正式”绿地有机组合，利用附属绿地开放、微空间改造以及时段性公共空间的挖潜，可以最大限度地提高绿地的使用效益。例如，城市公共绿地的组合模式是一种有效提升空间利用率和服务效能的策略。传统的社区公共绿地可以与共享花园、体育设施、游戏场等设施组合，形成如“社区公园 + 共享花园”或“街角绿地 + 游戏场”等多功能复合模式。这种组合不仅丰富了绿地的使用功能，还增强了绿地的吸引力，满足了不同群体的需求，为社区居民提供了更加多样化的活动场所。此外，“非正式”绿地扩展模式也是提升绿地效能的重要途径。在正式绿地的基础上，利用附属绿地开放和微空间改造等手段，可以挖掘时段性非正式公共空间的潜力。例如，在柏林，夏季时部分街道被改造成步行区，并增设休闲设施，这些时段性空间为居民提供了更多使用公共空间的机会。一些街角闲置空间也可以被用于举办社区活动，如二手市场或工艺品集市，这些活动不仅提高了公共空间的利用率，还能促进社区成员之间的互动，增强社区凝聚力。

（3）创新策略：挖潜资源，探索新型公共绿地形式

在城市用地紧张和资源有限的现实下，创新策略成为优化公共绿地布局的另一关键途径。规划师通过挖潜和创新公共绿地形式，可以在有限的土地资源中最大限度地提升绿地的社会和生态价值。以德国的史莱伯花园（Schrebergarten）为例，这种由特定历史条件孕育的绿地类型，如今已成为应对老龄化和社会压力的有效手段。近年来，德国还发展了与其他公共绿地相结合的共享花园形式，促进了不同社会群体居民之间的交流。这种共享花园不仅为城市提供了更多的绿色空间，也为社会互动创造了新的可能性。创新策略不仅包括挖掘现有土地资源，还包括重新定义城市空间的功能与用途，探索多层次、多功能的绿地形式。随着城市发展逐渐趋向多样化和复杂化，传统的绿地形式已难以完全满足居民日益增长的需求，因此需要通过灵活的规划和设计，挖掘更多潜在的绿地资源。

在这种背景下，城市中的边缘空间、废弃场地，甚至交通设施的顶层和地下空间，都被视为新的绿地载体。这类空间可以通过创新设计，打破对绿地功能的传统定义，使其不仅成为供人休憩的场所，还能成为城市生态修复、气候调节以及居民互动的重要平台。多功能的公共绿地不仅要具备生态功能，还应承担社会、文化和经济的复合功能，在城市生态系统中发挥更大的作用。

在创新策略的推动下，公共绿地不仅仅是绿色的休闲空间，更是连接人与自然、促进社会融合、提升城市生态价值的关键纽带。合理运用资源，突破传统设计思维，探索新型绿地形式，将有助于实现城市空间的最大化利用，增强城市的生态与社会功能，为未来城市发展奠定坚实基础。

（4）分布格局：平衡集中与分散，满足多层次居民需求

城市公共绿地的分布模式对提升生态效益与居民体验至关重要。集中型绿地通过高密度地块聚集与良好连通性，能显著减少空气污染，减弱热岛效应，优化居住环境。在城市高密度地区，小型化、分散化的布局尤为重要，它们可以增强绿地可达性，鼓励居民日常使用与社区互动，从而促进人们的身心健康发展。

因此，在规划中，需要在集中和分散之间寻找一个平衡点，构建适应不同健康导向的绿地分布格局。建立绿地分级体系，可以评估公共绿地的分布情况，将不同类型的绿地相互关联，形成网络，为城市居民提供丰富多样的绿色空间。然而，绿地等级划分及标准的确定不能简单照搬其他城市的经验，需要结合所在城市的人口规模、地理条件和行政管理体系进行。

2. 价值维度：满足不同人群需求，实现服务的包容性

在社区生活圈公共绿地的规划中，价值维度策略着眼于如何通过多元化的服务设计，体现公共服务的包容性，并满足不同人群的需求。随着城市公共绿地在空间布局上的公平性逐步实现，规划者需要进一步关注居民对美好生活的向往，不仅要满足人们的物质需求，更要关注精神层面的需求，从而打造一个包容且富有吸引力的公共空间。

包容性是公共绿地价值维度中的核心理念，它强调通过为所有人群提供多元性服务，营造开放而平等的公共空间。这种包容性设计不同于传统的“排除、分离、整合”模式，而是致力于为不同年龄段、性别和能力的人群创造一个能够共同使用的空间。在具体实践中，这意味着在公共绿地的设计中，不仅要考虑物理空间的分布，还要关注绿地内部要素的多样性和适用性。例如，德国慕尼黑的《游戏场及开放空间设计——行动建议和规划指南》在规划设计内容上细致入微，确保了公共开放空间的方向和品质。该指南特别强调儿童游戏区的设计要考虑对陪伴者的吸引力，体现了包容性设计在实际操作中的重要性。

为了实现这一目标，公共绿地的设计应围绕标识导向系统、空间序列和类型的多样化展开，同时注重硬质建设与植物配置的合理比例。不同类别的游戏设施、全年龄段的活动区和休闲区，以及各类要素的配置数量和面积比例，都需要经过科学的规划和设计，以确保每个群体都能在绿地中找到适合自己的空间。通过这样的多元化服务供给，公共绿地能够为社区成员提供一个多样化且具有吸引力的环境，真正实现全人群友好的目标。

在中国的城市公共绿地规划中，同样需要注重包容性设计，并特别关注不同人群的行为需求。除了传统上对老年人和儿童的关注外，还应充分考虑青年人群体的需求。在当今快节奏、高压力的生活环境下，确保青年人群体能够获得必要的公共绿地服务，不仅能满足其运动和休闲的需求，还能有效缓解其紧张情绪，预防心理疾病的发生。通过这种全方位的包容性设计，社区公共绿地将更好地服务于所有居民，形成一个充满活力和凝聚力的社区环境。

为了确保价值维度策略的有效实施，建议根据不同城市的特点，制定《社区生活圈公共绿地空间专项规划指南》，为规划设计提供明确的指导和规范。这样不仅

可以提高公共绿地的使用效率和社会效益，还能全面提升社区的生活质量，为城市的可持续发展奠定坚实基础。

3. 时间维度：建立长效管理机制，增强社区凝聚力

在城市公共绿地的精明规划中，时间维度策略至关重要。它不仅关乎绿地在空间和价值维度上的可持续性，还涉及如何通过长期有效的管理机制，促进社区的健康发展和文化凝聚力的增强。时间维度强调的是绿地的长久性和社区的自我维持能力，确保公共绿地能够在日常使用中持续发挥其社会和生态功能。

要实现社区生活圈公共绿地的长期运转，首先需要建立健全的维护管理机制。“人民城市人民建，人民城市为人民”，这一理念的实现必须长期依托于城市人民的主体力量，强调社区居民的广泛参与，并通过制度化的保障，形成共建、共治、共享的社区治理共同体 [52]。当前，在国内的大多数社区中，社区治理主要依赖于政府、市场和社会三方力量的共同努力。政府在此过程中主要通过政策制定与资金投入提供支持；市场聚焦于专业的设计、施工以及运营；社会力量则体现在社区组织与广泛的公民参与上。三方协同作用，共同推动社区生活圈公共绿地的规划和管理目标的实现。

然而，社区的长期可持续发展不仅依赖于现有的治理机制，还需要逐步培养社区的自治能力。社区自治是社区治理的长远目标，它不仅意味着社区能够自主解决问题，更意味着社区内部能够形成一种持续的文化认同和凝聚力。在这一点上，上海的社区规划师制度提供了一个有力的支持。社区规划师在社区管理者、居民及其他利益相关者之间发挥了桥梁作用，确保社区生活圈的规划和管理能够有效运行。2020年，社区组织发起的无接触式种子绿植分享活动，成功激发了居民的主观能动性。众多居民自愿开放私人或半私人空间，供社区成员共享。此举措不仅体现了活动初衷，还促进了社区文化的培育，体现了社区生活圈在物质空间与精神价值层面的长期潜力。

良性管理机制是驱动社区的核心。引入这种机制，可以确保公共绿地空间布局公平和服务包容，能激发居民参与积极性，强化规划效果。共同建设管理公共空间，引导居民找到归属感，可以培养人们对社区的热爱与责任感。这种自下而上的参与，增强了不同人群的凝聚力，构建了紧密和谐的社区环境。

在当前中国大都市内涵提升的背景下，城市公共绿地规划需要兼顾人民城市理念与国土空间治理，实现自下而上的以人为本与自上而下的规划指导结合。从整体布局来看，应确保系统的网络公平性，以实现资源的合理分配。在要素配置方面，应以包容性为核心原则，提供多样化的服务来满足不同群体的需求。在机制层面，应通过培育社区文化，促进绿地的有效管理和维护，保障其健康生长与发展。这一系列策略共同构建了一个精细化、多维度的精明规划体系，旨在支撑社区和城市的可持续发展。运用这样的规划方法，不仅能够提升城市公共绿地的质量和功能，还能够增强居民的参与感和归属感，最终实现社会、经济与环境的和谐共生。

通过空间、价值和时间三个维度的精明规划策略，城市公共绿地能够从空间布局、社会价值和时间管理上实现全方位的优化。这不仅为城市的可持续发展提供了有力保障，也为实现社会公平、包容和凝聚力的目标奠定了坚实基础。未来的城市公共绿地规划，应继续在这些维度上进行深入探索，不断创新和完善，以应对不断变化的城市需求和社会挑战。

5.2.3 案例分析与经验总结

在城市快速发展的背景下，如何利用有限的空间资源进行有效的城市公共绿地更新，已成为城市规划与治理的重要议题。上海创智农园作为一个成功的城市存量绿地更新项目，不仅展示了如何将闲置地块转化为充满活力的社区花园，还探索了多方参与、社区共建的新型治理模式，其改造前后对比见图 5.4。分析创智农园的实践，有助于深入了解在复杂的城市环境中，如何通过精明规划策略，实现空间的合理布局、价值的多元体现，以及管理的长效可持续性，为其他城市公共绿地的更新与治理提供宝贵的经验与启示。

图 5.4　上海创智农园改造前（左）和改造后（右）对比

（图片来源：参考文献 [56]）

（1）区位分析

创智农园位于上海市杨浦区五角场街道创智天地园区内，占地 2200 平方米。作为一个位于杨浦区次中心新旧风貌交界处的街旁绿地，它邻近五角场商圈，周边商业繁荣，人口多样，见图 5.5。创智农园所处的地块原本为开发后剩下的“边角料”，由于地下有重要市政管线通过，无法进行高强度开发，因而成为闲置地。2016 年，在杨浦科创集团与瑞安集团的支持下，泛境设计和四叶草堂与社区公众联合，将这块狭长闲置地改造成了上海市区第一个位于开放街区中的社区花园，成为街区绿地更新的典范。

图 5.5　上海创智农园区位图

（图片来源：参考文献 [40]）

（2）项目背景

创智农园的建设背景反映了当代城市存量绿地更新的复杂性。不同于大规模开发建设，存量更新涉及政府、企业、社会组织、民众社团及居民五大类利益相关者。项目的推进不仅要满足政府对地区发展和土地增值的要求，还需要在绿地管理单位（如区绿化和市容管理局、区园林绿化事务中心）的管理成本和环境品质诉求之间取得平衡。同时，街道办事处和社区居委会也期待通过项目促进社区和谐与稳定。在此背景下，创智农园不仅是社区花园系列更新项目的实践典型，也为如何在多方诉求中找到平衡提供了有价值的经验。

（3）**政策支持**

上海市的存量更新政策为创智农园项目提供了坚实的制度保障。2014 年，上海发布了《关于进一步提高本市土地节约集约利用水平的若干意见》，提出了“双增双减”的政策要求：增加公共绿地与公共空间，减少建筑总量及降低容积率。此后，上海进一步出台了多个文件，聚焦基层管理权益、企业成本收益及社会组织品牌效益，全方位回应利益相关方需求。这些政策推动了创智农园的建设，确保了项目在政策层面的可行性。

（4）**建设目标**

创智农园的核心建设目标是通过城市存量绿地更新，探索社区治理的实施途径。项目旨在将闲置的城市隙地转变为一个集“城市隙地农园、自然学校、社区营造策源地”三种功能于一体的社区花园，见图 5.6。这个花园不仅是一个生态空间，还扮演着教育、社交和社区文化培育的角色。通过这样的多功能定位，创智农园为社区居民提供了一个持续发展的绿色公共空间。

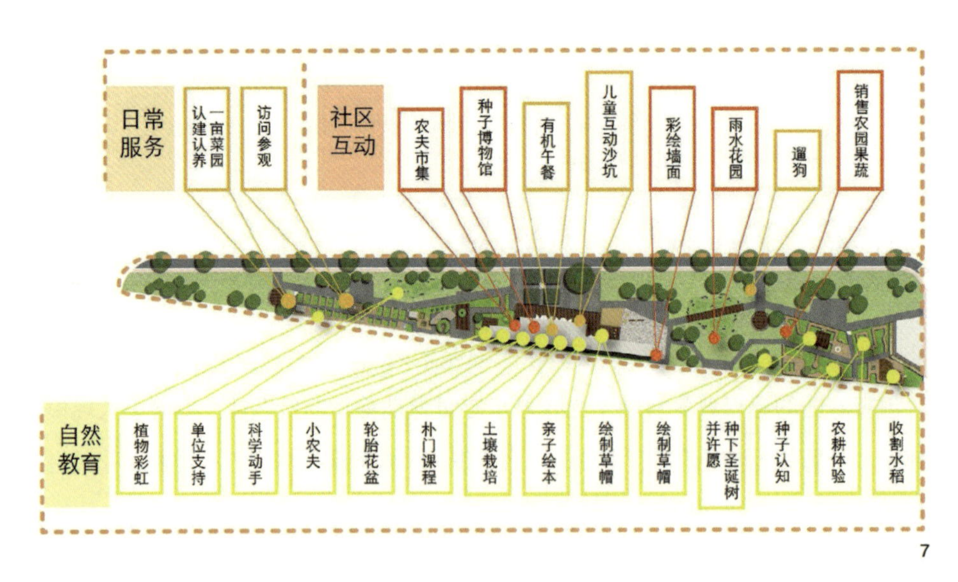

图 5.6　上海创智农园功能分区图

（图片来源：参考文献 [40]）

（5）理念及设计

创智农园的设计理念紧紧围绕社区需求展开。由于地处一个高新技术复合型社区，公共空间和自然教育资源稀缺，农园通过划分设施服务区、公共活动区、朴门花园区、一米菜园区和园艺农事区等多个功能区，满足了不同群体的需求，见图5.7。设计中还融入了可持续理念，如雨水收集、堆肥区和垃圾分类箱等，倡导生态友好和资源循环利用。农园的空间不仅用于日常的社区活动，如插花、手工皂制作、节日聚会等，还通过“种子接力站”等项目，进一步增强社区居民的参与感和归属感。

图5.7　上海创智农园的农业空间
（图片来源：参考文献[56]）

（6）社区治理实施路径的探索

创智农园在社区治理方面的探索具有重要意义。项目通过“以政府委托企业代建代管、以企业公开招募社会组织进行后期运营”的模式，实现了社区生活圈公共绿地的长效治理。在政策机制层面，创智农园的实践显示，社区治理需要自下而上的反馈机制来完善政策保障，以应对项目实施中的复杂挑战。通过社交活动的频繁举办，农园将设计、技术和日常生活紧密结合，打造了空间自主更新的长效驱动力。同时，创智农园强调多方共识的达成，以更具弹性的组织模式打破权力的单向度运作，推动社区治理的可持续发展。

创智农园的建设还采用了渐进式的公众参与方式，将社区居民的力量逐步引入项目的各个阶段。无论是个人层面的墙绘创作，还是企业参与的迷你花园建设，都体现了社区居民在绿地更新中的主动性。通过这些多层次、多维度的参与，创智农园在实现社区治理目标的同时，也为未来的城市存量绿地更新提供了可借鉴的经验和模式。

（7）成功经验总结

创智农园作为上海市区第一个开放街区中的社区花园，通过其在空间布局、价值体现和时间维度上的创新实践，成功展示了城市公共绿地多维度精明规划的潜力。在空间维度上，创智农园巧妙利用了城市隙地，通过合理的功能分区，实现了资源的合理配置和多层次的公共服务；在价值维度上，农园强调多元化服务，满足了社区内不同群体的需求，尤其是通过社区活动和教育项目，提升了居民的参与感和归属感；在时间维度上，创智农园通过建立长效的管理机制，整合政府、企业、社会组织和居民的力量，确保了公共绿地的可持续运转。

创智农园的成功经验表明，城市公共绿地的更新与规划不仅仅是物理空间的再造，更是社区文化的长期培育过程。通过自下而上的社区参与机制和自上而下的政策支持，创智农园为如何在复杂的城市环境中推动社区治理提供了一个可借鉴的范例。未来，城市公共绿地的规划与更新应继续借鉴创智农园的多维度精明规划策略，不断创新和优化，以应对日益复杂的城市发展需求，推动城市的可持续发展。

问题讨论

1. 如何在城市公共绿地的规划中实现空间、价值和时间三个维度的有机结合？

2. 你认为城市公共绿地的精明规划还要考虑哪些维度？

3. 在精明规划的实践中，借鉴并整合了哪些经典理论的优势，哪些思想与精明规划的目标较为契合？

6

城市公共绿地规划的多维度指标考核

6.1 城市公共绿地的相关指标归纳

城市公共绿地作为城市生态系统的重要组成部分，不仅承担着改善环境、调节气候、提升居民生活质量等多重功能，也在城市的可持续发展中扮演着关键角色。为了科学评估和指导城市公共绿地的规划与管理，绿地指标体系应运而生。绿地指标不仅是衡量绿地数量和质量的工具，还是反映城市生态、社会、经济效益的综合性标尺。本节将系统梳理和归纳城市绿地相关指标，从基本定义与作用出发，追溯国内绿地指标的发展历程，分析当前的分类与现状，并深入探讨常用的相关指标及其存在的问题。

6.1.1 城市公共绿地指标的定义与作用

城市公共绿地指标是衡量城市绿色空间配置水平和质量的核心标准，是反映城市生态环境、社会福利和经济效益的重要工具。这些指标通过具体的量化标准来描述城市中各种绿地类型的面积、覆盖率、人均占有量等关键信息。

城市公共绿地指标的定义包含两个重要方面：一是绿地计量单元的选择，二是指标的设定标准。计量单元的选择包括对城市不同类型绿地（如公共公园、广场用地、防护绿地等）的具体描述和测量方式，而设定标准则包括绿地面积、绿地率、公共绿地人均占有量等具体数值。这些标准不仅可以帮助城市规划者准确评估现有绿地的质量与数量，还为未来的城市公共绿地的规划与扩展提供了基本的依据。

合理选择城市公共绿地的计量单元，并制定适当的绿地指标，是确保城市绿地系统良性发展的基础。它能够促进城市环境质量的提升和居民生活水平的提高，更重要的是，它有助于城市的可持续发展，推动人与自然的和谐共处。通过这些量化标准，城市规划者可以更清晰地了解和应对城市绿地资源的变化，进而制定更具前瞻性的规划方案。

城市公共绿地指标在城市规划和管理中发挥着多重作用。首先，它是评估城市绿地质量和绿化效果的重要工具。通过这些指标，我们可以直观地了解城市绿地的覆盖范围、分布状况以及绿地的健康程度，从而为城市环境质量的整体评估提供可靠依据。此外，城市公共绿地指标还是衡量居民生活福利水平的重要标尺。较高的绿化覆盖率和优质的绿化环境，不仅提高了城市的宜居性，还为居民提供了更丰富的休闲与娱乐空间，增强了其生活满意度。

其次，城市公共绿地指标在城市总体规划中起到了重要的调控作用。在城市发展过程中，绿地的布局和用地调整是一个动态的过程，需要根据城市发展阶段和实际需求进行调整。通过城市公共绿地指标，我们可以为这些调整提供科学依据，确保规划方案在经济性和合理性上达到最优平衡。这种量化数据的支持，使得城市规划在空间布局、资源配置以及土地利用上更加精准，从而获得城市发展的最优解。

再者，城市公共绿地指标在实际规划工作中具有指导意义。例如，在制定城市公园、绿地系统和苗圃的规划时，可以用绿地指标来推算合理的规模、布局和配置，确保城市绿地系统的科学性和可操作性。此外，通过绿地指标，我们为城市建设投资计划的估算提供了重要参考数据，有助于提高城市基础设施投资的效益。

最后，城市公共绿地指标的统一计算口径为全国范围内的城市规划提供了可比性数据。这种标准化的数据不仅有助于进行城市间的横向对比，还为城市规划学科的定量分析、数理统计和电子计算技术的应用提供了数据支持。同时，城市绿地指标也为国家技术标准或规范的制定和修订提供了基础数据，确保了政策和技术的科学性和一致性。

总之，城市公共绿地指标作为城市规划和环境管理的重要工具，具备广泛的应用价值和重要的指导作用。它不仅帮助城市规划者科学决策，还为城市的可持续发展奠定了坚实的基础。在未来的城市发展中，进一步完善和应用这些指标，将是确保城市生态环境和谐发展的关键。

6.1.2 国内绿地指标的发展与演变

中国城市绿地指标的发展历程，既是一段政策演进的历史，也是一个反映城市生态意识觉醒的篇章。从初步的探索到系统化的管理，再到精细化的规划，这一历程不仅见证了我国城市化的进程，更为城市的可持续发展奠定了坚实基础，见表 6.1。

（1）1963 年：《关于城市园林绿化工作的若干规定》

在 20 世纪初，中国的城市化进程逐渐加快。随着城市人口的急剧增长，环境问题日益凸显。为了应对这些挑战，1963 年，国家建筑工程部发布了我国首个法规性的城市绿地相关政策文件——《关于城市园林绿化工作的若干规定》。这一文件首次系统地提出了将城市绿地分为五类：公共绿地、专用绿地、园林绿化生产用地、特殊用途绿地和风景区绿地。这一分类方式开创了我国城市绿地管理的先河，为日后城市绿地指标的制定奠定了基础。

（2）1975 年：**《城市建设统计指标计算方法（试行本）》**

20 世纪 70 年代，随着城市建设的加速，如何有效衡量和管理城市绿地成为亟待解决的问题。1975 年发布的《城市建设统计指标计算方法（试行本）》首次将城市绿化覆盖率和城市绿地率的概念分开，并提出了明确的计算方式。这一时期，绿化覆盖率开始被视为衡量城市生态环境的重要指标，绿地的作用不再仅限于美化城市，而是作为城市生态系统的核心部分，为居民提供必要的生态服务。

（3）1982 年：**《城市园林绿化管理暂行条例》**

随着改革开放的深入，城市建设进入了新的发展阶段，城市绿地的规划和管理也随之提升到一个新的高度。1982 年发布的《城市园林绿化管理暂行条例》进一步细化了绿地的分类，将防护绿地单独列出，并将城市园林绿地划分为五大类：公共绿地、专用绿地、生产绿地、防护绿地和城市郊区风景名胜区。此外，条例首次提出了人均公共绿地和城市绿地率的建设要求，标志着我国城市绿地管理逐步走向规范化。

（4）1992 年：**《国家园林城市评选标准》与《城市绿化条例》**

20 世纪 90 年代，城市化进程进一步加快，城市绿地的规划和管理变得更加复杂。1992 年，《国家园林城市评选标准》的出台以及《城市绿化条例》的正式发布，标志着我国城市绿地系统建设进入了一个新的阶段。这两项法规首次从规划实施和监督的角度提出了对城市绿地的考核标准，特别是在绿地系统的建设和管理上，标准更关注城市的绿化美化效果。此时的绿地指标，开始与城市居民的生活质量和生态需求紧密结合，反映出城市绿地不再是可有可无的装饰品，而是城市健康发展的重要组成部分。

（5）2002 年：**《城市绿地分类标准》**

随着 21 世纪的到来，社会经济的发展推动了城市绿地规划的精细化。2002 年，我国发布了《城市绿地分类标准》（CJJ/T 85—2002），这是国内绿地管理的一个重要里程碑。这一标准取消了传统的“公共绿地”概念，将城市绿地分为公园绿地、生产绿地、防护绿地、附属绿地和其他绿地五大类。同时，标准将人均公园面积、人均绿地面积和绿地率作为绿地系统的主要指标，并首次明确了各级绿地的服务半径要求。这一划时代的标准，使得城市绿地的规划和管理更加科学化和系统化，为日后城市绿地的可持续发展提供了可靠的依据。

（6）2005 年：《国家园林城市标准》

在 2002 年标准的基础上，2005 年发布的《国家园林城市标准》进一步细化了绿地指标的应用范围。该标准首次将公园绿地的服务半径纳入园林城市建设考核要求，强调绿地的可达性和服务功能。此时，城市绿地不仅是绿色空间的象征，还是衡量城市宜居性的重要标尺。

（7）2010 年：《城市园林绿化评价标准》

2010 年，《城市园林绿化评价标准》（GB/T 50563—2010）正式出台，进一步强化了公园绿地服务半径覆盖率的重要性，并要求“公园绿地的布局应尽可能实现居住用地范围内 500 米服务半径的全覆盖”。这一标准的提出，表明城市绿地的规划开始更加关注居民的实际需求，尤其是绿地的可达性和便利性。这一时期的绿地指标逐渐从简单的数量指标向更加人性化的服务指标转变。

表 6.1　中国城市绿地指标发展历程及政策演变表

年份	政策文件	核心内容
1963 年	《关于城市园林绿化工作的若干规定》	分类：首次提出城市绿地分类，包括公共绿地、专用绿地、园林绿化生产用地、特殊用途绿地和风景区绿地
1975 年	《城市建设统计指标计算方法（试行本）》	概念分离：首次将城市绿化覆盖率与城市绿地率的概念分开，并提出初代绿地系统指标的计算方式
1982 年	《城市园林绿化管理暂行条例》	分类扩展：新增防护绿地，细分城市绿地为五类，并提出人均公共绿地和城市绿地率的建设要求
1992 年	《国家园林城市评选标准》和《城市绿化条例》	考核引入：首次从规划实施和监督角度提出对绿地系统的考核标准，关注城市绿化美化效果
2002 年	《城市绿地分类标准》（CJJ/T 85—2002）	重构绿地分类和明确绿地服务半径要求：将公共绿地调整为公园绿地、生产绿地、防护绿地、附属绿地和其他绿地五大类，首次明确各级绿地的服务半径要求

（续表）

年份	政策文件	核心内容
2005 年	《国家园林城市标准》	新要求：首次将公园绿地服务半径纳入园林城市建设考核要求
2010 年	《城市园林绿化评价标准》（GB/T 50563—2010）	全覆盖：明确公园绿地布局应实现居住用地范围内 500 米服务半径的全覆盖
2011 年	《城市用地分类与规划建设用地标准》（GB 50137—2011）	稳定分类：将生产绿地排除在城市建设用地范围外，将城市绿地分为公园绿地、防护绿地、广场用地。总体规划层面的绿地分类基本稳定
2017 年	《城市绿地分类标准》（CJJ/T 85—2017）	现代指标：新增附属绿地和区域绿地。将城市绿地率、人均绿地面积、人均公园绿地面积、城乡绿地率作为四大主要指标，优化现行分类标准
2020 年	《国土空间调查、规划、用途管制用地用海分类指南（试行）》	规范统一：进一步规范绿地斑块功能，强调公园服务覆盖率和人均公园绿地面积的总体规划要求
2022 年	《国家园林城市评选标准》	提升标准：进一步精简考核指标，提升绿地率、绿化覆盖率和服务覆盖率等指标要求，引入“国家生态园林城市”称号

表格来源：自绘

（8）2011 年：《城市用地分类与规划建设用地标准》

2011 年发布的《城市用地分类与规划建设用地标准》（GB 50137—2011），是我国绿地分类体系发展的奠基者之一。该标准将生产绿地排除在城市建设用地范围之外，将城市绿地分为公园绿地、防护绿地和广场用地，进一步明确了绿地的功能分区。同时，这一标准使得总体规划层面的绿地分类基本稳定，为城市绿地系统的科学管理和可持续发展奠定了基础。

（9）2017 年：《城市绿地分类标准》

2017 年的《城市绿地分类标准》（CJJ/T 85—2017）延续了 2011 年的《城市用地分类与规划建设用地标准》，但也做出了一些关键调整。该标准新增了附属绿地和区域绿地两大类。同时，城市绿地率、人均绿地面积、人均公园绿地面积、城乡绿地率被列为四大主要指标，反映出绿地系统的评价指标逐渐向科学性和全面性迈进。

（10）2020 年：《国土空间调查、规划、用途管制用地用海分类指南（试行）》

2020 年，国家发布了《国土空间调查、规划、用途管制用地用海分类指南（试行）》，进一步统一规范了绿地的分类标准，并明确了绿地斑块功能的唯一性。这一指南不仅将绿地概念延伸至村庄建设用地范围内，还将城镇、村庄建设用地范围内的绿地与开敞空间用地分为公园绿地、防护绿地和广场用地。这一举措进一步巩固了城市绿地在规划和管理中的重要地位。

（11）2022 年：《国家园林城市评选标准》

2022 年，随着城市生态环境需求的进一步提升，《国家园林城市评选标准》应运而生。这一标准精选了 18 项园林城市考核指标，并大幅度提升了园林建设的标准要求。与此同时，国家还增加了园林建设标准更高的“国家生态园林城市”称号，推动城市在绿地规划和管理上向更高层次发展。在这一标准中，城市绿地率被作为导向指标，绿化覆盖率、人均公园绿地面积以及公园服务覆盖率被作为底线指标，为未来的城市绿地规划设定了更高的目标。

国内绿地指标的发展历程，展示了中国城市化进程中绿地规划与管理的逐步演进。从最初的概念提出，到后来的分类细化与指标制定，再到现今强调服务功能与居民需求的综合考量，反映了城市生态意识的不断提升。随着各类政策与标准的出台，城市绿地指标不仅成为衡量城市环境质量的重要工具，还为城市规划的科学化与可持续发展提供了坚实保障。这些指标的演变，既见证了政策的不断完善，也预示着未来城市绿地规划将在更高标准的引导下迈向新的高度。

6.1.3 城市绿地指标的分类与现状

在城市绿地规划与管理的过程中，绿地指标的设置至关重要。这些指标不仅是评估城市环境质量的重要工具，还是制定和调整城市规划方案的关键依据。根据不同的目的和应用场景，城市绿地指标通常可以分为两大类：控制指标和评价指标。这两类指标从不同的角度出发，全面反映了城市绿地的数量、质量以及功能效果。

（1）控制指标

控制指标是为了指导城市绿地系统的规划和设计，确保绿地的整体结构和布局能够满足城市发展的需求。这些指标通常是在城市规划编制过程中制定的，具有较强的实践指导性，主要分为以下三类。

①个体规模控制指标：此类指标关注的是单一绿地的体量和规模，通过控制绿地的宽度、最小面积等参数，确保每个绿地单元的功能和服务质量。例如，绿地宽度、

公园绿地的最小面积以及地块绿地率等，都是个体规模控制的典型指标。

②总体规模控制指标：相较于个体规模控制指标，总体规模控制指标更侧重于整个绿地系统或特定绿地类型的总量控制。它通过控制人均公园绿地面积、城市绿地率等指标，确保城市绿地系统在整体上能够发挥其生态、社会和景观功能。

③布局引导控制标准：此类指标根据绿地的功能服务特征，对绿地的空间布局进行合理规划，确保绿地的分布均衡合理。例如，对公园绿地服务半径进行控制，就是为了保证每个居民在合理的距离内都能享受绿地服务。

（2）评价指标

评价指标主要用于评估城市绿地系统的运行状态。这些指标不仅有助于了解绿地在城市中实际所发挥的作用，还为后续的规划调整与改进提供了科学依据。与控制指标不同，评价指标更多是后期分析和策略制定的基础，通常分为以下四类。

①生态效益指标：包括固碳释氧指标、涵养水源指标和环境净化指标等，主要用于衡量城市绿地在生态环境保护方面的贡献[57]。例如，固碳释氧指标可以用于测量城市绿化在碳氧平衡中的作用，而涵养水源指标则可以用于评估绿地在水土保持和水源涵养中的效果。

②景观格局指标：此类指标如香农多样性指数、景观形状指数、景观蔓延度等，用于分析绿地的景观格局，评价绿地的生态连接性和空间分布合理性。

③绿地可达性指标：通过缓冲区分析法、网络分析法和最小邻近距离法等，综合评估地点、人群、时间等因子对绿地可达性的影响，量化居民获得绿地服务的便捷程度。这些指标帮助城市规划者了解不同社区的绿地可达性差异，从而优化绿地布局。

④人本效益指标：如有效服务范围、绿地服务重叠度、绿视率等，关注的是绿地对居民的直接效益和视觉体验。这些指标有助于深入了解居民对绿地的实际使用情况以及绿地在日常生活中的重要性。

总之，城市绿地指标的分类不仅反映了绿地在城市中的多维度功能，也为城市规划者提供了重要的参考依据。通过科学合理地设置和应用这些指标，城市绿地的规划和管理可以更好地服务于城市的可持续发展并增进居民的福祉。

在过去的二十多年里，城市绿地指标经历了不断发展和完善，特别是对人均公园绿地面积、城市绿化覆盖率和城市绿地率这三大核心指标的应用和要求逐步提高。最初，这些指标只是简单地用于衡量城市绿地的基本数量和规模，随着城市发展和居民生活质量需求的提升，这些指标的要求逐渐变得更加严格和复杂。

人均公共绿地面积作为衡量城市居民获得绿地资源的重要指标，经历了从基本覆盖到提升质量的转变。起初，该指标重在保证每个居民都能享有一定面积的绿地，以满足日常休憩和娱乐之需。但是，随着城市人口密度的增大以及人们对生活品质要求的提高，仅仅增加绿地面积已无法满足居民需求。如今，人均公共绿地面积的规划不仅要求增加绿地的总量，还强调提升绿地的可达性和服务能力，确保绿地资源的公平分配，使得每个居民都能在合理的时间和距离内享受高质量的绿地服务。

城市绿化覆盖率则是从更宏观的角度衡量城市整体绿化水平的指标。随着生态文明建设的推进，城市绿化覆盖率的要求也在不断提高。从最初的绿化覆盖概念，到与城市生态系统功能紧密结合，这一指标的内涵也发生了显著变化。如今，城市绿化覆盖率不仅关注绿化面积的增加，还注重绿化质量的提升，特别是在提高绿化多样性、生态效益和居民感知等方面，绿化覆盖率已经成为衡量城市宜居性和生态健康的重要标尺。

城市绿地率作为城市规划中的基础指标，最初用于评估城市土地利用中绿地所占比例，确保城市在开发过程中保留足够的绿色空间。随着时间的推移，城市绿地率的作用逐渐扩大，不仅是衡量城市生态建设的重要参数，还为城市空间布局和用地规划提供了重要参考。新的城市发展战略对绿地率的要求越来越高，不仅要求数量上的达标，更强调绿地的生态功能和社会效益，推动城市绿地系统从单一的生态空间向多功能复合空间转变。

总体来看，随着城市生态文明建设的深入推进，城市绿地指标的作用和地位得到了显著提升。这些指标不仅反映了城市绿地的数量和分布，还引导着城市向更绿色、更可持续的发展方向迈进。未来，随着城市发展需求的不断变化，城市绿地指标也将继续演变，以适应新的挑战和要求，为城市居民创造更健康、更宜居的生活环境。

6.1.4 传统与新兴的城市绿地指标

在城市绿地系统规划和管理中，指标的选择和应用至关重要。这些指标不仅可以帮助评估城市绿地的建设水平，也为规划决策提供了科学依据。

1. 传统指标

（1）基础面积指标

绿地面积和公共绿地面积是衡量城市绿化规模的基础指标，在《城市绿地分类标准》（CJJ/T 85—2017）中有明确定义。绿地面积是指城市中各类绿地面积的总和，包括公园绿地、防护绿地、广场绿地、附属绿地和其他绿地，用于评价城市绿地的整体规模。公共绿地面积是指向公众开放的各类绿地总面积，包括综合公园、社区公园、专类公园、带状公园等，是衡量城市公共服务能力的重要指标。

（2）比率指标

绿化覆盖率和绿地率是城市绿地系统规划中的核心指标，被广泛用于衡量城市绿化水平。城市绿化覆盖率（绿化垂直投影总面积 / 城市建成区面积 ×100%）通常用于反映城市中植物覆盖的广度，尤其是在评估整个城市的绿化状况时，绿化覆盖率能够直观地体现城市的“绿色程度”。城市绿地率（城市绿地面积 / 城市建成区面积 ×100%）则是从用地角度出发，为对城市绿地的总体管控提供了依据。

这些指标以其计算简单、直观明了的特点，在城市绿地系统的规划和管理中长期占据重要地位。然而，随着城市绿地需求的不断变化，这些传统指标在反映绿地效益和质量方面的局限性也逐渐显现出来。例如，它们无法体现绿地的空间分布、生态功能、可达性等重要因素。因此，在使用这些指标的同时，还需要结合其他更全面的评估方法，以更好地指导城市绿地的规划和管理。

（3）人均指标

人均公园绿地面积在以人为本的城市规划中具有重要意义。这一指标在《城市园林绿化评价标准》（GB/T 50563—2010）中得到了进一步规范。人均公园绿地面积(公园绿地面积/常住人口数)，通常用于反映城市居民平均拥有的公园绿地资源量。在强调居民生活质量的当下，人均公园绿地面积提供了衡量城市宜居性的重要数据。

然而，这一指标也存在一定的局限性，特别是在绿地资源分布不均的城市中，它往往面临着“被平均”的问题。比如，在一座城市中，某些区域可能拥有丰富的绿地资源，而另一些区域却严重缺乏。这种情况下，人均公园绿地面积的指标无法真实反映不同社区居民的绿地使用状况，因此需要结合其他指标共同使用，以更全面地评估城市绿地的分布公平性。

2. 新兴指标

（1）可达性指标

2010 年，《城市园林绿化评价标准》（GB/T 50563—2010）强调了公园绿地的布局应尽可能实现居住用地范围内 500 米服务半径的全覆盖，公园绿地服务半径覆盖率（公园绿地服务半径内覆盖的居住用地面积 / 居住用地总面积 ×100%）可以用于评估绿地的空间分布均衡性和居民可达性。

绿地率关注的是城市绿量的总体供给，而公园绿地服务半径覆盖率则进一步关注绿地的服务能力和空间分配的公平性，避免了总量高但分布不均的情况。因此，公园绿地服务半径覆盖率与绿地率和人均公园绿地面积共同构成了评估城市绿地系统的三大核心指标，这三者在城市绿地规划中缺一不可，为城市的绿地系统提供了全面的评估视角。

（2）质量和生态功能指标

在不断发展的城市绿地规划领域，一些质量的指标也开始逐步得到应用。例如，《城市园林绿化评价标准》（GB/T 50563—2010）提出了万人拥有综合公园指数、城市道路绿化普及率、林荫停车场推广率等指标。这些新指标反映了城市绿地规划从单纯的数量和面积控制向更加多元和细化的方向发展。同时，2022 年《国家园林城市评选标准》从生态宜居、健康舒适、安全韧性、风貌特色四个目标进一步丰富了城市绿地系统的评价维度，体现了城市绿地功能从单一的生态服务向综合性、多功能转变的趋势。

（3）立体绿化指标

2022 年《国家园林城市评选标准》对立体绿化实施率作出了明确定义，它是指已实施立体绿化的建筑面积与适宜实施立体绿化建筑总面积的比率（已实施立体绿化的建筑面积 / 适宜实施立体绿化建筑总面积 ×100%），可以用于评估城市立体绿化的发展程度。

屋顶绿化面积指建筑屋顶上的绿化面积总和，反映城市利用建筑屋顶进行绿化的程度。垂直绿化面积指建筑外墙或其他垂直结构上的绿化面积总和，用于评估城市利用垂直空间进行绿化的程度。室内绿化面积指建筑内部的绿化面积总和，包括建筑室内的花园、阳台绿化等，反映了城市绿地在建筑内部的延伸。

（4）**绿量相关指标**

绿量指城市绿化的总体积，考虑了绿地的面积和高度，用于对城市绿化三维空间的量化评估。绿量率指绿量与城市建成区面积的比率（绿量 / 城市建成区面积），用于反映单位面积上的绿化体积。绿容率指绿量与建筑总体积的比率（绿量 / 建筑总体积），用于评估绿化与建筑的空间关系。

复层绿色量考虑植被垂直结构的绿化总量，包括地面层、灌木层和乔木层的绿化量，可以提供更全面的绿化量评估，反映植被的立体结构。人均复层绿色量指复层绿色量与城市人口数的比值（复层绿色量 / 城市人口数），用于反映每个居民享有的立体绿化资源。

绿化三维量综合考虑绿化的面积、高度和密度的指标，用于更全面的城市绿化立体评估。人居绿化三维量指与人居环境直接相关的绿化三维量，主要用于评估绿化对居民生活环境的直接影响。

这些指标共同构成了城市绿地系统规划的评价框架，它们从不同层面为城市绿地的规划、管理和优化提供了数据支持。这些多样化的指标可以更加全面地评估城市绿地的功能和效益，也可以为未来的规划实践提供科学依据。

6.1.5　城市绿地指标的问题与总结

在当前的城市规划体系中，城市绿地指标作为评估和指导绿地系统建设的重要工具，已经得到了广泛应用。然而，随着城市化进程的加快和城市居民需求的多样化，现有的绿地指标体系也暴露出一些问题，这些问题在很大程度上限制了绿地规划的科学性和实际效果。

（1）**传统评价指标内容相对简单，难以全面反映绿地建设水平**

目前，多数中国城市在开展绿地评估工作时，主要依赖传统评价指标，如人均公园绿地面积、绿地率与绿化覆盖率等。这些指标能够体现城市的绿地规模与数量，然而在内涵方面显得单一，着重于绿地的“量”，而忽视了绿地的“质”以及其在生态、社会和经济方面的效应。这些指标的应用使得城市绿地系统规划在整个城市规划体系中难以获得足够的重视，往往流于形式或被其他规划所取代。尤其在资源紧张的大城市中，单纯的绿地面积指标难以反映绿地对城市生态环境的真实贡献，导致绿地规划的实际效益难以充分发挥。

为弥补这些传统评价指标的不足，近年来，越来越多的研究和实践开始关注城市绿地的“质”及其在多维度上的综合效应。视景质量（VLQ）评估便是一种从视觉角度出发的评价方法，它通过量化景观的美学价值来衡量绿地的质量。这一方法不仅注重绿地的面积和布局，还将景观的视觉吸引力和美学价值纳入评价体系。通过对视线通廊、景观结构及多样性等因素的分析，VLQ 可以更直观地反映绿地的美学和心理效益，进而提升城市绿地的整体景观质量。与此同时，绿视率（GVI）作为一种新兴的评价城市绿地质量的指标，近年来得到了广泛应用。绿视率旨在衡量从人类视觉角度看到的绿色覆盖率。借助深度学习和计算机视觉技术，基于语义分割的图像分析工具能够自动从街景图片中识别和量化绿视率。这种技术的应用不仅能够更精确地反映绿地在日常生活中的可感知性，还能通过大规模的数据处理，实现城市绿地视景的全面评估。通过这些先进技术手段，城市绿地的质量评价突破了传统方法的局限，变得更加科学和具有实际指导意义。总的来说，这些新兴指标和技术手段为城市绿地的质量评估提供了全新的视角，不仅提升了其在城市规划中的地位，还能更好地指导绿地的科学管理和持续发展。

（2）评价维度较为单一，空间分析视角过于局限

传统城市绿地评价体系往往聚焦于单一数值指标，仅针对城市或局部区域绿地建设状态进行整体评估，评价框架多局限于线性维度。虽然此类方法操作便捷、执行高效，但是其缺陷在于未能全面体现城市绿地布局的合理性。绿地作为城市用地之一，具备显著的空间属性特征；不同地理位置的绿地因其特有的功能与价值，展现出多样的效益。例如，城市中心区的绿地可能更关注生态环境的改善和居民的日常休憩，而郊区绿地可能更偏重生态保育和景观保护。因此，仅以一维指标进行评价，往往无法全面反映绿地的综合效益。

为此，城市绿地系统的规划和评价亟须从单一维度转向多维度。引入空间分析技术，结合二维甚至三维的评价指标，可以更好地反映绿地的空间格局及其对城市功能的支持。例如，基于空间分析的绿地可达性指标，不仅考虑绿地的面积和位置，还综合考虑居民到达绿地的便捷性，进而反映绿地在城市空间布局中的合理性。此外，三维指标如绿视率可以更直观地反映城市绿地的景观效果及居民对其的心理感受。

（3）忽视全域绿地协调发展，无法反映整体绿化效应

随着国家新型城镇化规划的推进，绿地系统建设的重要性日益凸显。尽管“城市建成区绿地率”被作为新型城镇化建设的核心指标之一，体现了对城区绿化建设的重视，但目前的城市绿地系统规划仍存在重城区、轻市域的问题。很多城市在进行绿地规划时，缺乏全域性的战略视角，没有从系统和多尺度的角度来考虑绿地的协调发展。这种局限使得城市内部绿地分布不均，无法构建一个完整的城市绿地生态网络，限制了绿地的整体生态效益发挥。

全域绿地协调发展不仅关注城市核心区的绿地建设，还要关注郊区和城乡接合部的绿地系统。这些区域的绿地往往在生态保育、景观连接以及生态廊道的构建中起着关键作用。进行全域的协调规划，能够更好地实现绿地在不同空间尺度上的功能互补，形成一个综合、高效的城市绿地生态网络。

（4）偏重绿地空间与生态，难以满足人的需求

现行的城市绿地系统规划在更多时候侧重于绿地的空间布局以及生态效应，对居民的实际使用感受考量欠缺。尽管绿化覆盖率与绿地面积等指标或许能够达标，但这些指标并无法直接体现绿地是否确实满足了居民的需求。在“以人为本”的城市发展理念之下，仅仅着重于绿地的空间和生态效益已然不足以引导未来的绿地规划。关注居民的生活质量，尤其是日常生活与绿地的关联，显得格外重要。

例如，绿地满意度指标可以衡量居民对绿地环境和设施的满意程度，从而评价绿地的实际服务质量。绿地偏好指标则可以反映居民对不同类型绿地的喜好和需求，有助于优化绿地的功能配置。这些以人为本的评价指标不仅能反映绿地空间布局的合理性，还能提供数据支持，帮助优化绿地配置，使绿地真正成为城市居民生活的重要组成部分，提升居民的幸福感和生活质量。

（5）局限于定性评价方法，缺乏对大数据和模拟技术的应用

传统的城市绿地指标评价体系主要依赖于定性分析，如绿地系统布局的“几轴几带多中心”等描述性指标。这些指标虽然直观，但难以精确量化绿地系统的效益和影响。随着城市化进程的加快和环境问题的日益复杂，单纯依靠这些定性指标已无法满足当前精细化管理和精准评估的需求。

大数据时代的到来为完善城市绿地指标体系提供了新的可能。然而，目前多数城市在制定和应用绿地指标时，对大数据的利用仍然有限。例如，居民活动轨迹、环境监测数据、遥感影像等大数据资源未能有效转化为可量化的绿地评估指标，导致现有指标难以准确反映市民的实际需求和绿地的真实生态效益。

同时，在绿地指标的制定和应用中，缺乏对模拟技术的使用也限制了指标体系的前瞻性和科学性。虽然气候变化模拟、生态系统服务评估等先进技术已经成熟，但这些技术尚未被广泛用于开发动态的、预测性的绿地指标。这使得现有的静态指标难以适应快速变化的城市环境，也难以为决策者提供长期的规划依据。

此外，尽管地理信息系统技术已在一些城市的绿地评估中得到应用，但其在指标体系中的潜力尚未充分发挥。多数应用仍停留在基础的空间分析层面，缺乏与大数据的深度融合，难以支持复杂的指标计算和决策分析。这导致现有的绿地指标难以全面反映绿地的空间分布特征和生态网络的连通性。

要提升城市绿地指标的科学性和实用性，未来需要加强对大数据和模拟技术的应用。要整合多源数据，建立动态评估模型，开发出更精准、更全面的绿地指标体系。同时，利用模拟技术预测不同指标阈值下绿地的长期影响，为制定更具前瞻性和可持续性的绿地规划提供科学依据。只有这样，才能确保城市绿地指标真正发挥其在评估和指导绿地系统建设中的重要作用。

6.2 城市公共绿地的评价指标体系构建

6.2.1 综合的城市公共绿地评价指标

在现代城市规划中，城市公共绿地不仅是城市生态系统的重要组成部分，还是影响居民日常生活质量的关键因素。然而，传统的绿地评价指标体系往往局限于对绿地数量和规模的评估，忽视了绿地的质量、功能效益以及其对人们生活的实际影响。为此，有必要构建一个更为全面、多元化的城市绿地评价指标体系，从多维度、多尺度、多源的角度对城市绿地进行科学评估，以提升城市绿地系统的综合效益。

（1）构建多元化评价指标体系

传统的控制性指标，如绿地率、人均绿地面积，虽然在评估绿地的数量和规模方面发挥了重要作用，但它们无法充分反映绿地的生态价值、景观效益和社会功能。这种单一的评价模式，使得城市绿地规划往往难以体现其真实的价值和实际效应，导致绿地建设在实际操作中可能流于形式。因此，构建一个涵盖生态效益、景观格局、绿地可达性和人本效益等维度的多元化评价指标体系至关重要。

引入生态效益指标，能够衡量城市绿地在提升空气质量、调节气候、涵养水源等方面的实际贡献。景观格局指标则有助于评估绿地在城市空间中的分布合理性和景观美学价值。绿地可达性指标关注的是居民对绿地的实际使用体验，反映了绿地在满足城市居民休闲、娱乐需求方面的效能。人本效益指标则用于直接考量居民的绿地体验，包括绿地的舒适度、便利性以及其对居民心理健康的影响。这一系列多元化的评价指标，旨在全面、综合地反映城市绿地的建设水平，确保城市绿地系统在各个层面上都能发挥最大效益。

（2）多维空间视角的引入

城市绿地作为一种具有空间属性的土地利用形式，其价值不仅体现在数量上，更体现在空间分布和景观效果上。传统的绿地评价多以一维的指标为主，如面积和绿化率，难以全面反映绿地的空间质量和功能效益。为此，有必要倡导城市绿地系统规划向多维化评价转型，特别是在高密度城市中，三维空间的立体绿化显得尤为重要。

三维绿化指标，如绿视率，能够从居民的感官层面反映城市绿地的景观效果和绿化质量。这种基于可见绿的评价方式，不仅考虑了绿地的平面分布，还注重绿化在城市立体空间中的表现，能够更真实地反映居民的绿化感受。此外，对于土地资源稀缺的大城市，三维绿化指标还能有效提升城市绿量，丰富城市空间层次，从而在有限的空间内实现更高效的绿化覆盖。

（3）满足城市居民的实际需求

城市绿地规划的最终目的是为居民提供高质量的生活环境。然而，现行的绿地规划往往侧重于空间布局和生态效益，而忽略了对居民使用感受的深入思考。即使绿地指标达标，如果没有充分考虑居民的实际需求，这样的绿地规划也可能难以满足居民的日常生活需求。因此，在绿地评价中引入与服务质量和人本效益相关的指标尤为重要。

借助这些指标，可以更准确地评估绿地对不同年龄、性别、职业和生活习惯的居民群体的服务能力。例如，可以运用居民满意度调查、使用频率、活动多样性等指标，深入了解居民对绿地的真实需求和使用情况。此外，还可以考虑绿地的舒适度、安全性、文化价值等多方面因素，进一步提升绿地的服务质量和人文关怀。这些多元化的评价指标能够帮助人们更全面地了解绿地在居民生活中的实际作用，从而优化绿地的功能配置和空间布局，使得绿地真正成为居民生活的重要组成部分，实现由“城市本位”向“人本位”规划思路的转变。

（4）充分利用 GIS 和空间数据

在城市绿地系统规划中，传统的评价方法大多依赖定性的分析，缺乏有效的数据支撑。随着技术的发展，将公众参与式地理信息系统（PPGIS）与先进模拟技术和大数据分析结合，为绿地规划和评价提供了新的可能性。

PPGIS 的应用允许居民直接参与到绿地评价和规划过程中，提供了宝贵的用户体验数据。这种方法不仅能够捕捉到传统调查可能忽视的细节，还能增强居民对绿地规划的参与感和认同感。

同时，各种模拟技术的引入极大提高了绿地评价的精确度和预测能力。例如，人流模拟可以帮助预测不同设计方案下绿地的使用情况；风环境模拟能够评估绿地对城市微气候的影响；生态系统服务模拟则可以量化绿地的环境效益。这些模拟技术为绿地规划提供了更加科学和可靠的决策依据。

此外，手机行迹等大数据的引入，为研究人员提供了前所未有的机会来了解居民的实际绿地使用模式。这些数据可以帮助深入了解绿地使用的高峰时段、热点区域，以及不同类型绿地的受欢迎程度。

通过整合 PPGIS、模拟技术和大数据分析，规划师可以构建一个更加全面、客观和动态的绿地评价体系。这种方法不仅提高了绿地规划的准确性和可靠性，还能够及时捕捉城市绿地使用的变化趋势，为绿地的持续优化和管理提供强有力的支持。最终，这一体系将有助于推动城市绿地系统向着更加综合、高效和可持续的方向发展。

6.2.2　多维度多尺度的指标考核案例

在城市公共绿地的规划与评估中，多维度、多尺度指标考核不仅为了解绿地功能效益提供了科学依据，还在城市管理与发展中扮演了重要角色。本节将通过几个经典案例，深入探讨如何运用多元化的评价指标体系，对城市绿地的空间分布、服务效能和社会公平性进行全面分析。对这些案例进行剖析，能够更好地了解城市绿地规划中多维度、多尺度指标的重要性及其实际应用效果。

案例 1：深圳市福田中心区白领群体的动态绿化暴露分析

在探讨城市绿地规划与优化策略时，深入了解白领群体的动态绿化暴露特征至关重要。深圳市福田区中心区作为深圳的主要就业密集区之一，拥有大量的办公楼和商务设施。研究通过结合人工拍照与网络街景照片构建街景数据库，开发计算机程序获取个体动态绿化暴露量，并探讨了其与绿地可视性、可获得性、可达性的关系[58]。

研究基于总体绿化暴露量（TGEL）、单位时间绿化暴露水平（UTGEL）和单位距离绿化暴露水平（UDGEL）三个关键指标，分别量化了个体在一天中接触绿色空间的总体程度、时间效率和空间质量，反映了白领群体的动态绿化暴露水平。对这些指标进行热点分析，发现小型社区公园附近工作场地的 UTGEL 和 UDGEL 普遍较高，这表明这些区域的绿色暴露效率和质量相对较好，见图 6.1。

此外，研究还揭示了社区公园对提升白领群体绿化暴露质量和效率的重要性。分析显示，三个指标与社区公园可达性均呈显著相关。这一发现强调了小尺度公园在提高个体接触绿色环境质量和效率方面的关键作用。社区公园由于其较小的占地面积、开放的结构和高视觉渗透性，更能增加员工与绿色的接触频率。例如，距离工作场所越近的小型口袋公园，白领访问的频率越高，凸显了绿色空间可达性对绿色空间暴露的重要影响。

研究建议优化福田中心区的绿地规划，通过增加小尺度绿地、改进设施和步行

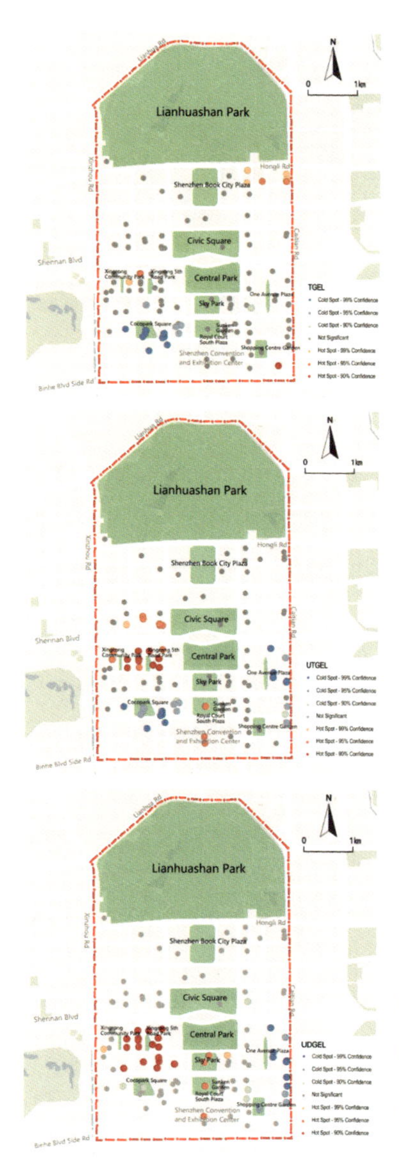

图 6.1　使用者动态绿化暴露量分析
（图片来源：参考文献 [58]）

通道、强化夜间管理与照明等措施，提升绿地的使用效率与白领群体的满意度。这些策略为其他城市就业密集区的绿地规划提供了有益借鉴。

案例 2：贵港市公园绿地的网络分析法

在中国的许多中小城市中，城市绿地的布局往往面临着如何平衡资源分配与居民需求的问题。贵港市的案例展示了如何通过网络分析法来评估城市公园绿地的可达性。该研究以贵港市为对象，使用网络分析法，通过对城市道路网络的详细建模，评估了步行和骑行两种交通方式下居民到达公园的时间和距离。研究发现，港北区的公园服务面积显著高于港南区，尤其在短时间步行范围内，港南区的公园可达性明显不足 [59]。这种布局上的不均衡，导致了居民在日常生活中对公共绿地资源的使用受到限制，见图 6.2。

该案例通过详细的网络分析，揭示了贵港市公园绿地布局中的不合理之处，同时展示了如何利用空间分析技术来发现和解决城市绿地规划中的问题。网络分析法的应用不仅增强了公园布局的科学性，也为其他城市的绿地规划提供了有益的参考。

案例 3：深圳市综合公园服务范围与空间布局分析

深圳市作为中国具有代表性的现代化大都市，其公园绿地的布局和服务效能对城市居民的生活质量有着重要影响。本案例采用了渐进分析模式，通过分析深圳市综合公园的空间分布与建筑物密度的匹配情况，探讨了公园服务效能与人群活动

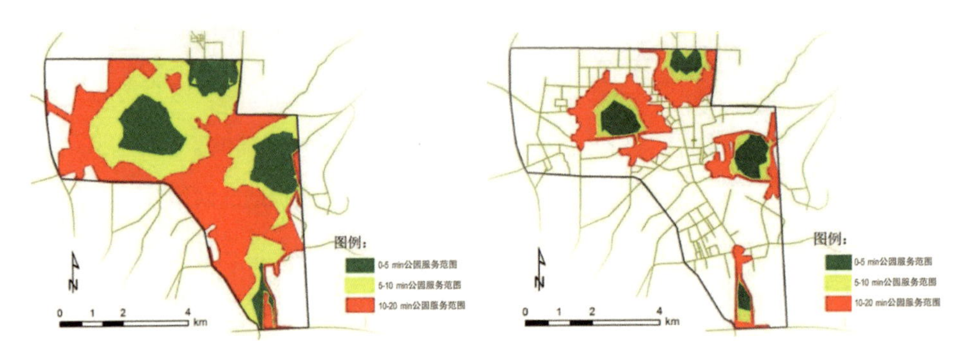

图 6.2　步行（左）和骑行（右）的可达性

（图片来源：参考文献 [59]）

之间的关系 [60]。

研究发现，深圳的南山、福田、罗湖等区域的公园布局较为密集，且周边建筑物的分布密度较高，这意味着这些区域的公园服务效能较高，能够充分满足周边居民的休闲需求。然而，宝安西北部、龙华新区和龙岗中部等区域虽然建筑物密集，但周边缺乏综合公园服务，反映出这些区域在公共绿地资源配置上的不足，见图 6.3。

通过对深圳市公园绿地的服务范围和空间布局的详细分析，案例展示了如何利用渐进分析模式评估城市绿地的服务效能，并为优化公园布局提供了实用的参考，见图 6.4。这一研究还强调了在城市规划中，对于公园绿地不仅要考虑其数量，还要重视其空间分布与居民实际需求的匹配度。

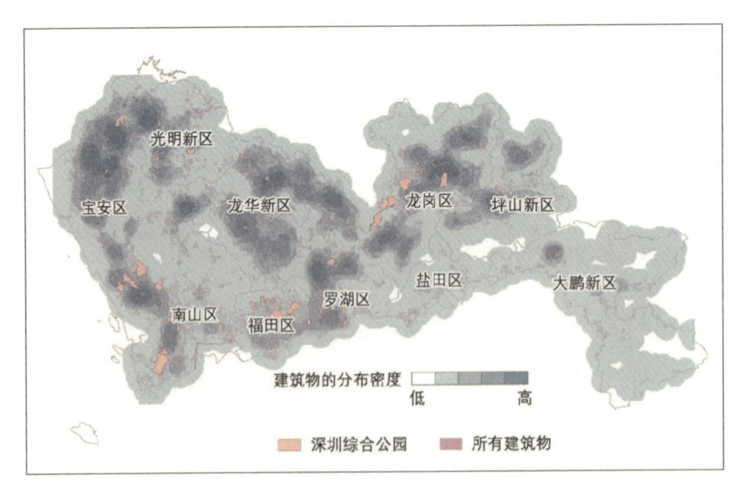

图 6.3　深圳综合公园空间分布与建筑密度匹配图

（图片来源：参考文献 [60]）

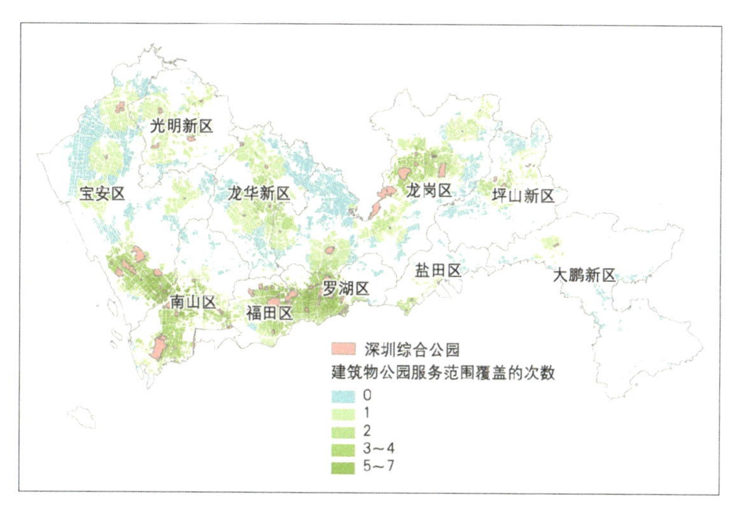

图 6.4　深圳综合公园的服务范围图

（图片来源：参考文献 [60]）

案例 4：基于多源大数据的城市绿地多尺度、多维度评价

随着大数据技术的飞速发展，城市绿地的评价方法也在不断发展。本案例利用多源数据和 GIS 技术，对遵义市及全国 287 个地级及以上城市的绿地进行了多尺度、多维度的综合评价。

该研究利用街景打分、在线点评密度等多种数据来源，系统地评估了城市绿地的质量和使用效能，构建了一个涵盖绿地形态、品质、活力、规模、区位等维度的评价体系，见图 6.5。结果显示，不同城市在绿地服务水平上的差异显著，特别是在绿地建设和维护方面，直辖市和省会城市明显优于地级市。

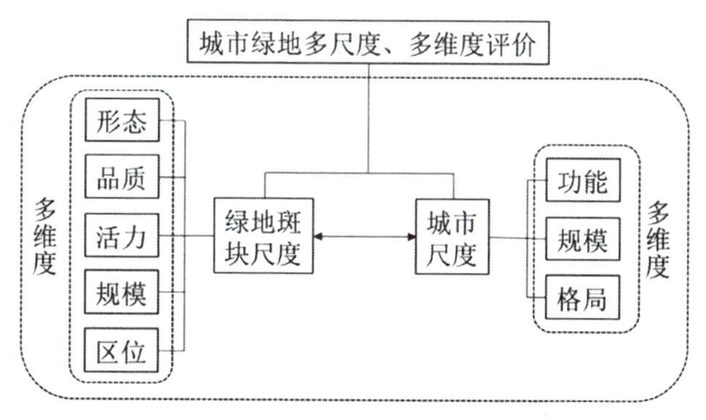

图 6.5　多尺度、多维度评价体系图

（图片来源：参考文献 [61]）

这一案例展示了如何利用多源数据和先进的空间分析技术，构建一个全面的城市绿地评价指标体系。这不仅为遵义市和其他城市的绿地规划提供了科学依据，也为城市绿地系统的提升指明了方向。

通过对多个经典案例的详细分析，本节展示了城市公共绿地多尺度、多维度指标考核在实际应用中的重要性和实用性。这些案例涵盖了公园可达性、空间布局、社会公平性和多源大数据评价等多个维度，凸显了科学合理的绿地规划对提升城市生活质量的重要性。在未来的城市绿地规划中，采用多尺度、多维度的评价指标将成为确保城市可持续发展的关键手段。

1. 我国目前的绿地评价指标有哪些不足？可以从哪些方面改进我国目前的绿地评价指标？

2. 你所处地区的公园绿地建设情况如何？对你所生活的地区公园绿地的可达性、服务设施等你有哪些优化建议？

3. 在未来的城市绿地规划中，应该考虑哪些新的维度或评价指标？

7

对城市公共绿地项目投资运营的思考

城市公共绿地作为城市生态系统的重要组成部分，不仅美化了城市环境，提高了居民生活质量，还在调节城市气候、提高空气质量、提供休闲娱乐空间等方面发挥着重要作用。然而，随着城市化进程的不断推进与当下城市绿地功能需求的更新，公共绿地的投融资和运营管理面临着诸多挑战。本章将深入探讨城市公共绿地的投融资问题、投融资模式创新以及基于使用者的运营管理分析方法，以期为城市公共绿地的可持续发展提供理论支持和实践指导。

7.1 城市公共绿地的投融资问题

7.1.1 投融资现状分析

随着我国城市化进程不断加速，城市绿地需求日益增加，然而城市公共绿地项目的发展相对滞后，其中资金问题更是成为制约其发展的关键要素。目前，我国城市公共绿地项目的资金主要依赖于政府财政投入和以政府信用为担保的银行贷款。然而，这种单一的融资模式难以满足不断增长的资金需求，导致公共绿地项目在发展过程中面临诸多挑战。

政府财政投入在城市公共绿地项目中的作用至关重要，尽管每年拨出相当数量的资金用于公共绿地的建设和维护，但这些资金常常不足以满足所有项目的需求。随着城市规模的扩张和人口的迅速增加，公共绿地的需求量显著增长，而政府财政预算却未能同步增长。这导致许多公共绿地项目因资金短缺而无法按计划实施，或者在建设过程中因资金不足而被迫停滞。

依赖政府信用的银行贷款在实际操作中也面临许多限制。银行在提供贷款时需要考虑项目的还款能力和风险评估，然而，由于城市公共绿地项目的非经营性属性，缺乏直接的经济效益，银行通常对这类项目持保守态度，贷款审批程序复杂且严格。这种情况下，即便有政府信用担保，许多公共绿地项目仍然难以获得足够的贷款支持。

此外，城市公共绿地项目通常被视为公共福利性质的基础设施，社会资本对其投资意愿较低。社会资本追求投资回报，而公共绿地项目由于无法通过收费或其他市场化方式产生直接收益，难以吸引社会资本的参与。缺乏多元化的资金来源使得公共绿地项目的融资渠道狭窄，资金风险集中在政府财政和银行贷款上，一旦这两个渠道出现问题，项目资金链就可能断裂，导致项目进展受阻。

现有的公共绿地投融资模式缺乏长远规划和统筹安排，导致一些公共绿地项目在资金使用和分配上存在不合理现象。例如，部分项目在前期投入大量资金进行建设，但后期维护资金不足，导致绿地逐渐荒废，无法持续发挥其生态和社会功能。这种投融资管理不善，不仅浪费了宝贵的财政资源，也严重影响了公共绿地的长久效益。

政策支持和法律法规的不完善也在一定程度上制约了公共绿地投融资的发展。尽管政府出台了一些鼓励社会资本参与公共基础设施建设的政策，但在实际操作中，许多政策缺乏细化的实施细则和配套措施，难以真正落地。同时，关于公共绿地投融资的法律法规也不够健全，缺乏明确的操作规范和法律保障，导致社会资本在投资公共绿地项目时存在诸多顾虑和不确定性。

7.1.2 非经营性属性对投融资的影响

城市公共绿地项目由于其非经营性属性，在投融资过程中面临着巨大的困难。按照现金流生成及其特性，城市基础设施分为经营性、准经营性和非经营性三类。其中，城市公共绿地项目属于非经营性范畴。这类设施在微观层面仅呈现现金流出，缺乏现金流入，项目本身无直接经济收益，也难以通过收费模式实现市场化运营。

非经营性的特征使得城市公共绿地项目在融资过程中遇到诸多障碍。项目本身无法产生足够的现金流来吸引社会资本的参与。社会资本通常追求投资回报，而公共绿地项目由于缺乏直接的经济效益，难以通过传统的市场化方式进行融资。银行等金融机构在贷款时面临较大的风险，难以提供足够的金融支持，因为公共绿地项目缺乏还款保障，无法带来可观的经济回报。

这种非经营性的属性不仅增加了融资难度，还限制了项目的投融资能力，制约了项目的发展。缺乏多样化的资金来源，导致许多公共绿地项目在资金链条上存在不稳定性，一旦资金链断裂，项目建设和维护就会受到严重影响。

7.1.3 单一投资主体模式的局限性

目前，我国城市公共绿地项目的资金主要依赖政府财政投入，政府作为单一投资主体的局面亟待改变。由于缺乏经营性收入的支持，社会资本的参与意愿较低，城市公共绿地建设大多由政府独自承担投资。在实际操作中，这类项目的融资渠道受到限制，仅依靠政府财政投入和银行贷款，高度依赖政府的信用。

政府作为单一投资主体的模式存在诸多问题。政府财政投入有限，难以满足城市公共绿地建设和维护的资金需求。随着城市规模的不断扩大，公共绿地的需求量不断增加，而政府财政预算有限，难以在短时间内提供足够的资金支持。单一的融资模式缺乏多元化的资金来源，增加了公共绿地项目的资金风险。一旦政府财政紧张，公共绿地项目的资金链就可能断裂，导致项目停滞不前。

此外，过度依赖政府单一投资主体的模式，缺乏社会资本的参与，导致公共绿地项目在规划、建设和管理上的创新不足。社会资本的引入不仅可以缓解资金压力，还可以带来先进的管理经验和技术，提升项目的整体水平。然而，由于目前的融资模式主要依赖政府，社会资本难以大规模进入这一领域。

7.1.4 多元化投融资模式的需求

为了破解当前城市公共绿地投融资的难题，需要引入多元化的投融资模式，以提高资金使用效率并确保项目的可持续发展。多元化的投融资模式可以包括以下几种。

①公共和私人合作模式：通过引入社会资本，利用公共和私人合作的方式，解决资金短缺问题。社会资本可以通过参与公共绿地的建设和运营，获得相应的投资回报，同时政府也可以通过政策支持和财政补贴，吸引更多社会资本参与。

②创新的金融工具：如资产证券化（ABS）、绿色债券等，是公共绿地项目融资的新途径。这些金融工具可以将未来的现金流转化为当前的资金需求，解决项目初期的资金不足问题。通过将未来的收益预期进行打包和证券化，可以吸引更多的投资者参与公共绿地项目的建设。

③多渠道的政策支持：政府应制定更为详细和可操作的政策，鼓励和支持社会资本参与公共绿地项目的建设和运营。同时，完善相关法律法规，为社会资本的参

与提供法律保障，降低投资风险。借助政策引导和法律保障，可以营造良好的投资环境，吸引更多社会资本进入城市公共绿地领域。

引入多元化的投融资模式，可以有效突破城市公共绿地项目的资金瓶颈，确保项目的顺利实施和可持续发展。这些模式不仅拓宽了资金来源，还提高了项目的运营效率和管理水平，为城市公共绿地的建设和维护提供了坚实的保障。在未来的实践中，应继续探索和优化这些创新模式，推动城市公共绿地的全面发展。

7.2 城市公共绿地的投融资模式创新

随着城市化进程的加速，城市公共绿地的建设和维护需求不断增加。传统的投融资模式已无法满足当前城市公共绿地发展的需求，因此，创新的投融资模式逐渐成为各国探索的方向。本节将详细介绍几种创新的投融资模式，并通过案例分析，探讨这些模式在实际应用中的成效和可行性。

7.2.1 基于政府分期付款的资产证券化模式

资产证券化是一种创新的融资方式，旨在将缺乏流动性但能够在未来产生稳定现金流的资产或资产集合，转化为可以在资本市场上自由流通的证券。通过将这些资产出售给特殊目的载体（SPV），并通过一系列的结构化安排，如信用增级和风险控制，资产证券化实现了将未来的现金流提前变现，从而为项目提供必要的资金支持。这种方式特别适用于城市公共绿地等非经营性基础设施项目，因为这些项目通常难以通过传统的市场化方式直接获得足够的投资。

在城市公共绿地项目的资产证券化中，政府分期付款的模式发挥了关键作用。具体而言，政府通过招标将城市公共绿地项目委托给非政府投资公司，并与之签订分期付款合同。合同规定，政府将在未来的5~10年内，以分期付款的形式将建设款项拨付给投资公司，同时利用财政收入作为担保，以确保投资公司的资金安全。

投资公司在签订合约后，便获得了政府长期应收款权益，此权益体现为分期现金流入，是构成核心资产池的基础。接着，通过将应收款转移至SPV，实现为基础设施建设筹措资金的目标。SPV 通过整合资产，实施信用增级及风险控制措施，将资产池现金流转化为证券化产品。最后，在资本市场上，SPV 发行具有差异化风险收益特征的证券，完成证券化融资流程。

在整个过程中，SPV 不仅扮演着资产管理和证券发行的角色，还通过聘请服务人或受托管理人来收取政府分期付款，并将其作为已发行证券的本息偿付，确保投资者的预期收益得以实现。

政府分期付款的资产证券化模式在城市公共绿地项目融资中具有显著优势。首先，这种模式有效减轻了政府的即期支付压力。通过分期付款，政府可以在短期内将有限的财政资金用于多个基础设施项目的建设，提高了资金的使用效率。其次，这种模式确保了项目的按期完成。由于项目投资公司在建设初期便通过出售应收账款获得了充足的建设资金，资金链条的稳定性显著提高，从而促进了项目的顺利推进。

此外，资产证券化模式还通过将风险分散给资本市场的投资者，降低了政府和投资公司的财务风险。这一模式的创新性在于，它不仅为城市公共绿地项目提供了新的融资渠道，还推动了公共项目的市场化运作，提升了项目的整体管理效率。

芝加哥千禧公园是基于政府分期付款的资产证券化模式的典型成功案例之一，见图 7.1。这是一个集文化、娱乐和自然景观于一体的城市公共绿地，涵盖了 24.5 英亩（约 99 000 平方米）的土地。公园的建设和维护资金来源广泛，包括政府预算拨款、私人捐赠、资产证券化融资等。

（1）公共和私人资金合作

千禧公园的建设得益于公共和私人资金的紧密合作。芝加哥市政府利用预算拨款承担了项目的部分建设资金，同时通过政府分期付款的形式，降低了即时财政支付的压力。私人资金则来自大量的个人捐赠、企业赞助和基金会支持，确保了项目的顺利进行。

（2）资产证券化融资

在千禧公园的资金筹集中，资产证券化融资模式发挥了重要作用。芝加哥市政府通过 SPV 发行债券，将未来来自公园收入和政府分期付款的现金流打包出售给资本市场的投资者。这种融资方式不仅为公园建设提供了充足的资金，还有效分散了风险，使得项目在建设和运营过程中具备了较高的财务稳定性。

图 7.1　芝加哥千禧公园

（图片来源：https://unsplash.com/）

（3）捐赠与赞助的多元化

千禧公园得到了众多个人和企业的捐赠和赞助，其中包括大型跨国公司和当地企业的慷慨支持。这些资金不仅用于公园的设施建设和维护，还为各类文化活动提供了经济支持，进一步提升了公园的吸引力和知名度。通过这种多元化的资金支持模式，千禧公园成功实现了公共空间与文化资源的有机结合。

（4）基金会支持与长效运营

此外，一些慈善基金会也为千禧公园的长效运营提供了资金支持。这些基金会通过直接拨款或资助特定项目的方式，确保了公园的持续发展。基金会的介入不仅为公园提供了经济保障，还通过参与运营管理，提高了公园的管理水平和服务质量。

芝加哥千禧公园的投融资模式，为全球其他城市提供了可借鉴的范例。在城市公共绿地的建设和运营中，基于政府分期付款的资产证券化模式不仅有效缓解了政府的财政压力，还通过多元化的资金来源，确保了项目的可持续性和高效性。未来，这一模式有望在更多的城市基础设施项目中得到推广应用，为城市公共空间的建设提供强有力的资金支持和保障。

7.2.2 “绿地＋地产”的项目自平衡模式

“绿地＋地产”模式作为一种创新的融资与开发方式，通过合理规划城市公共绿地周边或其他区域的经营性土地，适时出让土地以偿还项目贷款，确保项目财务自足与增长。此模式集经营性资产与非营利项目于一体，地产收益可以弥补市政设施投资缺口，将公益项目转化为可操作、自我平衡的综合体系，实现全面开发与有效管理。

“绿地＋地产”模式是一种创新的融资与开发方式，虽然在某些方面与建设-运营-移交（BOT）模式有相似之处，但仍存在显著区别。BOT模式主要针对基础设施项目，“绿地＋地产”模式主要适用于城市公共绿地的开发。其独特之处在于以下几个方面。

土地价值驱动：该模式核心在于利用绿地建设带动周边土地升值，并通过土地增值收益反哺绿地建设与维护。

长期平衡机制：不同于BOT项目通常有固定的特许经营期，“绿地＋地产”模式通过持续的地产开发和运营，为绿地提供长期稳定的资金支持。

综合开发性质：该模式不仅包括公共绿地的建设和运营，还涉及周边地产的开发，形成了一个更为复杂和综合的开发体系。

灵活的收益模式：除了传统的使用费收入，该模式还可通过地产销售、租赁等多种方式获得收益，增加了项目的财务灵活性。

城市功能提升：绿地与地产的协同开发，不仅改善了城市生态环境，还提升了整体城市功能和居民生活质量。

在“绿地＋地产”模式下，政府通常作为项目的启动者，提供启动资金和运营支持。地产开发商通过购买或租赁土地，在城市公共绿地或其周边区域开发住宅、商业或办公楼等地产项目。地产开发商不仅承担了项目的设计、建设和销售，还负责资金募集及相关财务安排。绿地的日常养护、设施管理以及活动运营费用，则通过地产项目的租金收入、销售收益和运营收益来实现。这一模式的核心在于通过绿地的建设带动土地的升值，进而利用土地升值的收益反哺绿地的建设与维护，实现非经营性公共项目与经营性地产项目之间的良性互动。

上海世博园是“绿地 + 地产”项目自平衡模式的典型案例。作为 2010 年上海世界博览会的场址，世博园占地约 5.28 平方千米，以绿地为核心，包含多个主题馆、文化活动区和景观花坛等，见图 7.2。在项目规划之初，上海市政府便采用了“绿地 + 地产”的自平衡模式，通过商业开发和运营，支撑了世博园的绿地建设和长期运营。

图 7.2　上海世博园片区

（图片来源：https://unsplash.com/）

（1）商业开发与绿地建设的结合

在世博园的规划中，政府通过土地出让与商业开发，吸引了大量的投资者和开发商。项目内设置了商业街区、酒店、办公楼等地产项目，不仅为参观世博园的游客提供了便利的服务设施，还吸引了大量的商务活动。这些地产项目出租和销售所产生的收入，成为世博园公共绿地建设和运营的重要资金来源。

（2）收益回归绿地的良性循环

上海世博园在商业开发与绿地建设之间形成了一个自我循环的资金体系。地产项目的收益不仅用于偿还项目贷款和支付运营成本，还直接用于维护和改善世博园的公共绿地。这包括植物的养护、景观设计的优化、设施的维修以及各种文化活动的策划与推广。通过这种方式，世博园实现了地产项目与公共绿地的相互促进，使得公园能够持续运营并提供高品质的公共空间。

上海世博园的成功实践表明，“绿地 + 地产”模式能够在城市公共绿地的建设与运营中发挥重要作用。通过将非经营性绿地项目与高收益的地产项目有机结合，政府和开发商不仅实现了项目的自我平衡和可持续发展，还推动了区域经济的繁荣与城市的现代化进程。

未来，随着城市化进程的不断推进，“绿地 + 地产”模式有望在更多的城市基础设施项目中得到推广应用。通过优化土地资源配置，合理规划公共绿地与地产开发的关系，政府和开发商可以共同推动城市公共空间的高质量发展，为市民创造更加宜居的生活环境。

7.2.3 分块认养模式

城市公共绿地的建设与维护不仅依赖政府的财政支持，还需要动员社会各界的积极参与。分块认养模式作为一种创新的公共绿地管理机制，将大面积的城市公共绿地划分为若干小块，并鼓励机关、团体、企事业单位及个人通过认养的方式参与绿地的建设、管理和养护，既拓展了绿地的资金来源，又提升了社会各界对城市环境建设的责任感和参与度。

在分块认养模式下，政府首先将大面积的城市公共绿地划分为若干适宜认养的小块，这些小块可以根据地理位置、景观特色、面积大小等因素进行划分，以满足不同认养者的需求。认养者通过一定的程序，获得某一块绿地的认养权，并承诺承担该块绿地的建设、管理和养护工作。政府则在政策、技术和资金上给予认养者适当的支持，确保绿地能够得到良好的维护和管理。

认养者的身份可以是个人、家庭、社区、企业或其他社会组织。认养费用的设定以合理和公开为原则，既要考虑绿地养护的实际成本，又要考虑认养者的经济承受能力，确保认养活动具有广泛的参与性。在认养过程中，政府还需要建立信息公开制度，及时披露认养费用的使用情况和绿地的养护成效，确保认养活动的透明度和公信力。

分块认养模式的成功实施，关键在于如何平衡公益性与回报性。公益性是指认养者在承担绿地养护责任的同时，不追求直接的经济利益，而是以社会责任感为驱动力，为城市环境建设贡献力量。然而，为了确保认养活动的可持续性，适度的回报性也是必要的。政府可以通过命名权、广告权、荣誉证书等形式，给予认养者一定的回报，提高其参与的积极性。

例如，认养者可以在认养绿地内设立标识牌，注明认养者的名称和贡献情况，提升认养者的社会知名度和荣誉感。此外，政府还可以组织年度评选活动，对表现突出的认养者进行表彰，并通过媒体广泛宣传其事迹，进一步激发社会各界参与绿地认养的热情。

认养费用的合理性与透明性是分块认养模式健康发展的重要保障。政府在制定认养费用时，应充分考虑市场供求规律和社会公共利益，确保费用标准既能覆盖绿地的养护成本，又能吸引更多的社会力量参与认养。同时，政府还应建立健全的信息公开制度，及时公布认养产品的供求信息、认养资金的营运情况以及绿地的养护效果，确保认养者的资金使用得到有效监督。

通过信息公开，认养者可以清晰了解其投入资金的去向和绿地的养护状况，增强对认养活动的信心和责任感。信息公开还可以促进社会各界对认养活动的监督，确保绿地的养护质量，提升公共绿地的整体管理水平。

为了进一步激发社会各界参与绿地认养的积极性，政府应逐步建立城市公共绿地认养权交易体系。此策略旨在转变对公共资源无偿、非市场化属性的传统观念，推动公共绿地认养权的长期可持续发展。

在认养权交易市场中，参与主体借助市场机制获取与转售绿地认养权，以优化资源分配。为确保市场的稳定与扩展，政府须建立包括定价机制、信息披露制度、市场监管制度以及认养权的证券化等的规范体系，确保市场的规范运行和健康发展。

通过逐步建立经济、咨询、公证等配套服务体系，政府可以为绿地认养权交易市场的培育和运行提供有力支持，推动认养权市场向规范化、透明化和可持续化方向发展。这不仅有助于缓解政府财政压力，还能调动社会资本，提升城市公共绿地的管理水平和服务质量。

北京市早在 1998 年便开始探索绿地认养活动。在北京市政府转发的《关于在全市开展绿地认养活动的意见》中，明确提出了发动社会力量参与绿地管护的长效机制。

随着政策的推进，许多机关、企事业单位和个人积极响应，参与到绿地认养活动中。

然而，实践中也暴露出一些问题，如绿地认养热情不均、认养费用高昂、绿地管理效果参差不齐等。为了解决这些问题，北京市逐步推进了分块认养模式的实施。通过将大面积绿地划分为多个小块，降低了认养费用的门槛，吸引了更多的民众参与。与此同时，北京市还加强了信息公开和市场培育，逐步建立起了较为完善的绿地认养权交易市场，为其他城市提供了宝贵的经验。

北京绿地认养活动的经验表明，分块认养模式不仅能够有效调动社会力量参与绿地建设和管理，还可以通过市场化手段提高公共绿地的管理水平和服务质量。未来，随着城市化进程的不断推进，这一模式有望在更多的城市得到推广和应用，为城市公共绿地的可持续发展提供有力支持。

通过创新绿地认养机制，合理平衡公益性与回报性，政府可以有效整合社会资源，实现公共绿地的多元化管理和可持续发展。同时，随着认养权交易市场的逐步培育与完善，城市公共绿地的建设与管理将进入一个新的阶段，为市民提供更优质的生态服务和公共空间。

7.2.4 其他创新模式

在城市公共绿地的投资与运营中，创新的融资模式不仅能为城市建设提供稳定的资金来源，还能有效提升公共服务的质量和扩大覆盖范围。除了前述的分期付款和分块认养模式，影子收费和市政债券发行也为城市公共绿地项目的投融资提供了新的思路和路径。

影子收费作为一种间接的收费模式，是通过政府而非直接用户来支付城市公共绿地的服务费用。这种模式特别适用于没有“显式”收入的城市非经营性基础设施项目，如公共绿地、广场等开放空间。这些场所因其公共性质和开放性特点，很难直接向使用者收取费用，也无法有效测量其服务量。因此，影子收费通过代理指标来间接反映其提供的服务，并根据这些指标来计算应支付的费用。在实际操作中，影子收费模式的核心在于选择合适的代理指标来衡量公共绿地的使用和价值。例如，城市人口、城市面积、城市税收总额、国内生产总值等都可以作为代理指标，用于反映城市公共绿地对整体城市环境和居民生活质量的贡献。通过对这些指标的深入分析，政府可以制定相应的影子收费标准，并通过财政预算来支付相应费用，确保城市公共绿地的长期维护和运营。这种模式的优势在于，它能够通过对政府资金的合理调配，确保公共绿地项目的可持续发展，并且在不直接向居民收取费用的情况下，维持高水平的公共服务。此外，影子收费还可以与其他融资模式结合使用，形成多元化的资金来源，进一步减少政府的财政压力。

市政债券是一种由地方政府发行的有价证券，用于筹集资金以支持城市公共设施的建设与发展。在西方发达国家，市政债券已成为一种成熟且被广泛使用的融资工具，帮助城市在基础设施建设中获得了大量的资金支持。通过市政债券的发行，地方政府能够以较低的利率借入资金，进而将其投资于长期的城市发展项目，如公共绿地建设、交通设施改善等。在中国，市政债券的发展历程相对较短，但近年来已逐步走向规范和完善。尤其是在 2008 年金融危机后，为应对经济下滑，国务院批准地方政府发行地方债券，以缓解地方政府在公益性项目上的资金压力。这一举措为市政债券的发展铺平了道路，之后上海、浙江、广东等地先后开展了地方政府自行发债的试点工作。市政债券的优势在于其较长的偿还期限和较低的融资成本，这使得地方政府能够在不增加短期财政负担的情况下，获得大规模的资金支持，用于城市公共绿地等基础设施的建设。与此同时，市政债券的发行还可以增强地方政府的财政自主性，使其能够根据本地需求，灵活地规划和实施公共项目。实现这些投融资创新模式的关键在于以下几个方面。

①投资行为的透明化：非经营性城市基础设施工程项目的大部分资金来源于税收，政府的投资行为从某种意义上说是为公民代理的行为。因此，公民有权要求政府的投资行为透明化。投资行为的透明化不仅是社会公众的合理诉求，也是提高政府公信力的重要手段。

②接受社会监督：投资透明化的目的是对资金使用进行监督，同时监督项目的功能表现。如果代理人未能提供令人满意的基础设施产品，公民有权要求进行改革，以适应其生产、生活的需求。这一过程既是对政府行为的监督，也是公众参与城市管理的重要体现。

③注重前期研究：城市基础设施具有超前性、系统性和社会效益性等特征，项目前期的研究工作至关重要。前期研究应包括对社会需求的评估、原有基础设施的

利用情况、新项目的负面影响及其应对措施等。前期研究的充分性直接决定了项目的科学性和可行性。

④进行项目后评价：非经营性城市基础设施项目的多样性要求对实施后的每个项目进行详细的后评价和工程资料的归档。这些数据和经验总结不仅能指导后续项目的实施，也为相关政府职能部门制定政策提供重要参考。

⑤全寿命周期成本管理：在城市基础设施项目的建设过程中，既要关注建造成本，也要考虑运营成本和闲置成本。全寿命周期成本管理不仅能节约财政资金，还能提高公共设施的利用效率，是实现投融资创新的重要保障。

通过影子收费和市政债券发行等创新模式，可以有效突破城市公共绿地项目的资金瓶颈，确保项目的顺利实施和可持续发展。

7.3 城市公共绿地的运营管理研究分析

随着城市化进程的加快，城市公共绿地的运营管理面临着越来越多的挑战和机遇。如何通过科学的管理方法和先进的技术手段提升绿地的使用效率，满足使用者多样化的需求，已经成为城市规划和管理的重要课题。本节将从使用者需求与行为研究、数字化运营与智慧管理，以及智慧运营管理案例分析三个方面，系统探讨城市公共绿地的运营管理策略，并通过对前海桂湾公园的深入分析，展现智慧公园建设的前沿实践。

7.3.1 使用者需求与行为研究

城市公共绿地的运营管理首先需要深刻了解使用者的需求与行为模式。进行精准的使用群体细分和需求调研，可以识别出不同群体的核心需求，并根据这些需求优化绿地的设施和服务。本节将介绍如何通过数据分析、行为观察等方法，深入研究使用者的行为模式，进而提升绿地的使用效率和用户满意度。

（1）**使用群体细分与需求调研**

城市公共绿地的使用群体多样，涵盖了家庭、老年人、青少年、健身爱好者等不同群体。每个群体都有其独特的需求和行为模式，见图 7.3。例如，家庭群体通常关注绿地中的儿童游乐设施和安全性，老年人则更倾向于选择安静、舒适的区域进行休憩，而青少年和健身爱好者则更关注运动设施和开放空间的利用率。为了更好地服务不同的使用群体，需要通过详细的调研来了解他们的需求和偏好，见图 7.4。常用的调研方法包括问卷调查、深度访谈、焦点小组讨论等，这些方法能够提供详实的第一手数据，帮助规划者和管理者精准把握每个群体的使用需求。

（2）**数据驱动的设施与服务优化**

在现代城市管理中，数据分析已成为优化城市公共绿地设施和服务的关键手段。对使用者行为数据进行收集和分析，可以识别出绿地中高频使用的区域和设施，以及使用者对不同区域和设施的满意度。例如，通过对公园内游客流量、停留时间、活动路径等数据的分析，可以发现哪些区域的设施不足，哪些区域的绿地利用率较低，从而进行针对性的设施增设或服务调整。此外，结合使用者的反馈，管理者可以适时调整绿地的运营策略，如增加休憩区的座椅数量，增强绿地的可达性，提升绿地整体的使用体验。

图 7.3　使用群体的需求

（图片来源：参考文献 [62]）

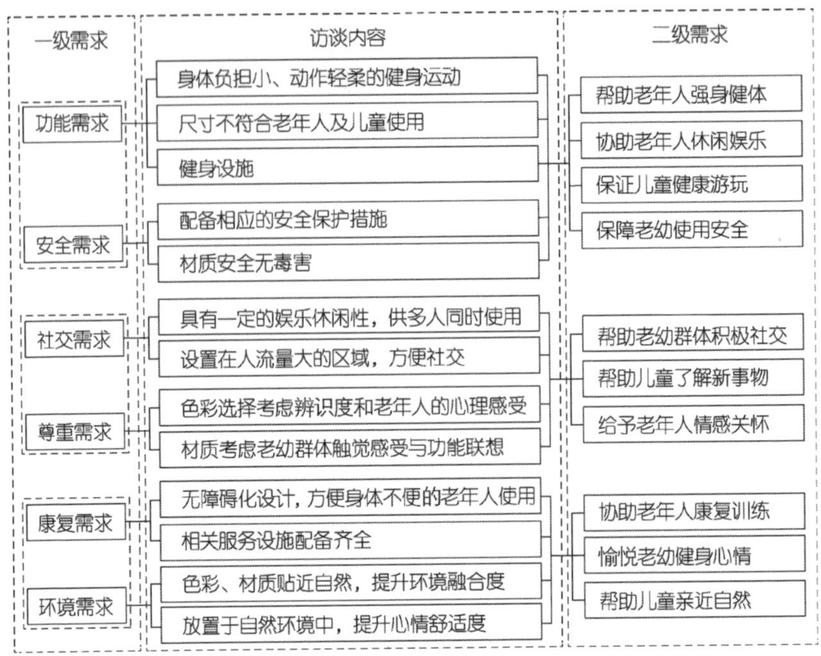

图 7.4　使用群体需求的调研内容

（图片来源：参考文献[62]）

（3）参与式管理与社区互动

城市公共绿地的管理不仅需要依赖专业的管理团队，还应充分调动使用者的积极性，推动参与式管理。建立有效的社区互动机制，如组织定期的用户代表会议、收集公众反馈意见、举办社区活动等，可以增强使用者对绿地管理的认同感和参与感。参与式管理与社区互动流程见图 7.5。参与式管理不仅有助于提高公共绿地的运营效率，还能增强社区凝聚力，使绿地真正成为居民共享的公共空间。此外，社区互动还能帮助管理者及时了解使用者的需求变化，确保绿地管理与使用者需求同步调整，发挥更高的管理效能。

7.3.2　数字化运营与智慧管理

随着科技的发展，城市公共绿地的管理也逐渐向数字化和智慧化转变。通过搭建智慧管理平台，管理者可以实时监控和优化绿地的运营情况，从而提高管理效率，降低运营成本。本节将探讨智慧公园建设中的关键技术应用，并分析这些技术如何提升绿地的管理效能和用户体验。

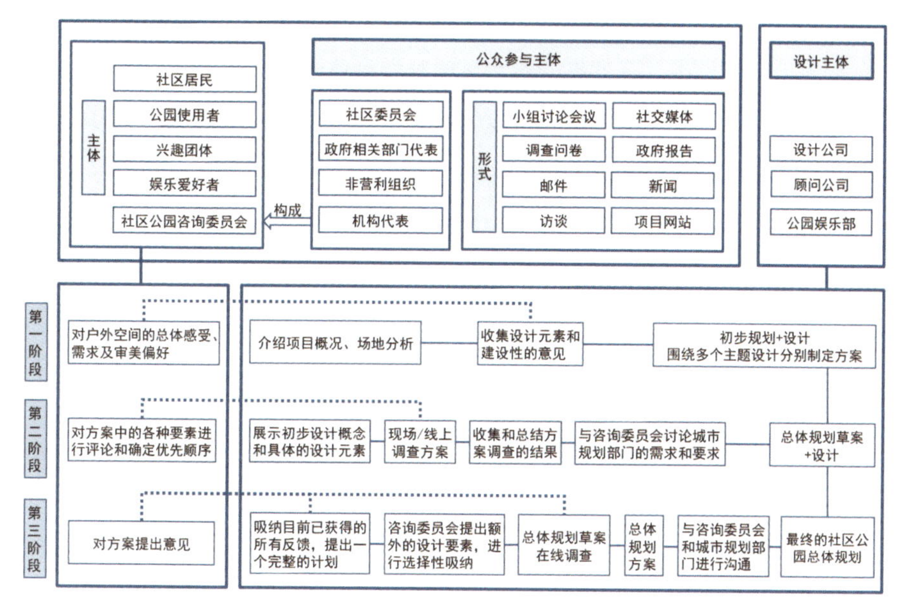

图 7.5　参与式管理与社区互动流程

（图片来源：参考文献 [63]）

（1）智慧管理平台的构建与应用

随着数字化技术的飞速发展，智慧管理已成为现代城市公共绿地运营的重要趋势。通过搭建智慧管理平台，管理者可以实现对绿地的全方位、全天候监控和管理，见图 7.6。例如，通过实时客流量监测系统，管理者可以了解每日的游客数量及其分布情况，从而做出相应的管理决策。此外，智慧管理平台还可以集成视频监控、环境监测、设备管理等多种功能，实现对绿地管理的全面数字化。这种平台化的管理模式，不仅提升了管理效率，还减少了人力成本，使得公共绿地的管理更加智能化和高效化。

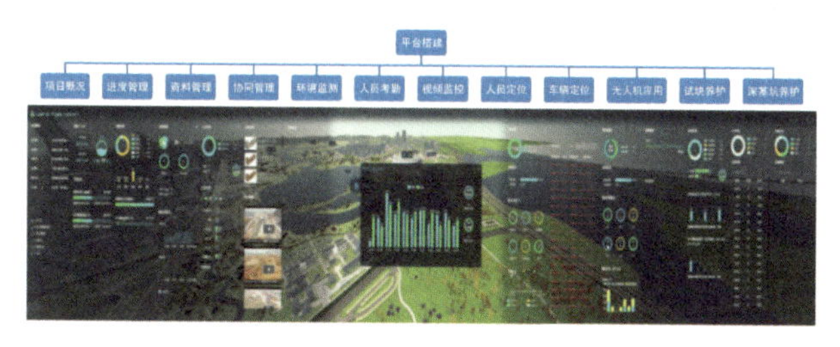

图 7.6　智慧管理平台的搭建

（图片来源：参考文献 [64]）

（2）多业态融合的智慧服务

在智慧公园建设中，多业态的融合是提升游客体验和绿地使用率的重要手段。通过智慧管理平台，公园可以提供涵盖“游前、游中、游后”的一站式服务体系，如在线预约、智能导览、智慧停车等服务，见图 7.7。这些服务不仅能够方便游客游园，还能够通过多样化的服务项目，如创意手绘地图、虚拟现实导览等，增加游客与公园的互动。此外，多业态融合的智慧服务还能够推动公园周边经济的发展，通过整合吃住行游购娱等产业链，构建一个完善的公园生态圈，实现多方共赢。

图 7.7　智慧交通服务

（图片来源：参考文献 [65]）

（3）营销创新与二次消费激励

数字化平台的应用，不仅可以提升绿地管理的效率，还为公园的营销和二次消费提供了新的机遇。通过线上线下联动的方式，如线上游戏与线下消费结合的增强现实（AR）互动营销，公园可以有效延长游客的停留时间，提升游客的活跃度。同时，智慧零售、会员体系的构建，也为公园内的二次消费提供了便利，如游客可以通过扫码购买商品、在线充值会员卡等。这种数字化营销模式，不仅提高了公园的经济效益，还提升了游客的满意度，推动了公园的持续发展。

7.3.3　智慧运营管理案例分析

前海桂湾公园位于深圳市前海合作区内，是一个典型的智慧公园运营管理的成功案例。公园的智慧管理实践展示了如何通过先进的技术手段，实现城市公共绿地的高效运营和精细化管理。

（1）基于 BIM+AIoT 的智慧管理体系

前海桂湾公园的智慧管理平台基于建筑信息模型（BIM）与人工智能物联网（AIoT）的融合应用。通过 BIM 技术，公园内的所有设施和设备都被数字化，并整合到一个统一的管理平台上，见图 7.8。这不仅使得公园的运营管理更加高效，还为管理者提供了一个直观的三维视角，帮助他们更好地了解和管理园区内的各种元素。例如，通过 BIM 模型的轻量化处理，管理者可以实时监控公园内的机电设施、管线、城市家具等，并进行快速维护和管理。

AIoT 技术的应用则进一步提升了公园的智能化管理水平。通过物联网传感器，公园能够实时监测空气质量、水环境、植被健康等生态指标，并根据这些数据进行动态调整。例如，在检测到空气质量下降时，系统可以自动触发相应的措施，如增加喷雾降尘或调整园区内的绿化养护策略。这种基于数据驱动的管理方式，显著提升了公园的生态保护能力和运营效率。

（2）智慧生态系统的建设与应用

前海桂湾公园在智慧生态系统的建设中，充分利用了 5G 技术和物联网技术，打造了一个集管理、保护、观赏和服务于一体的智慧园林系统。通过空气质量监测、

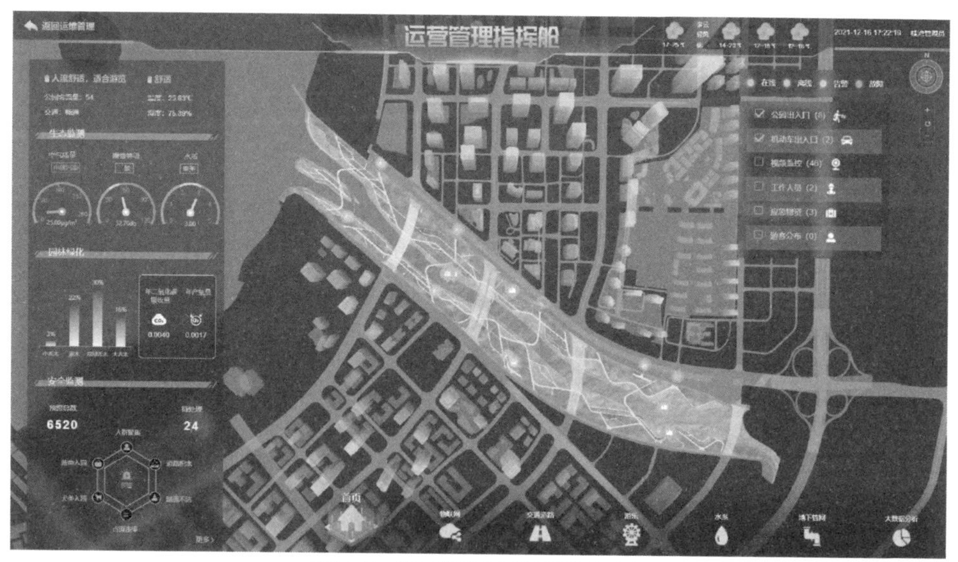

图 7.8　前海桂湾公园智慧管理平台

（图片来源：参考文献 [66]）

噪声监控、水环境检测等多项技术手段，公园的管理者可以实时掌握公园内的生态状况，及时采取措施应对环境问题。这种智慧生态系统不仅保障了公园的生态平衡，还为游客提供了一个更为舒适的游园环境。

（3）应急管理与智能预警的融合应用

应急管理是前海桂湾公园智慧管理的重要组成部分。公园通过视频 AI 识别技术、智能预警系统，实现了对各种突发事件的快速响应。无论是公园内的人员密集区域出现的安全隐患，还是自然灾害带来的环境威胁，智能预警系统都能在第一时间发出警报，并联动相关部门进行应急处理。通过三维 GIS 地图，管理者可以直观地看到事故现场的情况，迅速调度资源进行救援。这一系统的应用，显著提高了公园应对突发事件的能力，保障了游客的安全。

（4）用户体验与智慧服务的提升

在用户体验方面，前海桂湾公园的智慧服务体系为游客提供了全方位的便捷体验。游客可以通过公园的智能导览系统获取景点信息，规划个性化的游览路线。智慧停车系统则让游客能够快速找到停车位，并通过无感支付技术实现便捷停车。此外，公园还开发了虚拟现实（VR）导览、拍照识花等互动性强的智慧应用，使游客能够更为深入地了解公园的自然景观与文化内涵，提升了公园的吸引力以及游客的满意度。

前海桂湾公园的成功经验表明，智慧管理不仅是提升公园运营效率的有效手段，也是满足使用者多样化需求的重要途径。随着技术的不断进步，智慧公园的建设将进一步向个性化、智能化方向发展。通过大数据分析、人工智能应用，公园的管理者可以更精准地预测和响应使用者的需求，提供定制化的服务。同时，智慧公园的运营模式将逐渐从单一的管理模式向多元化生态系统转变，构建一个更为开放和互动的城市公共空间。

在未来的城市公共绿地运营管理中，智慧管理将继续发展，并与其他技术手段进一步融合。通过不断优化和创新，智慧管理将使城市公共绿地的运营效率、服务质量和使用体验有新的提升。同时，前海桂湾公园的实践也为其他城市提供了一个可借鉴的范例，推动智慧管理在更广泛的城市公共绿地中得到应用和推广。

问题讨论

1. 你认为公园的管理和运营应该注重哪些方面？如何结合新技术发展？

2. 你认为智慧公园目前还存在哪些建设问题？如何优化？

8

GIS 与大数据在城市公共绿地规划中的融合应用

8.1　GIS 与大数据在绿地规划中的研究进展

8.1.1　GIS 与大数据的概念演进

地理信息系统和大数据技术在城市公共绿地规划与设计领域的应用，经历了一个漫长而复杂的演进过程。这一过程不仅反映了技术的进步，也体现了人们对城市空间认知和管理方式的深刻变革。

GIS 作为处理地理数据的输入、输出、管理、查询、分析和辅助决策的计算机系统，其发展历程可以追溯到 20 世纪中期[67]。最初，GIS 主要用于静态空间数据的管理和可视化，其功能相对简单，主要支持二维地图的制作和基本的空间查询。在这一阶段，GIS 更多地被看作一种数字化制图工具，其在城市绿地规划中的应用局限于绘制绿地分布图和开展简单的面积统计。

随着计算机技术的快速发展和地理信息科学理论的不断完善，GIS 逐步从静态向动态、从二维向多维方向演进。三维 GIS 技术的兴起使得规划者能够更直观地模拟和分析城市绿地的空间结构。这一进步极大地提高了绿地规划的精确度和可视化程度，使得复杂的地形条件和景观设计能够被更好地呈现和评估。

进入 21 世纪，GIS 的发展进入了一个新的阶段。时空 GIS 的概念被提出并逐步实现，这使得规划者能够从时间维度分析绿地系统的动态变化。近年来，GIS 正在向智能化和云计算方向发展。人工智能技术的融入使得 GIS 具备了自动化数据处理和深度分析的能力，并开始被运用到地形分析、土地管理、网络分析等众多领域，见图 8.1。

与 GIS 技术的演进相呼应，大数据概念的兴起为城市绿地研究带来了新的机遇和挑战。大数据的核心特征可以概括为“5V”：体量（volume）、速度（velocity）、多样性（variety）、真实性（veracity）、价值（value）。这些特征在绿地规划中的具体体现如下。

体量：随着遥感技术的进步和物联网的普及，人们能够获取的绿地相关数据量呈指数级增长。高分辨率卫星影像、无人机航拍数据、地面传感器网络等多源数据的整合，为全面掌握城市绿地系统状况提供了前所未有的数据基础。

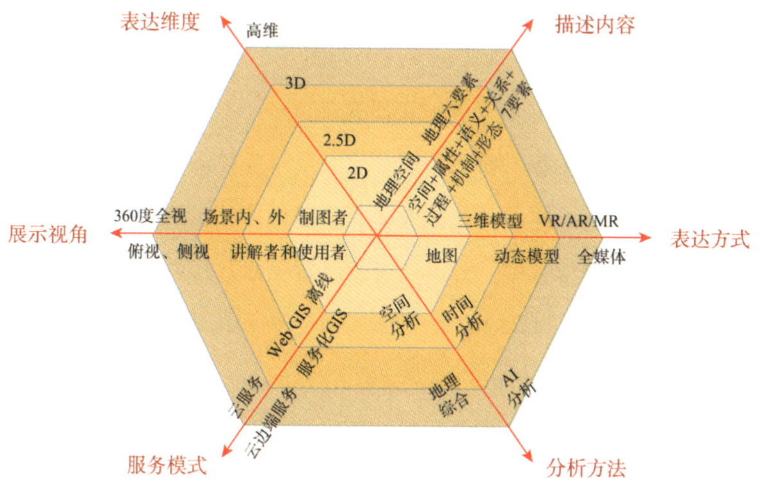

图 8.1　GIS 的发展历程与应用

（图片来源：参考文献 [67]）

速度：实时数据采集和处理技术的发展使得人们能够及时捕捉绿地系统的动态变化。例如，通过分析实时的气象数据和植被生长数据，城市园林管理者可以快速了解极端天气事件对绿地的影响，制定应急管理措施。

多样性：大数据时代的一个显著特征是数据类型的多样化。除了传统的空间数据，社交媒体数据、移动定位数据、环境监测数据等新型数据的引入，使得人们能够从多个维度了解绿地系统的结构和功能，以及人与绿地的互动关系。

真实性：大数据的一个潜在问题是数据质量的不确定性。在绿地研究中，如何保证数据的准确性和可靠性，如何处理数据缺失和噪声问题，都是需要深入研究的课题。

价值：海量数据中蕴含着巨大的价值，但如何从繁杂的数据中提取有用信息是一个挑战。在绿地规划中，通过数据挖掘和机器学习技术，人们可以发现潜在的空间模式和关联规律，为科学决策提供支持。

8.1.2　数据驱动下的城市公共绿地研究方向

如今，数据驱动的城市绿地规划新范式正在重塑传统的规划理论和方法，为解决日益复杂的城市生态问题提供了新的思路。这一范式的核心在于利用大数据和先进分析技术，深化对城市绿地系统的认知，提高规划决策的科学性和精确度。具体而言，现有的研究范式主要体现在以下几个方面。

（1）基于实时活动采集的个人轨迹研究

传统的绿地规划往往基于静态数据，难以及时反映城市绿地系统的动态变化。近年来，随着手机应用程序以及在线地图等设备程序的发展，众包地理数据逐渐兴起，它鼓励公众积极参与其中，分享自身的位置信息、照片以及观察所得。这一趋势不仅推动了实时大数据的高效收集，还揭示了公众对绿地的真实情感和实际需求，为绿地规划带来了更具实践价值的数据支撑。

借助传感器、摄像头等设备所采集的随时间变化的数据等，结合大数据与 GIS 能够精准地统计不同时段的人流量以及区域使用频率差异，见图 8.2。这使得管理者能够及时发现客流高峰和低谷，提前做好应对措施，如合理调配人力资源、优化景区设施的开放时间等，以提高游客的游览体验。

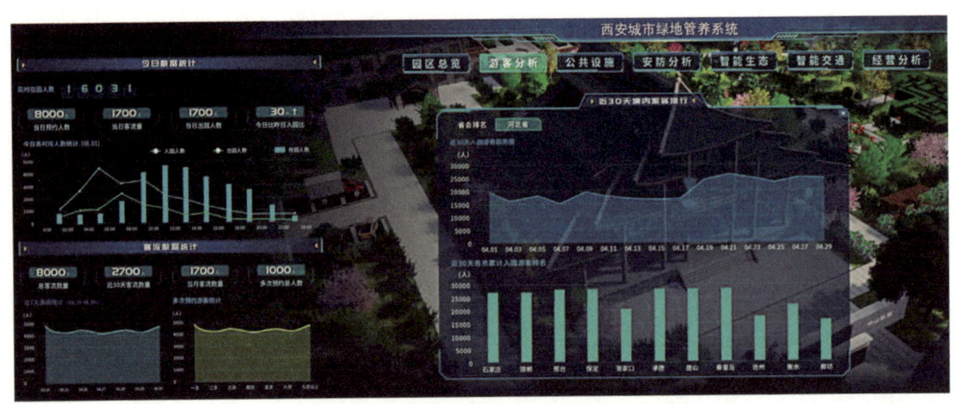

图 8.2　智慧平台的游客分析示意

（图片来源：参考文献 [68]）

（2）基于游客感知反馈的绿地体验研究

随着信息技术的迅速发展，以游客感知为核心的多元化城市绿地体验已成为研究的热点趋势。借助公众参与式地理信息系统、社交媒体反馈及在线游记的综合运用，研究能深入了解游客在绿地中的体验及其个性化需求。这种方法能够高效收集大量用户数据，从多角度揭示实际体验与期望之间的差异，从而为城市绿地的规划与决策提供科学依据。此外，社交媒体平台上产生的大量互联网数据，如微博、微信公众号中的用户评论、帖子和博客文章等，可以深度展示公众对绿地的多元认知、反馈与实际需求。尖端技术如自然语言处理和图像识别，能帮助规划师深入解析数据，提取满意度、设施偏好和活动意向等关键信息，揭示用户即时喜好，推动绿地优化评估[47]。

案例：使用者行为视角的城市公园场景优化研究

深圳作为现代化大都市之一，拥有多个知名的城市公园，如深圳湾公园、莲花山公园和洪湖公园。为了解使用者在这些公园中的休憩场景配置需求，研究采用了实地调研、社交媒体数据挖掘等多种方法，构建了基于场景的公园使用模式。

对深圳湾公园、莲花山公园和洪湖公园的使用场景进行分析，发现不同的城市公园场景使用模式存在差异。深圳湾公园最具吸引力的场景主要分布在北部的滨海公园、步道、中部的开阔草坪及西部的健身娱乐区。莲花山公园最具吸引力的场景主要分布在中部的山顶公园、西部的自然景观区、文化历史区和休闲活动区。洪湖公园最具吸引力的场景主要分布在北部广场、中部的湖心广场、东部的景观区。从社交媒体数据上看，提及频率最高的前 10 项活动和实际调研情况仅有轻微差异[69]，见图 8.3。

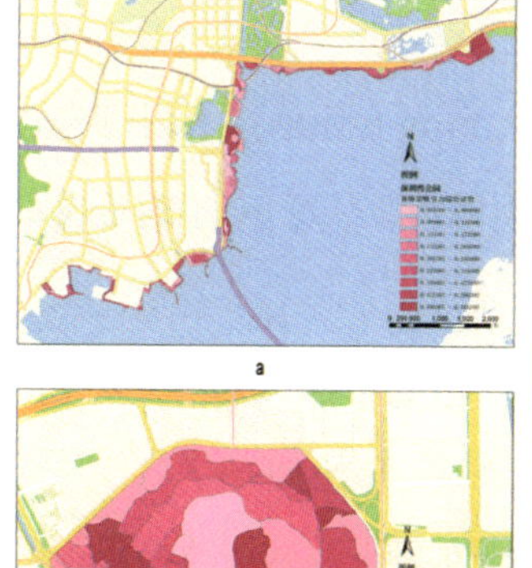

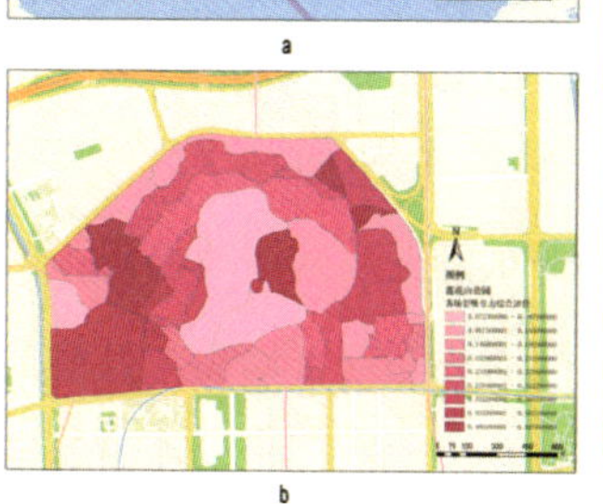

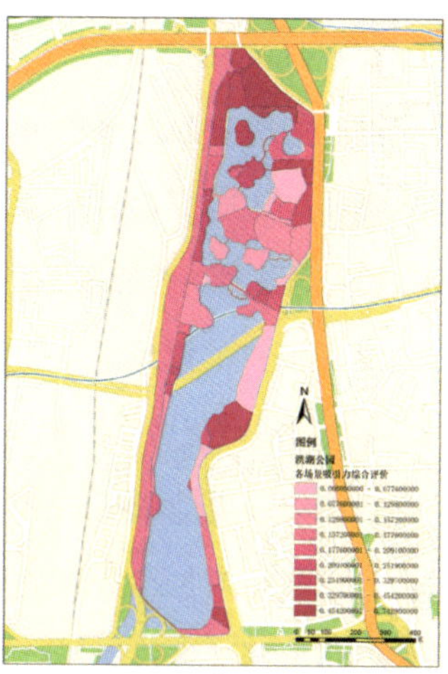

表3 社交媒体活动内容

公园	提及频率最高的前10项活动
深圳湾公园	看海、观日出日落、摄影、吹风、观鸟、野餐、露营、打卡、散步、骑行
莲花山公园	放风筝、散步、摄影、赏花、爬山、野餐、灯光秀、露营、跑步、相亲
洪湖公园	赏花、摄影、散步、赏叶、钓鱼、跑步、观鸟、露营、野餐、儿童游乐

图 8.3　社交媒体中提及的活动频率情况
（a. 深圳湾公园；b. 莲花山公园；c. 洪湖公园）
（图片来源：参考文献 [69]）

在另一项研究中，通过游客感知的反馈验证了智慧公园期望的五个维度（智慧导航系统、互动景观功能、智慧健身设施、智慧科普推广系统、智慧服务设施）对公园游客停留意愿的影响差异[70]。其中，游客在使用智慧公园时对景观互动物体的满意度最高，说明景观互动设施的使用最有利于增强游客继续使用公园的意愿。这一发现为智慧园区的设施规划和资源分配提供了重要指导。

这些发现深度探究了游客体验与核心需求，强化了城市公共绿地设计规划的理论根基。研究结合 PPGIS、社交媒体分析及现场调查等多种方法，全面解析游客活动与喜好。此工作深化了对游客群体行为特征的了解，显著提升了公园规划、设计与管理决策的精准度与效率。

（3）基于局域历史演变的城市格局研究

了解绿地系统的历史演变过程和当前城市格局，是制定前瞻性规划的关键。GIS 和大数据技术为这一分析提供了强大支持。通过分析长时间序列的遥感影像数据，人们可以重建城市绿地系统的历史变迁过程。这种分析可以揭示绿地变化的主要驱动因素，如城市扩张、政策变化等，为预测未来变化趋势提供依据。例如，通过对比分析多年来的 Landsat 影像数据，研究者可以追踪城市绿地格局的演变过程，识别关键的变化节点和影响因素，为未来的绿地规划提供历史借鉴。

案例：厦门城市建设用地景观格局演变

在探究城市建设用地景观格局的历史演变过程中，GIS 结合遥感技术为研究者提供了前所未有的分析能力。厦门市作为快速发展的沿海城市，其近 30 年的建设用地景观格局演变研究为了解城市空间发展动态提供了重要信息。

研究采用 1986—2013 年 7 个时间点的遥感影像数据，通过 GIS 技术提取了包括城镇、农村居民点和独立工矿在内的建设用地景观类型。借助 Fragstats 3.3 软件计算景观指数，系统性地探讨了厦门市建设用地景观的空间分布特征及其演变趋势。研究发现，厦门市建设用地景观呈现快速增长态势，空间格局逐渐趋于均衡。其中，城镇景观以中心区为核心呈现连片发展；农村居民点景观变化相对稳定，在局部地区形成聚集；独立工矿景观指数波动明显[70]，见图 8.4。

这项研究通过遥感和 GIS 技术的应用，不仅实现了长时间序列空间数据的整合和分析，还为深入了解城市建设用地景观格局的历史演变提供了科学依据。通过对厦门市建设用地景观格局演变的剖析，研究揭示了城市化进程中建设用地空间分布的动态变化特征，为城市规划与土地管理提供了有价值的参考，展示了遥感和 GIS 技术在城市历史格局研究中的重要作用。

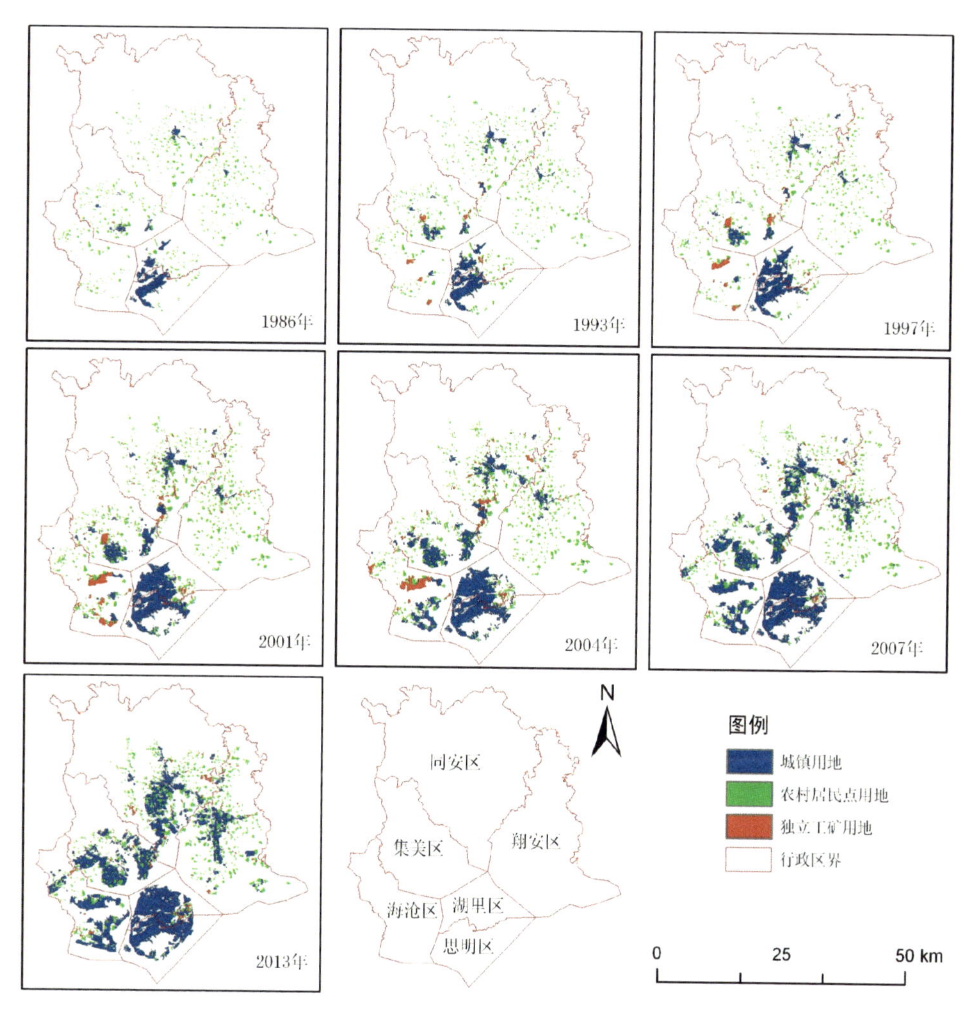

图 8.4　1986—2013 年厦门市建设用地景观空间分布

（图片来源：参考文献 [70]）

8.2 GIS 与大数据在绿地规划全生命周期中的应用

8.2.1 数据采集与多源整合

在基于 GIS 与大数据的绿地规划全生命周期应用中，数据采集与多源整合是至关重要的基础环节。这一过程不仅决定了后续分析的质量和深度，也直接影响了规划决策的科学性和准确性。随着技术的进步，数据采集的方式日益多样化，数据类型也更加丰富，这为全面、深入地了解城市绿地系统提供了前所未有的机会。

（1）多源空间数据的获取与处理

城市绿地规划涉及多种空间数据，包括但不限于遥感影像、航空摄影、激光雷达（LiDAR）数据、地形图等。这些数据的获取方式和处理流程各不相同，需要有针对性的技术和方法。

遥感影像是常用的空间数据之一。高分辨率卫星影像（如 WorldView、GeoEye 等）可以提供精细的地表覆盖信息，而多光谱和高光谱遥感数据则可以用于植物健康状况评估和物种分类。在数据处理方面，需要进行辐射校正、大气校正、几何校正等预处理，然后使用影像分类、植被指数计算等方法提取有用信息。

激光雷达数据近年来得到广泛应用，特别是在城市三维绿地结构分析方面。通过处理 LiDAR 点云数据，人们可以获得高精度的数字表面模型（DSM）和数字高程模型（DEM），进而计算植被高度、冠层结构等关键参数。这些信息对评估绿地的生态功能（如碳储存、降温效果）至关重要。

（2）社交媒体和传感器数据的融合

除了传统的空间数据，社交媒体数据和物联网传感器数据的引入为绿地规划带来了新的视角。这些数据可以帮助人们更好地了解人与绿地之间的互动关系，以及绿地的实时环境状况。

社交媒体（如微博、小红书等）数据包含了大量与绿地使用相关的信息。通过文本挖掘和情感分析技术，规划师可以从这些数据中提取公众对绿地的感知、评价和需求。例如，通过分析与特定公园相关的微博内容，规划师可以了解公众对公园设施、景观设计的满意度，以及不同季节、不同时间段的使用偏好。

物联网传感器网络则可以提供绿地的实时环境数据。例如，通过在绿地中部署温湿度传感器、空气质量传感器，城市管理者可以实时监测绿地的微气候变化和空气净化效果。这些数据在评估绿地的生态效益和指导精细化管理方面具有重要价值。

（3）实时个人轨迹与行为数据分析

移动互联网时代，个人轨迹数据成为了解绿地使用行为的重要数据。这类数据主要来源于智能手机的 GPS 定位、移动运营商的基站数据，以及各类运动和健康 APP。

基于用户访问百度产品（如地图、搜索、天气、音乐等）时的位置信息，人们可以统计不同区域内的人口活动数量，其经过密度分析处理后可在百度地图上可视化。兴趣点（POI）是基于位置服务的最核心的数据，每个 POI 包含名称、类别、坐标和地址等四个方面的信息。随着各类以空间信息为基础的应用的不断增多，围绕 POI 能够获得的相关信息也越来越多，如旅游景点的定位拍照、商店的购物点评等。在城市规划等领域的研究中，POI 数据可以反映城市中人群的活动分布与活动强度，有助于对城市绿地系统规划中的公园规划进行评价与布局优化。

利用 POI 数据，人们可以得到绿地访问的时空模式、停留时间、活动范围等关键信息，进而建立生态系统文化服务感知点评价体系，见图 8.5。分析大量用户在公园内的移动轨迹，可以识别出热点区域和冷僻区域，为公园设施布局优化提供依据。行为数据分析则更进一步，不仅关注位置信息，还结合个体的属性和活动类型。例如，

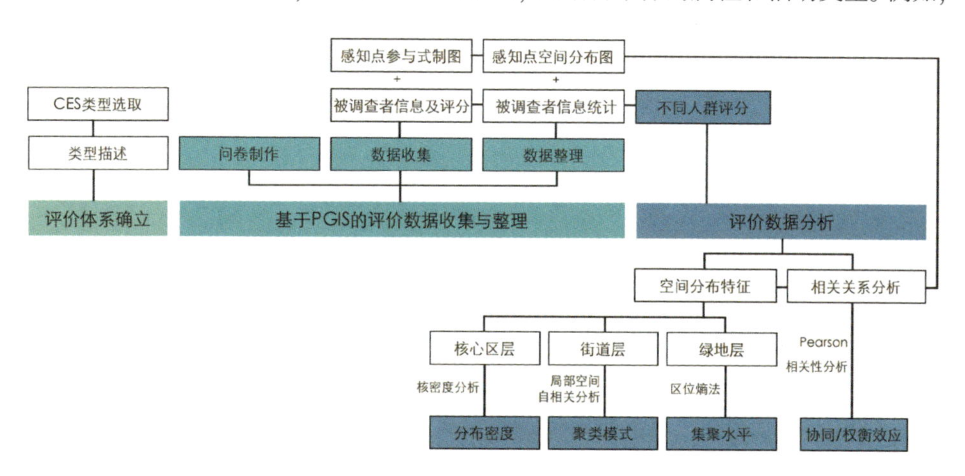

图 8.5　生态系统文化服务感知点评价体系建立

（图片来源：参考文献[71]）

分析运动 APP 的数据，可以了解不同年龄、性别群体在绿地中的运动偏好和强度，从而为差异化的设施配置提供指导。

案例：福州市城市公园评价

在研究城市公园绿地布局与城市发展关系时，基于 POI 数据的需求型评价模型为分析提供了新的方法。以福州市为例，该研究通过构建需求型评价模型，深入探讨了公园绿地布局随城市发展的变迁情况。

研究采用层次分析法，针对公交站点密度、文化娱乐设施、办公设施、大型公共设施、居住区及人群收入等 6 个因子进行评估，确定权重，执行栅格叠加运算，量化目标区域公园需求。通过这种方法，研究得到 9 个公园绿地需求层级，其中评价等级较高的区域有更密且服务水平更高的社区公园、街旁绿地，它们通常距离区域性或者全市性的大型公园更近或者更方便到达[72]，见图 8.6。

这项研究通过对 POI 数据和需求型评价模型的应用，不仅实现了对城市公园绿地布局的精确评估，还为深入分析城市公共空间规划提供了科学依据。通过对福州市公园绿地需求的量化分析，研究揭示了城市公共空间分布与城市发展之间的复杂关系，为城市规划和公园绿地布局优化提供了有价值的参考。

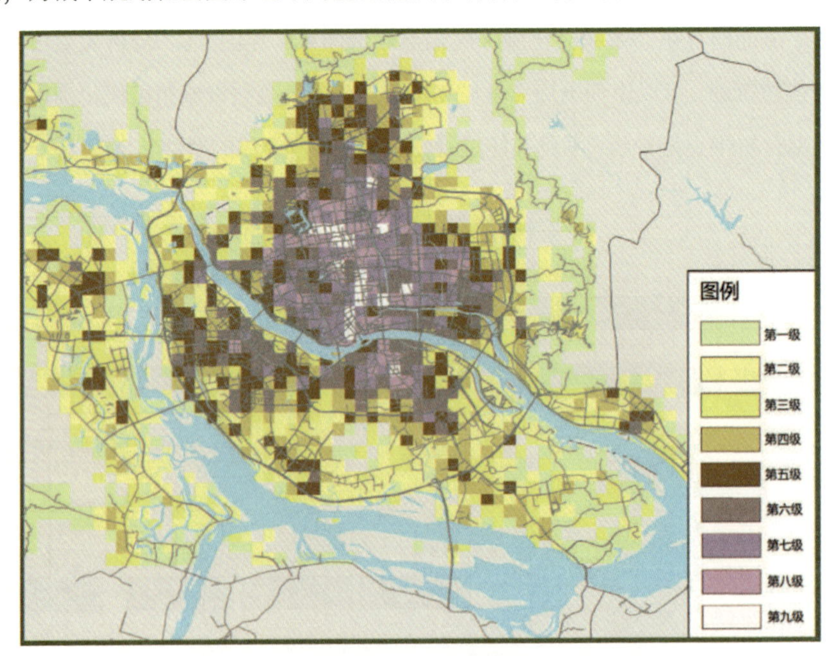

图 8.6　福州市中心城区公园绿地需求型评价分级

（图片来源：参考文献 [72]）

8.2.2 现状分析与需求评估

（1）绿地现状的个性化使用识别与分析

绿地评价的重点是通过定性和定量的科学方法，分析城市绿地的人居健康环境和生态价值效应。GIS 技术在此阶段通常被用于构建绿地数据库和环境评价体系，结合生物多样性指数、景观连通性等指标，综合评价绿地的现状。例如，通过计算绿化覆盖率，规划师可以有效评估区域绿化状况及其空间特征，获取不同服务半径内的绿地分布情况，从而基于 GIS 的可达性分析量化绿地服务效能，见图 8.7。

此外，大数据技术为深入了解绿地使用模式提供了新的视角和方法。整合多源数据，可以全面分析绿地的时空利用特征、用户画像和活动类型。

移动定位数据和社交媒体签到数据可以用于分析绿地的时空利用模式。借助这些数据，可以绘制出不同时间尺度（日、周、季节）的绿地使用热力图，识别出使用高峰期和低谷期。这些信息对优化绿地管理策略、调整开放时间和引导人流分布具有重要指导意义。

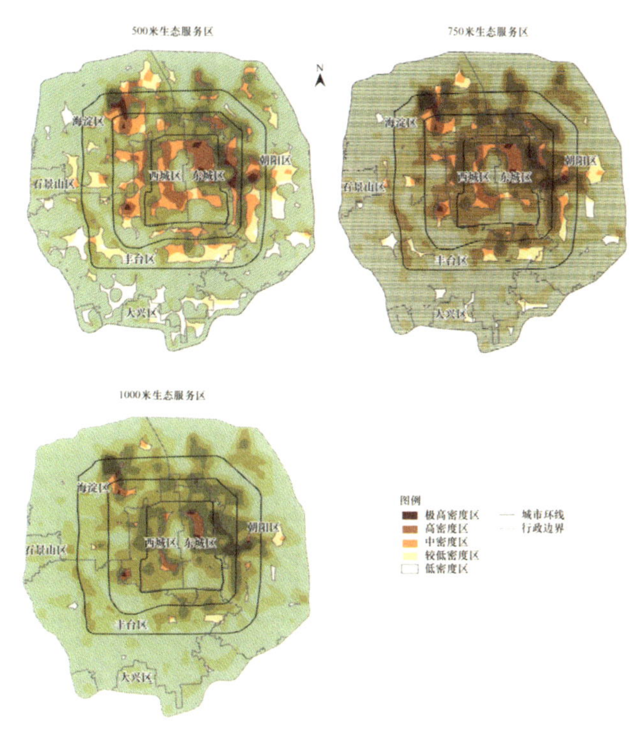

图 8.7　北京市绿色空间不同半径服务区覆盖情况

（图片来源：参考文献 [73]）

结合用户属性数据（如年龄、性别、职业等），可以构建详细的绿地用户画像。例如，分析不同年龄群体的绿地偏好，可以发现老年人更倾向于选择安静、设施完善的社区公园，而年轻人则更喜欢具有运动设施的大型综合公园。这种差异化的认知为因地制宜、精准施策提供了基础。

案例：深圳白领群体使用者绿地使用时空路径研究

随着城市化进程的加快，办公区域的绿地规划日益受到关注。深圳福田中心区是典型的高密度商务区，其绿地使用模式具有独特性。提取不同聚类人群的活动日志数据，结合所在研究区域背景和样本个人信息特征，可以将不同绿地使用者具化为三类人群。其中，第一类人群是对绿地建设要求较高、在工作中较为成功的人士；第二类人群是对绿地使用较少、刚毕业的工作新人；第三类人群是有一定工作经验的绿地主要使用者。

通过提取不同聚类人群的活动日志数据，结合 GIS 9.3 平台和 STpath 插件进行可视化，得到 3 个聚类白领群体一天之内（8:00—22:00）在福田中心区使用绿地的时空路径，见图 8.8。研究发现，福田中心区白领使用绿地主要集中在晚上，且此时间段内绿地活动范围最广；中午时段绿地使用强度最低；下午时段绿地使用路径集

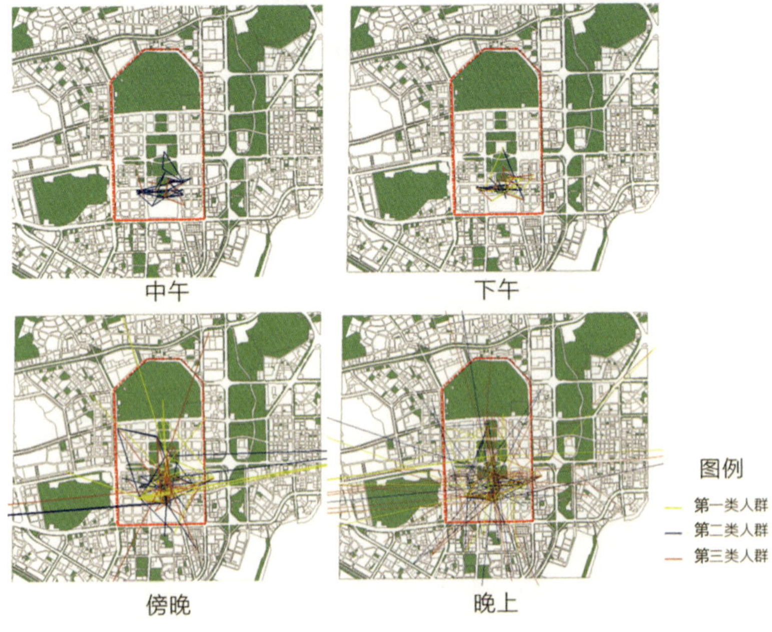

图 8.8　不同绿地使用聚类人群的时空路径

（图片来源：参考文献 [74]）

聚度最高，活动范围最小。此外，三种不同特征的白领在绿地使用路径上存在较大的时空差异，不同类型的白领群体绿地使用偏好与需求都有较大不同。其中，第一类人群使用时间相对自由，注重设施的实用功能；第二类人群时间受限，中午使用率较高，更关注场地安全性；第三类人群是绿地主要使用者，使用时间多且评价高。

基于这些发现，研究提出了具有针对性的建议，包括加强夜间绿地管理和优化绿地配置，以提高办公区绿地的包容性和绿地使用效能[74]。这些建议为城市规划者提供了有价值的视角，有助于打造更适合现代都市工作者需求的绿色空间。

（2）社会需求的空间化表达与分析

需求分析的重点是揭示人们在不同情境下的实际需求与期望，这个阶段不仅要考虑物质层面，还要深入探究精神、文化、社会互动等更深层次的需求。

其中，人口密度分析是社会需求分析的关键步骤。规划师可以结合人口数据和地理空间单位，创建人口密度图，获取人口聚类特征，见图 8.9，并在此基础上进行热点图分析，找出绿地供应缺口，以指导未来的绿地优化布局。

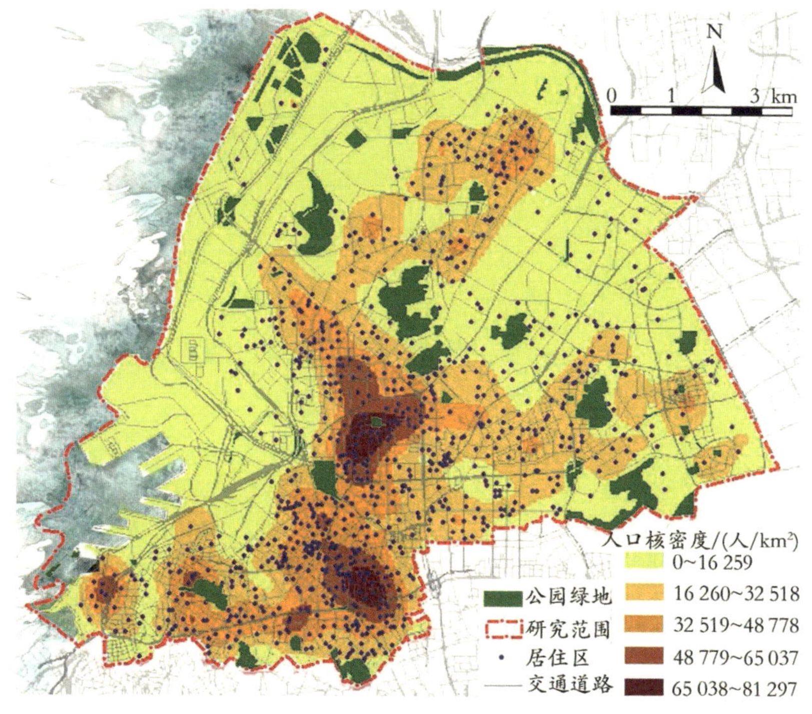

图 8.9　城市公园绿地及人口密度图

（图片来源：参考文献 [75]）

此外，年龄结构分析有助于了解不同人群的需求差异，见图 8.10。例如，老年人更注重休闲放松和社交，更喜欢公园中宁静的场所；而中年人更喜欢休闲和健身场所区域；儿童则更喜欢宽敞开放的空间以玩耍、奔跑和进行团队游戏。不同的公园场景特征会影响游客行为，其中开敞草坪适合进行慢速的休闲漫步、野餐和户外运动，宽敞的滨海步道区域更适合快速骑行，观景台能够吸引游客聚集观赏景色、拍照和休息；运动设施配备完善的亲水空间可促使游客漫步和停留。此外，社会数据如居民健康、房地产价值与犯罪率等 [76] 也起着重要的作用，尤其是在实现环境和社会正义方面。

准确把握社会需求是绿地规划的核心任务之一。大数据技术为社会需求的空间化表达和精细化分析提供了新的可能。分析社交媒体数据（如微博、论坛帖子等），可以捕捉公众对绿地的感知和诉求。文本挖掘和情感分析技术可以帮助人们从海量文本中提取关键信息，如公众对特定绿地的满意度、对设施的评价、对未来发展的期望等。

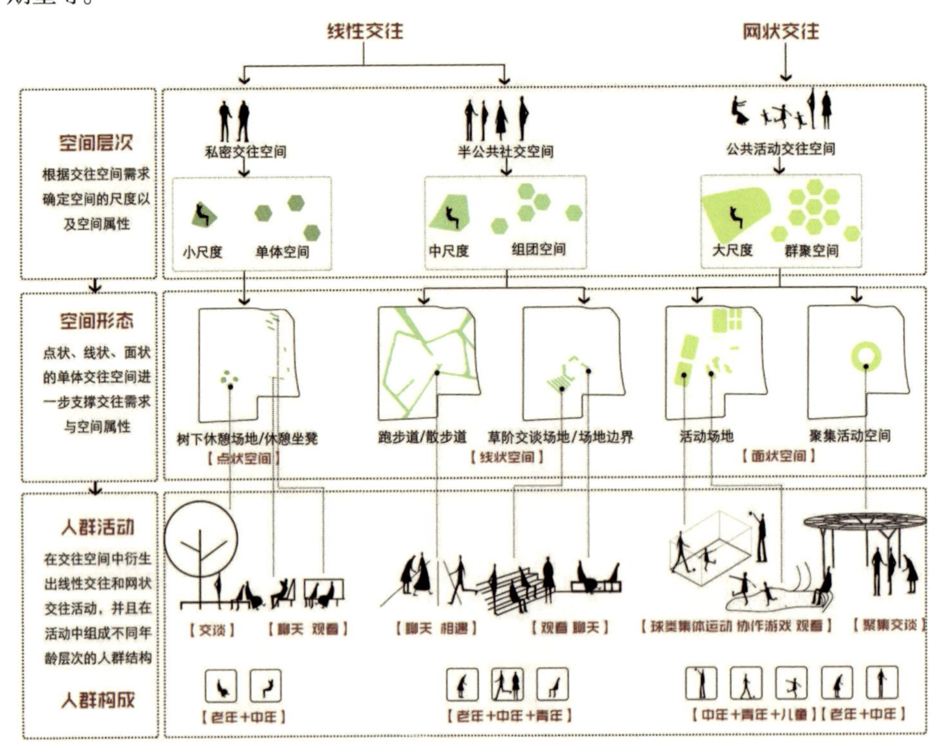

图 8.10　不同绿地的功能需求与人群构成

（图片来源：参考文献 [54]）

在实际规划中，应利用地理编码技术，整合人口分布、年龄结构、居民健康等社会数据，结合绿地类型和空间位置数据，综合评价现有绿地系统，制定精准策略，以满足不同区域各年龄段人群的不同需求。然后，将这些需求信息映射到具体的空间位置上，形成社会需求的空间分布图。这种空间化的表达将利于人们更直观地识别不同区域的需求差异，为精准规划提供依据，从而实现城市绿地资源的公正分配。

8.2.3 空间规划与方案设计

在现代城市绿地系统规划中，空间规划与方案设计正经历着数字化与智能化的革命性转变。本节将重点讨论数据驱动的适宜性分析与选址、基于人工智能的设计方案生成，以及微气候模拟与生态网络优化这三个关键方面。

（1）数据驱动的适宜性分析与选址

数据驱动的适宜性分析与选址是利用大数据和地理信息系统技术，对城市绿地系统进行科学化、精准化规划的重要方法。这种方法综合考虑了自然条件、社会经济因素、人口分布、交通可达性等多维度数据，通过复杂的数学模型和空间分析技术，为绿地系统的布局提供了强有力的决策支持。

首先，数据的收集和整合是这一过程的基础。规划者需要汇集包括遥感影像、地形图、土地利用现状、人口密度、交通网络、气象数据等在内的多源生态因子。这些数据通过 GIS 平台进行标准化处理和空间配准，形成统一的数据库。

其次，基于收集的数据，规划者会构建一系列评价指标体系。这些指标可能包括生态适宜性，如坡度、土壤质量、水文条件等；社会需求，如人口密度、服务半径等；经济可行性，如土地价格、开发成本等方面。例如，从公园的生态服务功能和社会服务功能两个层面分析土地建设可行性、城市公园可达性、防灾避险服务半径覆盖分布、热岛效应等级分布、空气污染等级、人口空间分布等六个方面分析影响公园选址的主要单因子因素，见图 8.11。

最后，利用空间分析技术，如空间插值、缓冲区分析、网络分析等，对各项指标进行空间化处理。例如，对不同的因子赋予相应的权重，在加权叠加后，得到公园选址适宜性、拟建公园空间分布、大型公园优先建设点、小型公园优先建设点的结果，助力识别出最佳的公园选址区域，见图 8.12。这种方法不仅提高了选址的科

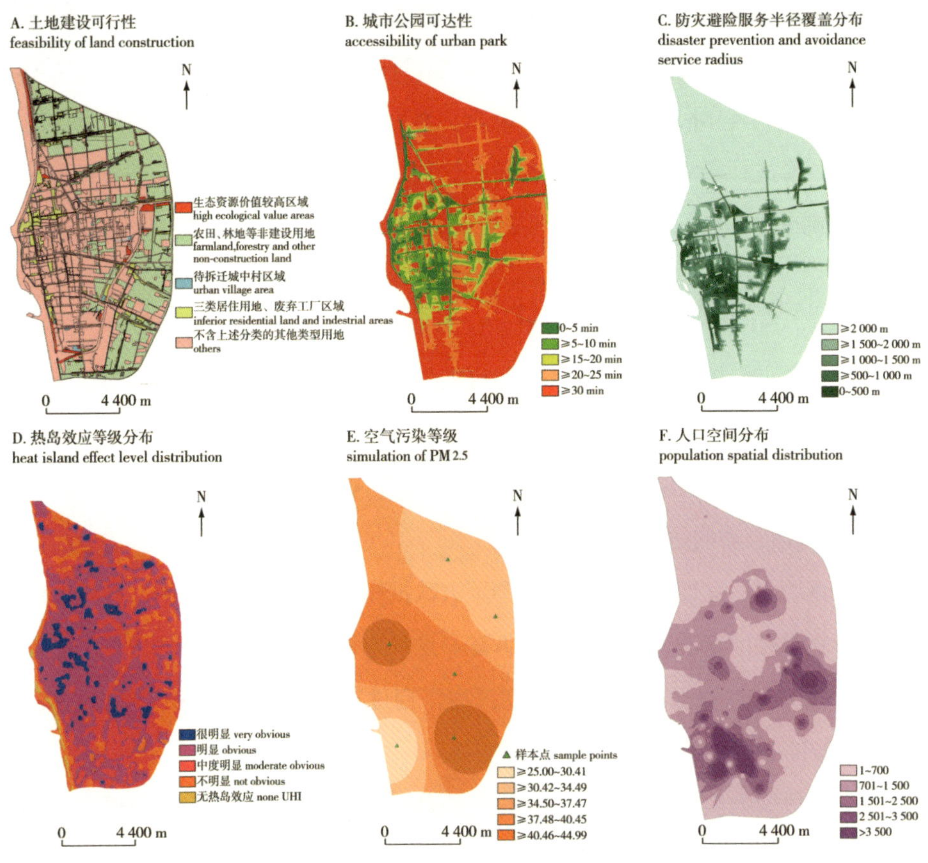

图 8.11　公园选址的主要单因子因素评估

（图片来源：参考文献 [77]）

图 8.12　基于适宜性分析的公园选址建议

（图片来源：参考文献 [77]）

学性，还能够优化绿地的空间布局，将其生态效益和社会效益最大化。

（2）基于人工智能的设计方案生成

人工智能技术在绿地系统设计中的应用正在引领一场创新革命。基于 AI 的设计方案生成不仅能够提高设计效率，还能够产生更加优化和创新的方案。

深度学习算法在这一领域展现出了巨大潜力。通过练习大量高质量的绿地设计案例，AI 系统能够学习到设计的基本规律和美学原则。在此基础上，系统可以根据特定的场地条件和设计要求，自动生成多个设计方案。这些 AI 生成的方案不仅考虑了功能性需求（如步行可达性、遮阴效果等），还能够融入美学考量和当地文化特色。更重要的是，AI 系统能够快速生成和评估大量方案，为设计师提供更广阔的创意空间和更多的选择。

值得注意的是，AI 生成的方案仍需要人类设计师的审核和调整。设计师的专业判断和创造力在整合 AI 输出、适应特定场地条件和满足用户需求方面仍然起着关键作用。因此，AI 应被视为增强人类设计能力的工具，而非替代品。

（3）微气候模拟与生态网络优化

微气候模拟是城市规划和绿地系统设计中的关键环节，其核心在于整合多源数据进行精确分析。通过将 GIS 与精确的气象数据和高精度三维城市模型相结合，研究者能够构建出复杂的微气候模拟系统。这种系统允许模拟和评估不同绿地布局方案对城市局部气候的影响，包括温度分布、气流变化和湿度水平等关键参数。通过这种方法，规划者可以预测和比较各种绿地设计方案的环境效益，为优化城市绿地布局、减缓城市热岛效应、提高居民舒适度提供科学依据，从而制定出更加可持续和宜居的城市发展策略。

流体动力学（CFD）是微气候模拟利用的另一种先进技术，它可以模拟绿地内部及周边区域的温度、湿度、风速等微气候要素[78]。这种模拟可以预测不同绿地设计方案对局部气候的影响，如热岛效应、空气质量分布、极端气候影响等，见图 8.13。通过反复调整绿地的布局、植被结构和水体配置，设计师可以优化绿地的微气候调节效果。

生态网络优化是现代城市规划中的一个关键环节，其核心在于利用 GIS 网络分析工具识别和连接关键生态节点。这些节点通常包括大型公园、自然保护区和湿地

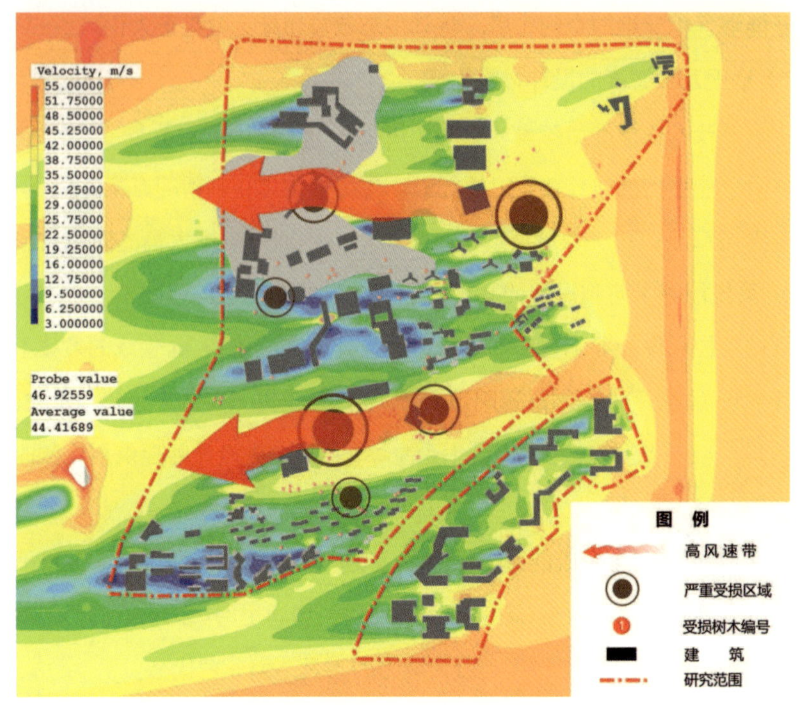

图 8.13 基于 CFD 模拟的台风“山竹”对树木影响示意

（图片来源：参考文献 [78]）

等公共绿地。通过解析这些生态斑块间的相互作用和依存关系，规划者可以设计出最优的绿色廊道网络。

案例：武汉生态廊道安全格局规划研究

一项针对武汉市域生态廊道布局的研究展示了对这一方法的创新应用。该研究从生态用地质量、生态退化风险和生态需求三个维度出发，提出了富有创见的规划策略。

研究过程中，GIS 技术发挥了关键作用。通过整合土地利用数据和夜间灯光数据，研究人员成功识别了核心生态源地。随后，利用 GIS 平台模拟物种迁移路径，优化了廊道布局，并精确定位了生态“夹点”。

最终，研究构建了一个全面的生态安全框架，其结构被概括为“四横三纵十组团”。具体而言，这个框架包括 566.75 千米的水生廊道、655.67 千米的陆生廊道，以及 44 个战略性的生态“夹点”，见图 8.14。这一网络巧妙地连接了武汉市的主要生态斑块，包括山脉、湖泊和湿地系统，大幅度提升了区域生态系统的连通性和稳定性 [79]。

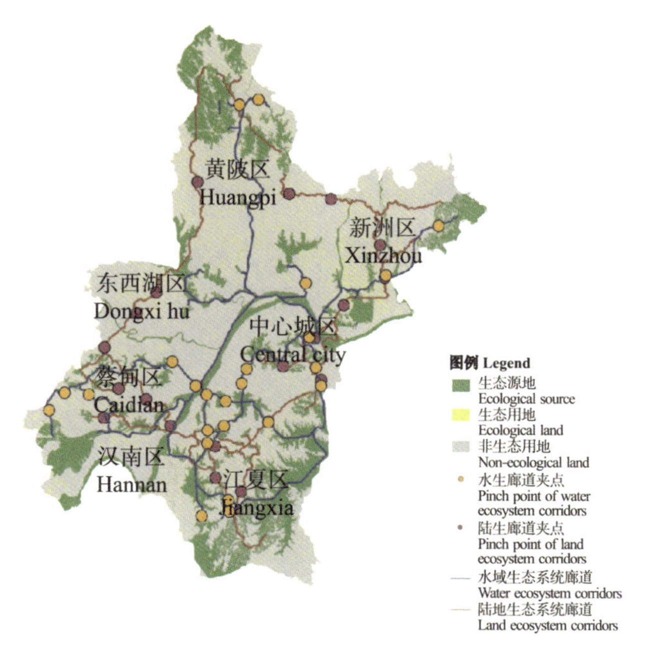

图 8.14　武汉生态廊道安全格局规划

（图片来源：参考文献[79]）

此研究不仅为武汉市的生态规划提供了科学依据，也为其他城市的生态网络优化提供了宝贵的参考。它展示了如何在城市快速发展的背景下，通过先进的空间分析技术，有效保护和优化生态系统功能。

8.2.4　方案评估与决策支持

在城市绿地系统规划中，方案评估与决策支持是确保规划方案科学性和可行性的关键环节。随着大数据和人工智能技术的发展，这一过程正变得更加精确和高效。本节将重点讨论多维度绩效评估模型、情景模拟与比较分析，以及基于机器学习的决策支持系统。

（1）多维度绩效评估模型

多维度绩效评估模型旨在全面评估绿地系统规划方案的效果。这种模型通常包括生态效益、社会效益、经济效益和文化效益等多个维度。

在生态效益方面，评估指标可能包括生物多样性指数、碳固定能力、雨水滞留量等。例如，将 GIS 与园林碳汇相结合，可以估算园林树木每日能够吸收的二氧化碳量，进而汇总得到区域的碳汇绩效。将 GIS 与水文模型相结合，可以模拟绿地的雨水径流过程，估算排水和蓄水量，评估其在洪水预防方面的潜力[80]。

社会效益可能涉及绿地可达性、使用频率、健康促进效果等。例如，GIS 通过设定服务半径，例如 15 分钟步行距离，生成 15 分钟圈层设施分布建议，见图 8.15。规划师通过比较不同规划方案对绿地覆盖范围与平均到达时间的影响，识别绿地分布不均衡现象[81]，以提供针对绿地公平性和环境社会正义的改进策略。

经济效益则可能考虑周边房地产价值提升、旅游收入增加等因素。例如，GIS

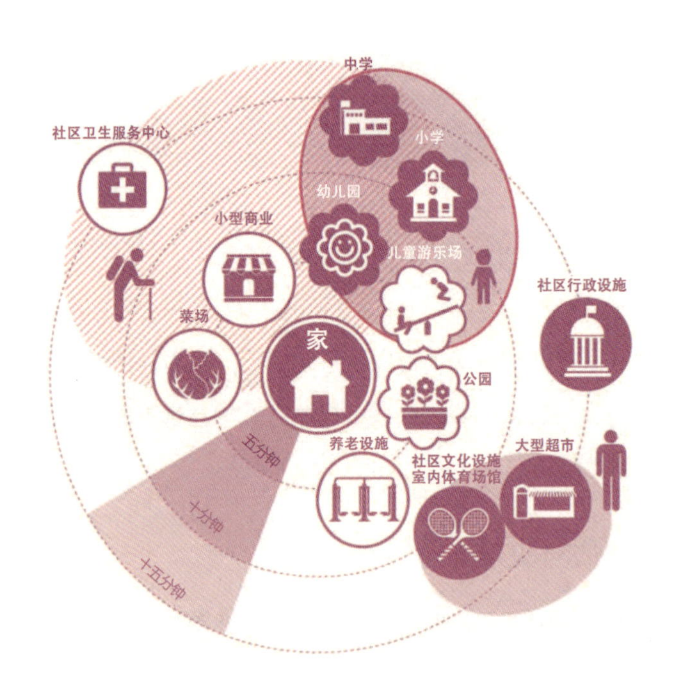

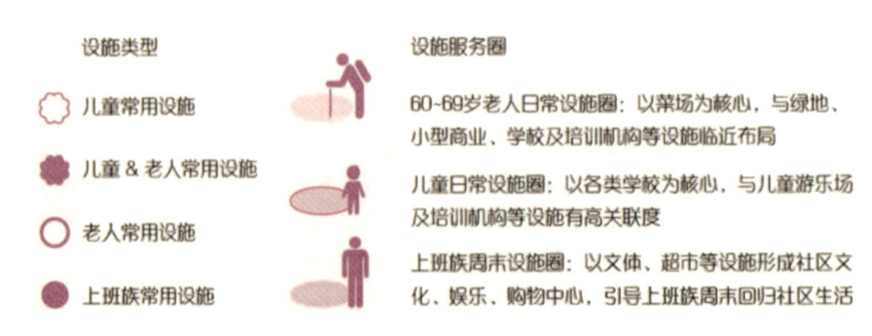

图 8.15　公共服务设施 15 分钟圈层建议

（图片来源：参考文献 [81]）

通过整合空间数据创建成本地图，同时精确计算投资回报率和生态效应，获取经济和生态方案权衡的最优解。此外，GIS 平台能够支持项目的分期策略，进而优化资金分配，确保规划方案的可持续性。

文化效益可能包括地方特色保护、历史文化传承等方面。例如，通过合理规划绿地布局，可以将具有地方特色的植物、地形地貌等元素融入其中，打造具有地域特色的景观空间，从而增强居民对地方的认同感和归属感。同时，绿地的建设和管理也可以注重保护当地的生态环境和生物多样性，为地方特色的延续提供生态支撑。

利用 GIS 和大数据分析技术，可以对这些指标进行空间化和量化处理，构建多维度绩效评估模型。这样的多维模型凭借客观的评估结果，有助于平衡不同利益相关者的需求，并为决策者提供科学依据。然而，构建这样的模型也面临挑战，如指标选择的科学性、权重分配的合理性等，需要在实践中不断优化和调整。

（2）情景模拟与比较分析

情景模拟是一种强大的规划工具，它允许规划者预测和评估不同规划方案在各种可能情况下的表现。在绿地系统规划中，情景模拟通常考虑人口增长、气候变化、城市扩张等因素。

利用计算机模型，规划者可以模拟不同绿地布局和设计方案在各种情景下的效果。例如，可以模拟极端天气事件（如暴雨、热浪）下绿地系统的调节能力，或者模拟人口密度变化对绿地使用压力的影响。

例如城市信息模型（CIM），通过整合 BIM、GIS、物联网（IoT）等技术，可以识别绿地的空间形态、属性信息和动态数据，生成可视的城市三维模型，见图 8.16。这不仅能够直观展示绿地的现状，还能模拟未来不同规划方案的效果，为决策提供有力支撑。它通过比较分析不同情景下各方案的表现，可以识别出最具韧性和适应性的规划方案。这种方法不仅能够评估方案的短期效果，还能预测其长期表现，有助于制定更具前瞻性的规划决策。

情景模拟与比较分析的关键在于构建准确的模型和选择合适的情景。这需要整合大量历史数据与专家知识，并考虑各种不确定性因素。随着机器学习技术的发展，模型的预测能力和情景生成的真实性都在不断提高。

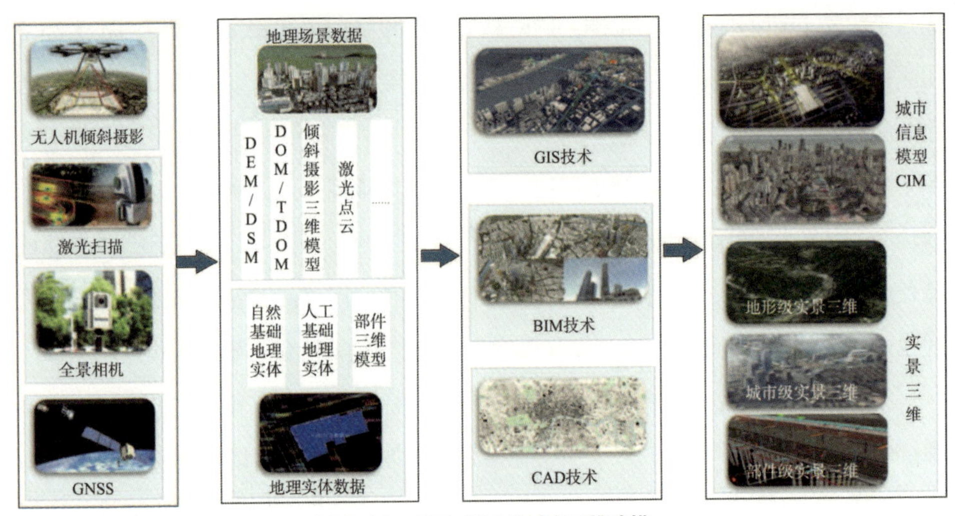

图 8.16　基于 CIM 的城市三维建模

（图片来源：参考文献[82]）

（3）基于机器学习的决策支持系统

基于机器学习的决策支持系统是绿地系统规划中的新兴工具，它能够整合大量数据、学习历史经验，并为决策者提供智能化的建议。

这类系统通常采用多种机器学习算法，如决策树、随机森林、神经网络等。通过学习过去成功和失败的规划案例，系统可以识别影响规划效果的关键因素，并在新的规划中提出针对性建议。

例如，系统可能会分析历史数据，发现某些类型的绿地在特定社区更受欢迎，或者某些生态设计在特定气候条件下更有效。基于这些学习结果，系统可以为新的规划项目推荐最佳的绿地类型、规模和布局。

机器学习模型的一个重要特点是其自适应能力。随着新数据的不断输入，模型可以持续学习和改进，使其建议越来越精准。此外，一些高级系统还具备解释功能，能够向决策者说明其建议背后的逻辑，增加决策的透明度。

8.2.5　管理实施与动态监测

城市绿地系统的管理实施与动态监测是确保规划目标得以实现并持续发挥效益的关键环节。随着智能技术的发展，这一领域正经历着深刻的变革。本节将重点讨论智慧工程与资产管理、实时监测与预警系统，以及基于大数据的绿地健康评估。

（1）智慧工程与资产管理

智慧工程与资产管理是提高绿地系统建设和维护效率的重要手段。这一方法融合了物联网、人工智能和地理信息系统等先进技术。

在工程建设阶段，智能化系统可以实现项目进度的实时跟踪、资源调配的优化以及质量控制的自动化。例如，利用无人机和计算机视觉技术，可以自动检测植被覆盖度、土方工程完成度等指标。

在资产管理方面，智能化系统可以建立绿地资产的数字孪生模型，实现全生命周期管理。每棵树、每处设施都可以被赋予唯一的数字 ID，以便记录其生长状况、维护历史等信息。这种精细化管理不仅提高了维护效率，还优化了资源分配。

（2）实时监测与预警系统

实时监测与预警系统是保障绿地系统安全和优化管理的重要工具。这类系统通常包括环境监测、人流监测和安全预警等功能。

在环境监测方面，分布在绿地中的各类传感器可以实时收集气温、湿度、空气质量、土壤水分、碳汇等数据。这些数据不仅可以用于科研分析，还可以指导日常管理。例如，当检测到天气温度过高时，系统可以自动开启降温喷雾装置；当检测到土壤水分不足时，系统可以自动启动灌溉设备，见图 8.17。

人流监测系统利用视频分析和 Wi-Fi 探测等技术，可以实时掌握绿地使用情况。这些数据有助于优化设施布局、调整管理策略，甚至可以用于特殊时期的人群疏散管理和天气事件中的应急响应。

安全预警系统则集成了多种功能，如火灾预警、极端天气预警等。通过分析多源数据，系统可以及早发现潜在风险，帮助决策者快速制定应对措施并自动触发应急预案，最大限度地减少城市人居环境的损失。

实时监测与预警系统的关键在于数据的及时性和准确性。这就要求建立稳定的数据传输网络，并开发高效的数据处理算法。同时，如何在保护隐私的前提下充分利用数据，也是需要解决的重要问题。

（3）绿地健康评估

基于大数据的绿地健康评估是一种全面、动态评估绿地系统状况的新方法。这

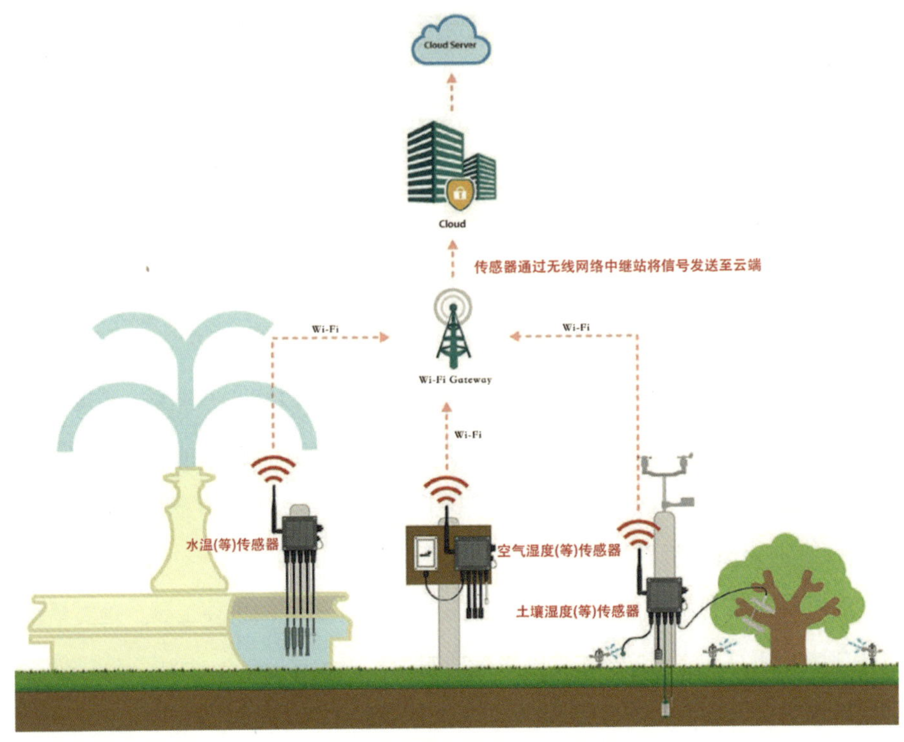

图 8.17　智能灌溉技术应用模式示意

（图片来源：参考文献 [83]）

种方法整合了多源数据，包括遥感影像、实地监测数据、公众反馈等，通过大数据分析技术，形成对绿地健康状况的全面认知。

评估指标通常包括植被覆盖度、生物多样性、生态系统服务功能、使用满意度等多个维度。进行时间序列分析，可以追踪这些指标的变化趋势，及时发现问题。

大数据分析技术，如机器学习算法，可以从海量数据中识别出影响绿地健康的关键因素。例如，可能发现某些管理措施与植被健康状况之间的相关性，为优化管理策略提供依据。

此外，这种评估方法还可以引入公众参与。通过移动应用程序，市民可以报告他们观察到的问题或提供使用反馈意见。这些数据经过处理后，可以补充专业监测的不足，提供更全面的评估视角。

8.3 GIS 与大数据下城市公共绿地规划的挑战与展望

8.3.1 GIS 与大数据在城市公共绿地规划中的挑战

随着地理信息系统技术和大数据分析方法的快速发展，城市绿地系统规划正面临着前所未有的机遇与挑战。GIS 为绿地空间分析提供了强大工具，而大数据则为绿地系统的动态监测和精细化管理开辟了新途径。然而，在实际应用过程中，仍需要应对诸多技术难题和实施障碍。本节将深入探讨 GIS 与大数据在城市公共绿地规划中面临的主要挑战，并提出可能的解决方案。

（1）数据获取与质量控制

在大数据时代，绿地系统规划所需的数据来源日益多元化，包括遥感影像、无人机航拍、移动设备采集的人流数据、社交媒体文本等。然而整合不同来源和格式的数据通常会面临兼容性问题，而且数据更新不及时也会导致决策错误。此外，缺乏统一的数据标准，导致地区、部门之间数据共享和协作困难。未来，需要重点关注以下几个方面。

数据精度与时效性优化：高质量基础数据是 GIS 分析的前提。在实际运用中，首先应该通过数据预处理有效剔除无效与冗余信息，显著提升数据精度。其次，引入高效算法并行计算策略，大幅度缩短处理周期，保障时效性。此外，实施动态调整机制，根据实时数据特性灵活优化资源配置，强化系统的响应速度和处理能力。

数据标准体系构建：制定统一的数据采集、处理、存储标准，并构建城市绿地信息数据库标准架构。这一环节的关键在于推动跨学科合作，鼓励高等学府、科研机构、私营企业及行政管理部门共建协同创新平台，促进多领域资源共享与技术融合。同时，加速地理信息系统技术在绿地规划实践中的应用与创新，通过项目合作与人员交流机制，提升绿色空间设计效率与精准度。

数据质量控制机制：构建数据质量评估与控制体系，包括数据获取、加工、存储直至应用的全生命周期，实施严格的质量管理策略。引入数据追溯与互验机制，以显著提升数据的可信度与一致性。一个值得探索的方向是利用区块链技术构建绿地数据的安全共享机制。区块链的去中心化、不可篡改的特性，可以有效保障数据的真实性和可追溯性。人们可以设计基于智能合约的数据访问控制系统，实现绿地数据的安全高效共享，同时确保数据提供者的权益得到保护。

隐私保护与数据安全：在利用大数据进行绿地规划时，如何保护个人隐私和确保数据安全成为一个棘手的问题。特别是在分析绿地使用行为时，往往需要处理大量的个人轨迹数据，而且这些数据极易泄露敏感信息。为此，需要研究并应用先进的隐私保护技术，如差分隐私。差分隐私通过在原始数据中添加适量噪声，既能保护个体信息，又不影响总体统计特征，从而在数据可用性和隐私保护之间取得平衡。

（2）生态过程模拟与智能化

当前的 GIS 技术在模拟复杂的环境过程方面存在一定局限性。例如，现有 GIS 模型尚未充分考虑不同物种的行为和生态需求，进而影响生态廊道规划方案的评估，导致规划结果与实际之间存在差距 [80]。未来，需要进一步探索更先进、更复杂的环境模型与 GIS 的融合与应用，具体包括以下几种。

生态过程模型的整合：结合宏观生态系统模型与微观生态模型，实现对不同尺度、不同层次生态过程的精细建模，显著提高绿地规划中生态效益评估的精准度。

机器学习算法的实现：开发机器学习算法，提高环境过程建模的智能性和准确性 [84]。借助大数据创建的模型不仅可以自动捕捉环境的复杂关系，还可以优化预测结果，显著提高预测精度。

实时反馈适应的优化：构建基于传感器网络和物联网技术的实时监测系统，动态调整和优化环境模型。实时采集和传输环境参数，准确显示环境指标，以提高 GIS 建模的准确性。

（3）公众参与深化与公开化

GIS 技术已开辟公众参与的新路径，但目前的互动深度有限，且只集中在信息收集与初步反馈方面 [80]。优化 GIS 技术应用，拓展公众参与的深度和广度，是提高绿地规划民主性和科学性的关键。未来应重点关注以下几个方面。

交互式参与平台开发：开发基于 WebGIS 与移动应用的互动式公众参与平台，旨在优化信息获取、意见表达及规划反馈流程，融入虚拟现实与增强现实技术，显著提升公众参与度和加强对规划的理解，强化沉浸式体验与实时互动。这些创新技术不仅为公众提供了身临其境的互动体验，还可以使公众深入地参与规划过程，表达他们的需求和反馈，进而优化规划策略，使公众切身体会到个人参与对于规划决策的影响，见图 8.18。

图 8.18　互动数字景观

（图片来源：参考文献 [65]）

众包数据采集与分析：通过采用众包模式，广泛动员公众参与绿地数据收集与提交，汇聚大众智慧扩充数据库。这种方法不仅降低了成本，还极大地丰富了数据源。通过大数据分析的优化筛选与提炼流程，集中公众反馈的关键信息，可以显著增强绿地规划与决策的科学性与实践导向性，进而大幅度提高决策的效率与精准度。

参与式规划工具开发：开发专为非专业人士设计的简化版 GIS 工具，旨在促进公众直接参与规划方案构思与评估，高效汇集公众智慧，显著提升规划方案的接受度与普遍认可度，尤其在城市更新项目中展现出巨大潜力。

（4）新兴技术管理与创新

GIS 技术在城市绿地规划中的应用取得了显著进展，但也面临着管理新技术和创新的挑战。为了最大限度地发挥 GIS 与新技术之间的协同作用，优化城市绿地规划的效率和质量，未来的研究工作应侧重以下几个方面。

技术应用与人才储备：GIS 技术的应用需要专业人员尤其是城市规划和园林设计从业人员的技术支持。然而，部分园林管理者缺乏足够的培训，导致实际工作效率低下。同时，市场对具有 GIS 技术专长和城市绿化规划能力的复合型人才需求旺盛，但供给明显不足。这种情况严重阻碍了 GIS 技术的深入应用和广泛推广。

人工智能与深度融合：得益于人工智能技术的发展，GIS 空间数据分析的智能化水平得到了极大的提高。未来应该加强对人工智能和机器算法的运用，利用高新技术自动识别和划分绿地类型，处理公众反馈并评估绿地，提高绿地评估的准确性和可靠性。

数字孪生与智慧城市：数字孪生是物理维度上的实体城市和信息维度上的虚拟城市同生共存、虚实交融的城市未来发展形态。未来，应进一步结合物联网和大数据分析，构建一二线城市的城市数字孪生案例并向周边次级城市推广，带动整个区域的智慧城市构建，促进可持续城市的有效建设。

8.3.2 GIS 与大数据驱动的城市公共绿地规划的未来发展

（1）智慧城市背景下的绿地系统规划新模式

随着智慧城市建设的深入推进，绿地系统作为城市重要的生态基础设施，其规划和管理也将融入智慧城市的整体框架中。在感知层面，人们可以部署物联网传感器网络，实时监测绿地的环境质量、生物多样性和使用情况；在网络层面，可以构建绿地信息的城市级数据中心，实现多源数据的汇聚和共享；在应用层面，则可以开发面向不同用户的智慧绿地服务，如市民绿地导航 APP、智慧公园系统、管理部门的智慧园林系统框架等，见图 8.19、图 8.20。

规划师将多模态分析系统与地理、气候、经济、社会活动的综合数据相结合，可以全面评估和优化规划策略，例如平衡人口分布、土地利用类型、生态环境和公众需求，优化公园设计、植被布局和游憩布局，实现环境和社会价值最大化。大数据通过集成自适应控制系统和物联网技术，进行实时监控和对问题有效响应，推动环境保护和可持续发展。

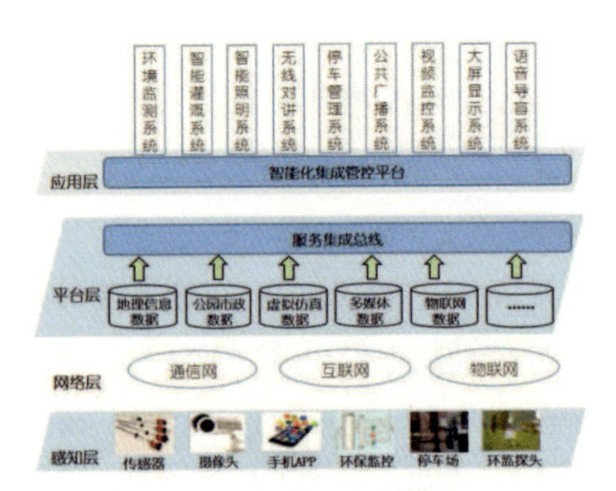

图 8.19　智慧公园系统结构图

（图片来源：参考文献[85]）

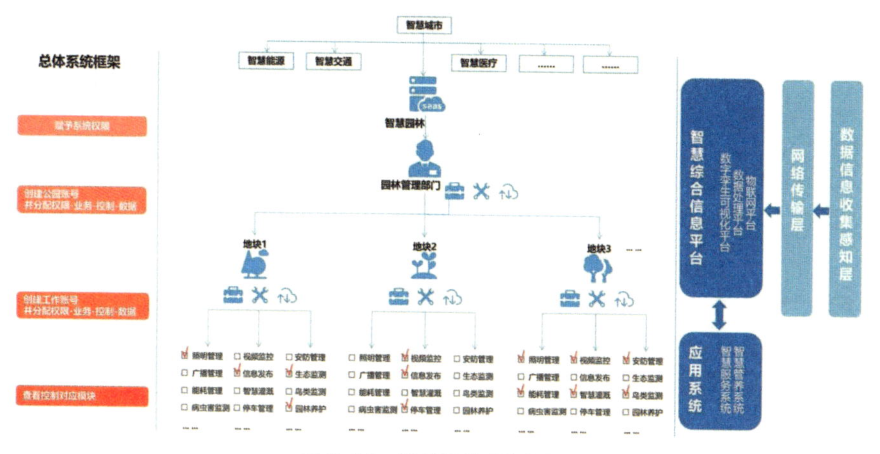

图 8.20　智慧园林系统框架

（图片来源：参考文献 [68]）

此外，城市规划师还可以通过部署传感器来实时收集土壤湿度、空气质量和人体活动等动态数据，并根据历史情景进行模拟，以预测绿地需求和发展趋势，并提供前瞻性的规划建议。近年来，已有学者讨论了大数据驱动城市解决空气和水污染等环境问题的潜力 [86]，以及大数据提升城市生活质量的路径，特别是在交通、健康、能源和绿地布局领域。

（2）人工智能赋能的绿地规划设计新范式

随着人工智能技术的飞速发展，绿地规划设计迎来了新的范式变革。基于深度强化学习的绿地系统自适应规划方法成为极具潜力的发展方向。该方法可将绿地规划问题转化为多智能体决策过程，通过与虚拟环境的持续交互，自主学习并优化绿地布局策略。与传统方式相比，它能更有效地应对城市发展的不确定性，实现绿地系统的动态优化。

基于 AI 的数字孪生技术的应用为绿地规划带来了新的契机。数字孪生技术通过构建与物理实体相对应的数字化模型，能精确模拟城市中绿地与其他要素的关系，为绿地规划提供更科学的依据，实时监测绿地的生态功能以及周边环境的变化，从而及时调整规划策略，见图 8.21。

此外，元宇宙为绿地规划带来了新的视角和可能性 [82]。它的区块链技术、交互技术、人工智能、游戏引擎和空间计算、网络技术和物联网技术，被认为是元宇宙的六大支撑技术，见图 8.22。

智慧城市建设的新坡点——创造虚实脉动的生命共同体

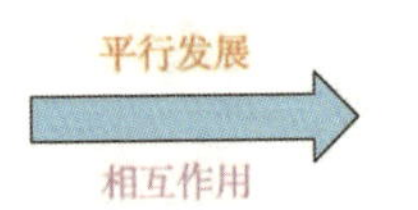

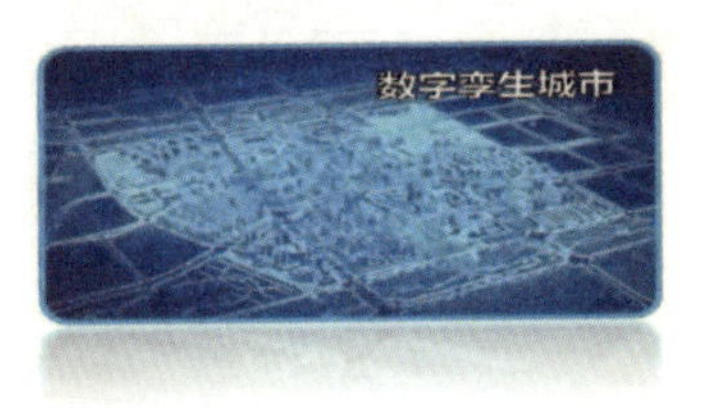

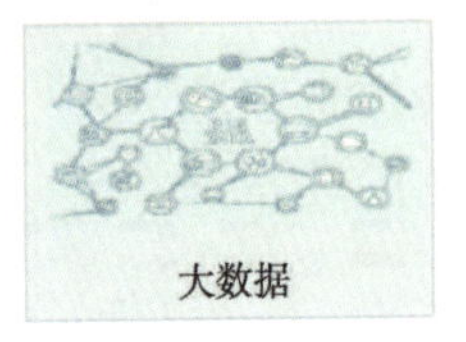

图 8.21　基于 AI 的数字孪生城市建设技术

（图片来源：参考文献[82]）

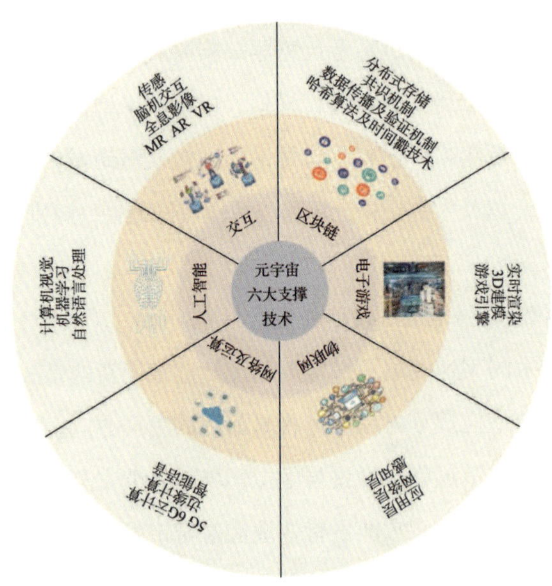

图 8.22　元宇宙技术体系

（图片来源：参考文献[82]）

通过数字技术构建的虚拟世界，人们可以在其中以“数字化身”进行社交、娱乐和创造等活动。在绿地规划中，元宇宙技术可用于创建虚拟的绿地场景，让人们提前体验和评估不同规划方案的效果。利用虚拟现实和增强现实技术，人们可以身临其境地感受绿地的布局、景观和设施，为规划决策提供更直观的参考。此外，元宇宙还可以促进公众参与绿地规划，通过在线平台让更多人参与到规划过程中，提出意见和建议。

（3）面向气候变化的韧性绿地系统规划新策略

在全球气候变暖、极端天气事件频发的背景下，大数据极大优化了绿地的弹性和适宜性。通过结合长期气候数据、自然灾害记录以及绿地的各种特征（包括生物多样性、生态效益、土壤质量等关键指标），大数据的应用可以有效地支撑绿地系统建设。例如，通过雨水花园、下沉式广场等设计，可以有效蓄水和储水，使绿地景观能够有力地抵御洪水和干旱，改善城市的水文循环。此外，通过气候预测模型，规划师可以根据模型结果提出景观评估、洪水预警等建议，并灵活调整绿地的布局和配置。

城市绿地在塑造未来宜居环境的关键作用不容忽视，其价值在于应对气候变化，还在于显著减弱城市热岛效应。利用微气候模拟能量平衡模型（ENVI-met），综合考虑气象条件、绿地特性及城市规划要素（包括建筑高度、密度和布局），实现城市热舒适度的精准量化[87]，见图 8.23。基于此，规划师可以采用增设通风走廊与优化绿地布局等策略，来有效缓解热岛效应，显著提升居民的生活质量。

在全面推进智慧城市的规划与建设进程中，大数据技术的创新与融合至关重要。其旨在最大化数据应用，优化绿地系统以提升城市对自然灾害的适应性，增强其抵御能力，同时利用绿地生态性能模型减弱城市热岛效应等城市问题，构建一个更加宜居、可持续发展、能有效应对气候变化的智慧城市，确保未来城市韧性与生活质量。

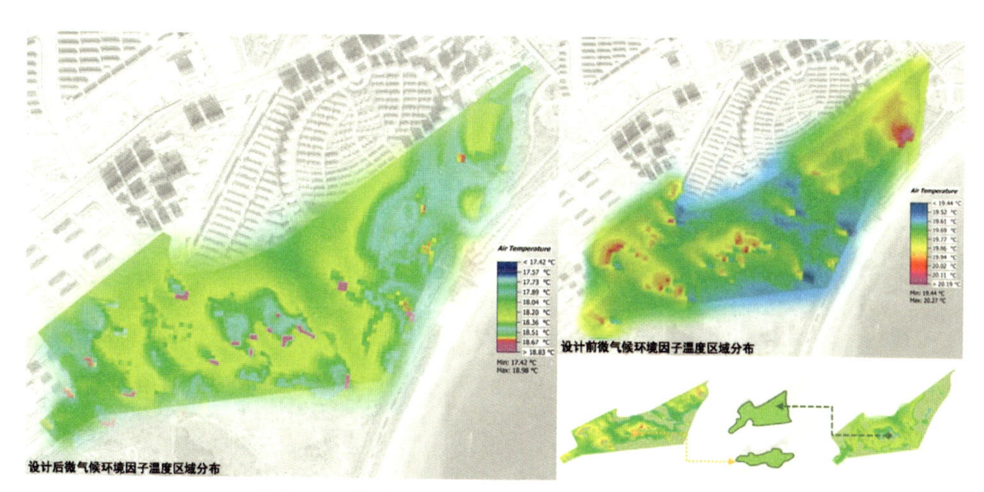

图 8.23　基于 ENVI-met 的改造情景环境温度对比

（图片来源：参考文献 [87]）

特别聚焦于通过智能化手段提高城市绿化效率与效果，增强城市公共绿地固碳效果，以促进生态环境与城市功能的和谐共生，最终实现高质量发展的智慧城市愿景。

（4）参与式规划在数字时代的新发展

数字技术的发展为推动公众参与绿地规划提供了新的可能。基于增强现实和虚拟现实的公众参与式绿地规划平台是一个极具潜力的方向。通过这样的平台，市民可以直观地体验不同的绿地规划方案，并实时提供反馈意见。例如，可以开发移动 AR 应用，让用户在实地考察时看到未来绿地的虚拟效果，或者构建 VR 规划工作室，让公众能够在虚拟环境中协同设计社区绿地。

利用众包和公民科学推动绿地监测与评估也是一个值得探索的领域。人们可以开发面向公众的绿地观测 APP，鼓励市民记录和上传绿地植物、野生动物和环境质量等信息。这种方法不仅能够显著扩展数据采集的范围和提高其频率，还能提高公众对绿地保护的意识和参与度。同时，需要建立严格的数据质量控制机制，如设计智能化的数据核验算法，或建立专家审核制度，以确保众包数据的可靠性。

此外，数字化工具在促进多方利益相关者协同规划中的应用也显示出巨大潜力。人们可以开发基于云计算的协同规划平台，集成地理信息系统、3D 建模工具和社交化功能。这样的平台能够支持规划师、政府部门、开发商和社区代表等多方主体实时交流、共同编制规划方案，显著提高规划过程的透明度和效率。同时，还可以引入人工智能辅助决策系统，帮助平衡各方诉求，推荐最优的妥协方案。

值得注意的是，在推进数字化参与式规划的同时，也需要警惕可能出现的“数字鸿沟”问题。部分群体，如老年人，可能因为缺乏数字设备或技能而被排除在参与过程之外。因此，需要采取措施确保参与渠道的多元化，如保留传统的面对面咨询会议，或者在社区设立数字参与辅导站，确保所有群体都能平等地参与到绿地规划中来。

最后，随着社交媒体和在线社区的普及，人们还可以探索利用社交网络分析和自然语言处理技术，挖掘公众对绿地的需求和偏好，见图 8.24。分析社交媒体上与绿地相关的讨论内容和情感倾向，可以更全面地了解不同群体的诉求，为制定更具针对性的绿地规划策略提供依据[71,88]。

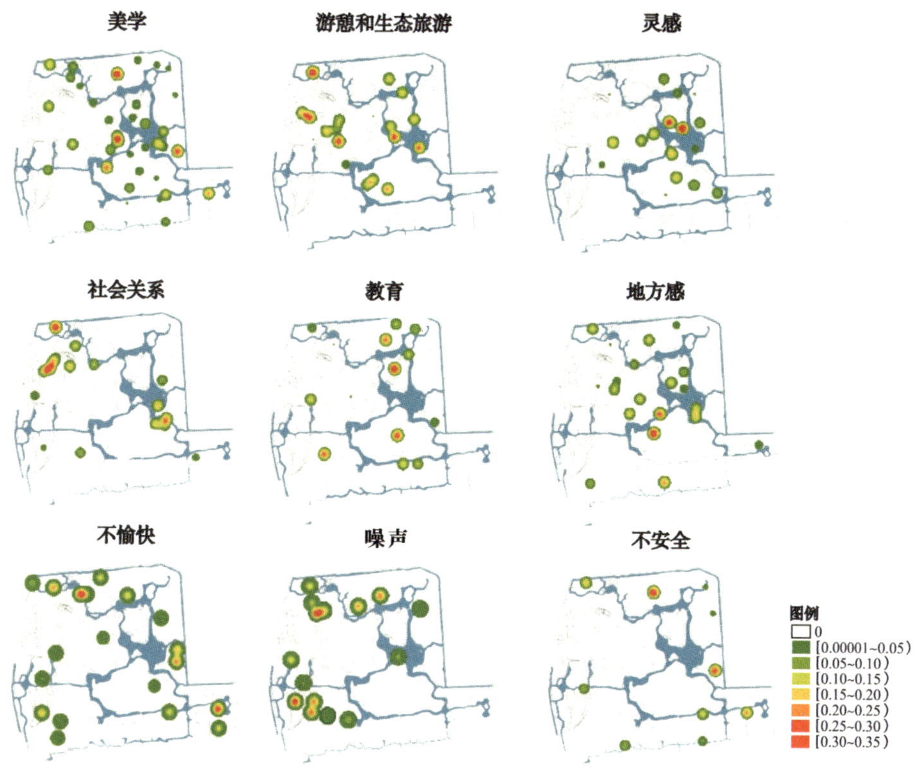

图 8.24　参与式制图的服务价值评价

（图片来源：参考文献 [88]）

总的来说，GIS 与大数据驱动的绿地系统规划正面临着前所未有的机遇与挑战。进行持续技术创新和跨学科合作，有望构建更加智能、高效、可持续的绿地系统，为城市居民创造更加宜居的生活环境。然而，也需要认识到，技术只是手段，而不是目的。在推进数字化转型的过程中，始终要以人为本，将满足居民需求、提升生活质量作为绿地规划的根本出发点和落脚点。

问题讨论

1.GIS 与大数据为城市公共绿地规划带来了哪些改变?

2. 列举 GIS 与大数据在城市公共绿地规划中的具体应用案例，并分析其优势。

3. 数字时代的参与式规划为城市公共绿地规划带来了哪些新的发展机遇？如何确保公众能够有效地参与其中?

9

城市公共绿地前沿研究与设计

9.1 城市公共绿地的包容性及公平性研究

9.1.1 绿地规划“包容性”衡量标准演进及其影响

随着城市化进程的持续推进，城市公共绿地的规划不仅要满足基本的生态功能，还应当注重社会公平以及满足多样性需求。近年来，“包容性”这一理念在绿地规划中的重要性日益凸显，成为衡量城市绿地规划质量的重要指标之一。包容性不仅涉及社会各群体公平享有城市绿地资源的权利，还包括对多元文化、不同年龄层和社会群体的需求的满足。

1. 包容性衡量标准的演进

在城市公共绿地规划中，包容性这一概念的提出标志着规划理念从注重效率和规模，逐渐转向关注社会公正和多元需求的满足。随着社会的发展，包容性衡量标准经历了多个阶段的演进，逐步形成了一个多层次、多维度的评价体系。以下将从四个关键阶段详细探讨绿地规划包容性衡量标准的演进。

（1）多元参与：从专家主导到公众参与

包容性衡量标准的第一个关键阶段是多元参与的实现。在早期的城市规划中，决策过程往往由少数专家主导，公众的参与程度极低，导致规划结果难以反映社会的多样性需求。随着民主化进程的推进和公众参与意识的增强，多元参与逐渐成为衡量包容性的重要指标。这一阶段的衡量标准包括公众参与率、反馈意见采纳率以及规划过程的透明度等[89]。这一演进过程不仅反映了社会对公共参与权利的重视，也推动了绿地规划从单向的专家主导模式向双向的公众参与模式转变，从而提高了规划结果的社会接受度和规划的实施效果。

（2）设施多样性与适应性：从标准化到多样化

随着社会结构的复杂化和居民需求的多元化，设施的多样性与适应性成为衡量包容性的核心要素之一。在这一阶段，绿地规划不仅要满足不同人群的基本使用需求，还需要提供多样化的设施，以适应不同年龄、性别、文化背景以及身体状况的群体。这一演进促使包容性衡量标准从简单的设施覆盖率扩展到设施多样性指数、无障碍设施普及率、多功能设施的适应性等。例如，针对老年人和儿童的无障碍设计，针对残障人士的专用设施配置，以及满足不同文化群体的空间设计，都是这一阶段包容性衡量标准的具体体现。这一阶段的发展标志着绿地规划从简单的功能性向多样性和适应性转变，更加关注社会各个群体的公平使用权。

（3）文化敏感性：从单一文化适应到多元文化包容

随着全球化进程的加快和移民流动量的增加，城市中的文化多样性日益显著，文化敏感性逐渐成为衡量包容性的关键指标。在这一阶段，规划者开始认识到不同文化背景的居民在绿地使用上的差异性需求，并将文化元素的包容性纳入绿地规划之中。包容性衡量标准因此扩展到文化敏感性指数、文化活动空间的多样性，以及特定文化群体的满意度等。这些指标的引入不仅有助于保护和传承本地文化，还促进了不同文化之间的交流与融合，增强了城市的社会凝聚力和文化认同感。这一阶段的发展体现了绿地规划从单一文化适应向多元文化包容的转变，是在文化维度上对包容性概念的深化和扩展。

（4）公平分配与资源共享：从空间分配到资源均衡

在包容性演进的最后一个关键阶段，公平分配与资源共享成为衡量包容性的核心内容。随着社会对资源公平分配要求的不断提升，包容性规划不仅要实现绿地在空间上的均衡分布，还要确保资源的公平获取。这一阶段的包容性衡量标准包括资源分配公平性指数、资源利用效率，以及不同社会群体的资源获取机会等。这些标准的引入推动了绿地规划从供给导向模式向需求导向模式转变，更加强调资源分配的公平性和公共资源的有效利用。这一阶段的演进不仅提升了包容性的复杂性和精细度，也为未来的绿地规划提供了更加科学和人性化的指导。

2. 包容性衡量标准的影响

在绿地规划包容性衡量标准的演进过程中，可以看到随着城市的发展对多元需求的关注逐渐增加，包容性在规划中的角色也愈发重要。这些衡量标准在理论层面和实际应用层面都对社会产生了深远的影响。

首先，促进了社会整合与文化融合。包容性绿地规划通过多元参与和文化敏感设计，为不同社会群体提供了一个平等交流和互动的平台。包容性的提升不仅在物理空间上增加了与居民的互动频率，更在心理层面上促进了不同文化背景之间的理解与融合。多元文化包容性的提升有助于减少社会隔阂，增强社会凝聚力，进而推动城市的和谐发展。例如，在绿地中设计多元文化活动空间，以便不同文化背景的居民可以共同参与文化节庆、社区活动等，从而做到对彼此文化的了解与尊重。这种文化融合不仅丰富了城市的文化景观，也增强了城市居民的归属感和社区认同感。

其次，增强了社区凝聚力。包容性绿地规划强调多样化设施的提供和公众的广泛参与，极大地增强了社区的凝聚力和社会资本。社会资本是指社区内部居民之间的信任、互助和合作关系，包容性的提升可以通过增加社区成员之间的互动机会，来加强这种社会资本的积累。包容性绿地通过为居民提供共同的活动场所，增强了邻里之间的联系和信任，进而促进了社区的稳定和安全。例如，开放的社区花园、适合全龄段的运动设施，以及文化交流中心等，都是增强社区凝聚力的重要设计元素。这些设施不仅满足了居民的日常需求，还为居民之间的社交互动创造了机会，提升了社区的活力和整体幸福感。

最后，可以应对社会不平等与资源分配挑战。在资源稀缺的城市环境中，包容性绿地规划通过合理的资源分配策略，有效应对了社会不平等问题。传统的资源分配通常集中在经济发达地区，包容性规划通过引入公平分配的衡量标准，确保所有社会群体都能平等地享受到公共绿地带来的福利。这不仅涉及绿地的空间分布，还涉及资源的质量和获取难度。例如，通过提高偏远社区的绿化覆盖率，提升公共交通可达性，以及提供多样化的绿地设施，包容性规划提供了更多的公平享受公共资源的机会。这种资源的公平分配不仅有助于缩小社会差距，还为城市的可持续发展奠定了坚实的基础。

通过对包容性衡量标准的演进及其对社会所产生影响的深入探讨，可以看出包容性在城市公共绿地规划中的重要性正在不断增加。未来，随着社会对公平、公正和多样化需求的持续关注，包容性规划将继续深化，推动城市公共绿地规划更加关注社会公平、文化多样性和资源的有效利用，为城市的可持续发展提供更加全面和人性化的支持。

9.1.2 绿地规划“公平性”衡量标准及其内涵等演进

城市公共绿地的公平性规划不仅是实现社会正义的基本要求，也是确保城市公共绿地资源合理分配、提升城市整体环境质量的重要手段。

1. 公平性衡量标准的演进

随着社会的发展和城市规划理念的进步，绿地规划中的公平性衡量标准经历了多次演变。这一演变过程反映了城市治理从关注资源分配的“地域均等”到更为复杂的“群体均好”的逐步深入。

（1）地域均等：解决“有无”问题的公平性

在城市发展早期，城市公共绿地的获取主要依赖政府的规划与分配。由于绿地难以直接产生经济效益，其发展在市场导向的城市扩张中常常被忽视。为了确保城市居民普遍享有公共绿地资源，“地域均等”的规划原则应运而生。此时，衡量公共绿地公平性的主要标准包括人均城市公共绿地面积、建设用地中城市公共绿地的占比，以及万人拥有综合公共绿地的指数等。这些指标以规模统计为主，旨在保证城市各个区域都有足够的公共绿地资源，解决绿地在城市中的“有无”问题。这一阶段的城市规划更注重功能分区和资源分配的公平性。

（2）空间均衡：从“等量”到“可达”的转变

随着城市的发展，公共绿地资源的分布和使用效率成为人们新的关注点。特别是在第二次世界大战后，西方国家开始推行“新公共管理”改革，城市公共绿地的空间分布和可达性成为衡量其公平性的关键因素。此时，衡量标准从简单的数量统计转向了更为复杂的空间分析。城市公共绿地服务半径覆盖率、公共绿地可达居民人口规模等指标应运而生，帮助城市规划者评估绿地资源在不同区域的分布是否均衡。这一阶段的城市规划不仅强调资源的存在，还开始注重资源的可获取性，确保城市居民无论居住在哪个区域，都能方便地利用公共绿地资源。

（3）群体平等：从“空间公平”到“社会公平”

进入 20 世纪 80 年代，“环境正义”理念逐渐兴起，城市规划开始关注不同社会群体之间的资源获取差异。公平性不再仅仅关注公共绿地的空间分布是否均衡，还要关注不同群体在获取公共绿地资源时是否存在不平等。这一时期的衡量标准包括群体分配指标，如城市公共绿地资源分配的基尼系数，不同群体可达城市公共绿地的面积、数量及品质差异度等。这些指标通过空间分析揭示了不同社会群体在公共绿地资源分配中的不平等现象，推动城市规划从空间公平向社会公平迈进。

（4）**群体均好：从“供给导向”到“需求导向”**

随着21世纪“新公共服务”理论的提出，城市规划更加关注不同社会群体的个性化需求。城市公共绿地规划的公平性衡量标准逐步从“供给导向型”思维向“需求导向型”思维转变，强调通过社会调查和需求分析来评估不同群体的实际需求。这一阶段的代表性指标包括不同群体对城市公共绿地规模、可达性、设施类型与密度的需求响应度等。这种需求导向的规划理念，不仅强调资源分配的公平性，还关注资源如何更好地满足不同社会群体的多样化需求，从而实现更高层次的社会公平。

2. 公平性内涵等的演进

随着社会的发展和城市规划理念的不断更新，城市公共绿地规划中的公平性概念和衡量方法也在逐步演进。这种演进不仅体现在概念内涵的拓展上，更在衡量思维、衡量主体、衡量粒度等方面表现出深刻的变化。

（1）**概念内涵的拓展**

城市公共绿地规划中的公平性概念并不是随着时间的推移而被新概念完全取代的，而是通过不断扩展和深化而丰富了内涵。早期的公平性主要关注资源的地域均等，确保每个城市区域都有足够的公共绿地供给。随着社会经济的发展，公平性概念逐渐扩展到考虑空间分布的合理性和社会群体间的资源分配平等。这种拓展并非简单的概念替换，而是一个逐层递进的过程，每一层次的公平性目标的实现，都为下一层次的公平性诉求奠定了基础。这种概念内涵的逐步拓展，也推动了公平性评测指标体系从“单一层次”向“复合层次”的发展，使得公共绿地规划能够更加全面和多维度地反映城市的社会公平性。

（2）**衡量思维的深入**

随着社会对公平性价值认知的不断深入，衡量思维也在不断演进。早期的“均等化”思维主要集中在数量上的平均分配上，试图通过简单的资源分配来实现公平。然而，随着对社会公平的理解不断加深，公平性衡量逐渐从“均等化”思维向“均好化”思维发展。均好化思维不仅考虑资源的分配，还注重资源在不同社会群体中的实际效用和满足度。这种思维的深入，使得衡量标准从“一刀切”的模式向“适配化”的模式转变，更加灵活地回应了不同社会群体的多样化需求，推动了更加个性化和精细化的城市公共绿地规划。

（3）衡量主体的转移

随着公平性衡量思维的演变，衡量主体也从传统的“供给侧”逐渐向“需求侧”转移。早期的城市公共绿地公平性衡量主要关注政府和规划者如何分配公共绿地资源，即供给侧的公平性。然而，随着需求侧的重要性日益凸显，衡量标准逐渐转向评估居民对公共绿地资源的实际获取和使用体验。这种转移不仅改变了公平性的描述方式和衡量指标，也推动了公共绿地规划从“规模导向”向“绩效导向”的转变，更好地反映了居民的实际需求和社会公平性。

（4）衡量粒度的细化

随着城市发展中的社会分层和空间分化，公平性衡量的粒度也在不断细化。空间层面上，衡量单元逐渐由宏观的“城市”向更为精细的“社区”甚至“地块”细化。这种细化使得规划者能够更精准地分析不同区域内公共绿地资源的分布及其对居民生活的影响。在社会层面上，随着社会群体的分化，衡量群体的标准也日益精细。例如，城市中的不同年龄、性别、族群、收入水平的人群在获取公共绿地资源时，可能面临不同的障碍和需求。因此，衡量粒度的细化，使得公共绿地规划能够更有针对性地满足不同群体的需求，实现更高水平的社会公平性。

通过对城市公共绿地“公平性”衡量标准及其内涵演进的系统探讨，可以更全面地理解城市公共绿地规划中的公平性原则。这不仅为城市规划提供了理论支持，也为实践中实现更公正的资源分配、提升城市居民的生活质量奠定了基础。

前文详细分析了城市公共绿地规划中的“包容性”和“公平性”衡量标准及其演进过程。这些标准不仅对社会公平与城市发展产生了深远影响，也为未来的研究和实践指明了方向。展望未来，城市公共绿地规划的研究和应用将进入一个更加精细化、多元化的阶段，在技术进步和社会变革的推动下，实现更高水平的包容性与公平性。

首先，未来的研究将更加注重衡量标准的适配化。随着城市发展水平的提高和社会需求的不断变化，不同城市现状的差异及群体需求的分化，将要求在规划过程中兼顾地域和群体两个维度，量身定制适配化的包容性与公平性衡量标准。例如，在经济发达的城市，规划重点可能是提升现有绿地资源的利用效率，满足日益多样化的社会需求；而在发展中城市，则可能更加关注基础绿地的公平分布与基本服务的普及。适配化的衡量标准不仅能够更好地反映不同城市和社区的特定需求，还能提高绿地规划的实际效果和社会认可度。

其次，随着信息技术的发展，未来的城市公共绿地规划将显著提升信息处理的效率。当需求侧成为衡量主体时，大数据、地理信息系统、机器学习等大样本采集分析技术的引入，将使分析的广度和精度大幅度提升。通过对不同群体的需求和使用行为进行细致的分析，规划者可以更精准地了解不同社会群体对绿地的实际需求，从而制定更加符合现实的规划方案[90]。这不仅能够提高资源配置的效率，还能真正落实包容性和公平性要求。

同时，在信息处理和需求分析的基础上，未来的规划将走向精细化调控。衡量粒度的细分要求规划调控具有更高的适应性和精准性。小微型公园作为服务体系优化的关键，将在未来的绿地规划中扮演更加重要的角色。针对具体社区的公园改造、设施提升等策略将受到更多关注，并在需求精准响应上发挥更重要的作用。例如，在高密度的城市环境中，如何利用有限的空间提高绿地服务质量，将成为未来研究的重要课题。

此外，未来的城市公共绿地规划还需要探索实施途径的多样化。在城市精细化治理的背景下，确立更具弹性的管控政策及调控指标，将为绿地的发展与创新提供重要支持。多样化的实施路径不仅能够适应不同城市和社区的发展需求，还能为未来城市公共绿地规划的包容性和公平性提供更多可能性。

在技术进步和社会需求的共同驱动下，城市公共绿地的包容性和公平性研究将不断深化，规划和管理的实践也将变得更加科学、精准和人性化。通过将适配化的衡量标准、高效的信息处理、精细化的调控和多样化的实施途径有机结合，未来的城市公共绿地规划将更加有效地服务于全体社会成员，推动城市的可持续发展和社会的公平进步。

这种多层次、多维度的研究与应用展望，不仅为城市规划理论提供了新的视角，也为实际操作提供了坚实的理论支持。随着研究的深入和应用领域的扩大，这一领域必将迎来更加广阔的发展空间。

9.2 基于使用者的城市公共绿地使用分析

9.2.1 人类感知与城市公共绿地的相关研究

在城市公共绿地的规划与设计中，人类感知研究逐渐成为一个重要的研究领域。这一领域的核心在于了解人们如何通过视觉、听觉、触觉、嗅觉等多种感官体验感知和评价城市公共绿地。这些感知不仅影响人们对绿地的使用频率和行为模式，还在很大程度上决定了他们对绿地的满意度与绿地对他们心理健康的影响。因此，深入探讨人类感知与城市公共绿地的关系，对创造更加宜人的城市空间具有重要的意义。

视觉感知是人类感知城市公共绿地的主要途径之一。绿地中的植物多样性、色彩组合、景观层次感等视觉元素对使用者的情绪和行为具有显著影响[91]，见图 9.1。该图通过热力图形式展现了人们对不同绿地环境元素的视觉感知，揭示了视觉注意力在景观中是如何分配的，色彩越强，人们的注视频率越高，注视时间也越长。此

图 9.1 绿地中的视觉感知

（图片来源：参考文献 [91]）

外，研究发现，丰富的植物种类和多样化的色彩搭配不仅能够提升绿地的美学价值，还能激发人们的积极情绪，减少压力和焦虑[92]。景观设计中的层次感和空间序列感能够引导人们的行为路径，促使他们在绿地中探索与互动。对这些视觉因素的研究有助于规划者和设计师更好地把握绿地设计的要点，从而营造出具备多种功能的城市公共绿地。

听觉感知在城市公共绿地的研究中同样扮演着重要角色。自然声音，如风声、鸟鸣、水流声，能够显著增强绿地给人的舒适感和自然感。这些声音有助于缓解城市噪声对人们的负面影响，营造出一种更为宁静的休憩环境。同时，城市绿地中的人工声音设计，如音乐喷泉或公共艺术装置的声效，也能丰富人们的感官体验，增加绿地的吸引力和文化内涵。合理的声音设计不仅能提升绿地的环境质量，还能增强其社交功能，使绿地成为人们互动和交流的理想场所。

嗅觉与触觉感知尽管在研究中相对较少被关注，但其重要性不容忽视。绿地中的植物气息、花香、泥土味等自然气味能够引发人们的愉悦感受，并对他们的心理状态产生积极影响[93]。此外，触觉体验，如草坪的柔软感、树皮的粗糙感、石材的质感等，能够增强人们与自然环境的联系，提升他们的身心愉悦度。对这些感官体验的综合研究，能够为绿地的多感官设计提供理论依据，进而促进人们对绿地的全面感知与使用。

在多感官体验的基础上，研究者们还关注不同人群对绿地的感知差异。例如，儿童、老年人、青年等不同年龄段的人群，由于生理和心理需求的不同，对绿地的感知方式和偏好也各不相同。儿童更倾向于探索性的空间和互动性的设施，老年人则更注重安全性和舒适性，青年人群则可能更关注绿地的社交功能和美学价值。这些差异性研究不仅有助于规划者在设计过程中更好地满足不同群体的需求，还能促进绿地的包容性和多样性发展。

此外，文化背景、经济水平、个人经历等因素也会影响人们对城市公共绿地的感知和偏好。例如，在一些文化中，特定的植物或景观元素可能具有特殊的象征意义，从而影响人们对这些元素的感知和接受度。研究这些文化和社会背景下的感知差异，能够帮助规划者设计出更具文化适应性的绿地，增强人们对绿地的认同感和归属感。

人类感知与城市公共绿地的相关研究没有停留在理论层面，还通过一系列实地调研和实验得到了验证。例如，研究者们通过问卷调查、深度访谈和焦点小组讨论、行为观察以及生理指标监测等多种方法，系统收集和分析了人们在绿地中的感知体验。这些研究方法的多样化和科学化，不仅为城市公共绿地的感知研究提供了丰富的数据支持，也为今后的设计实践提供了可操作的参考依据。

首先，问卷调查是一种应用广泛的调研方法，旨在获取大规模使用者的主观感受和偏好信息。这种方法通常涉及结构化问题，涵盖环境满意度、心理舒适度、使用频率和功能需求等方面。通过对问卷结果的统计分析，研究者可以识别出影响使用者感知的关键因素，从而为城市绿地规划提供数据支撑。

其次，深度访谈和焦点小组讨论通过定性分析，深入挖掘使用者的感知体验和行为动机。这些方法尤其适用于探索复杂的社会文化背景对绿地使用的影响。例如，通过与不同年龄、职业、文化背景的使用者进行深入交流，研究者能够了解他们对绿地设计的独特需求和期望，进而提出更具针对性的设计建议。

同时，行为观察作为一种直接记录使用者在绿地中的行为模式的方法，也被广泛应用。通过在不同时间段和空间区域进行系统的观察记录，研究者可以捕捉到使用者的实际行为路径、活动特点和空间利用方式。这种方法能够揭示绿地设计与使用行为之间的关系，例如某些区域的高使用率是否与其设计特征或设施布置有关。行为观察的结果不仅可以反映绿地使用的现状，还能为优化设计提供实证依据。

此外，生理指标监测作为近年来的新兴研究方法，为探讨人类感知与城市绿地的关系提供了更加客观的视角。通过监测心率、皮肤电反应、脑电波等生理指标，研究者能够量化使用者在绿地环境中的放松程度、情绪波动等心理反应。例如，在绿地中散步可以显著降低使用者的心率和血压，减少压力激素的分泌[45]，从而验证了自然环境对身心健康的积极影响。

除了传统的调研与实验方法，虚拟现实技术的引入为感知研究提供了新的可能性。通过 VR 技术，研究者可以模拟不同的绿地场景，让参与者在虚拟环境中体验不同的设计方案，从而实时收集他们的感知反馈，见图 9.2。这种方法不仅能减少实验成本，还能在实际施工前进行设计优化。

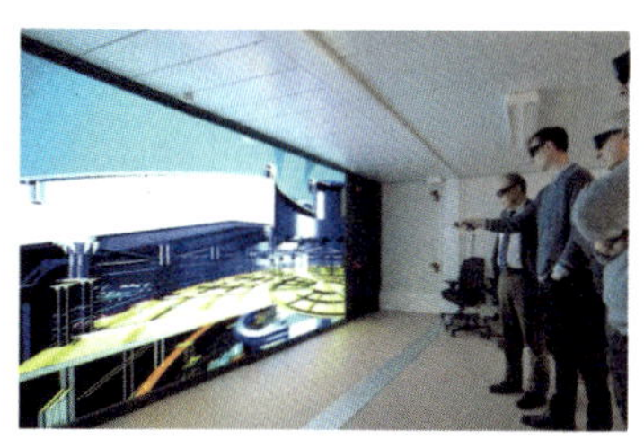

图 9.2　虚拟现实技术的应用

（图片来源：参考文献 [94]）

最后，随着大数据和人工智能技术的发展，实地调研和实验验证的精度和广度都得到了极大提升。例如，通过社交媒体数据分析和移动设备的定位数据，研究者可以获取使用者的空间移动轨迹和偏好信息，从而更全面地了解他们的行为模式和感知体验。这些技术的应用，不仅丰富了感知研究的手段，也为研究结果的推广和应用提供了更广泛的基础。

展望未来，人类感知与城市公共绿地的研究将继续深化，并与其他相关领域交叉融合。例如，随着虚拟现实、增强现实等技术的发展，研究者们可以通过模拟不同的景观环境，深入探讨人类感知的动态变化和交互过程。此外，大数据和人工智能的应用也将为感知研究提供更为广泛的数据支持，使研究结果更加精准和可靠。这些前沿技术的结合，将推动人类感知研究从单一感官的研究走向多维度、多层次的综合分析，从而为城市公共绿地的规划与设计提供更为科学的依据。

9.2.2 使用者行为与城市公共绿地互动的相关研究

城市公共绿地作为城市生态系统的核心组成部分，不仅提供了自然景观与生态服务功能，还为城市居民提供了多种活动场所。研究使用者在城市公共绿地中的行为模式，不仅能够揭示居民的空间利用特征，还能够为城市规划与设计提供科学依据，推动公共空间的优化与提升。

（1）行为模式的多样性

城市公共绿地承载着多样化的使用者行为，这些行为大致可以分为三大类：休憩、运动和社交。休憩行为包括散步、静坐、观景和阅读等放松活动，这类行为通常发生在绿地的中心区域或安静的角落，见图 9.3。运动行为涵盖跑步、骑行、瑜伽等以身体活动为主的项目，往往集中在绿道、健身器材区等专门设施附近。社交行为则主要表现在家庭聚会、朋友交流以及社区活动等形式上，多发生在开放空间或草坪区域。

图 9.3 城市公共绿地中的阅读行为

（图片来源：https://unsplash.com/.）

这些行为模式不仅展现了城市公共绿地的多功能性，也反映了居民在日常生活中对自然环境的多样化需求。研究表明，不同年龄、性别和社会群体对绿地的使用存在显著差异[95]。例如，老年人更倾向于选择安静的休憩空间，而年轻人和儿童则更倾向于参与运动和社交活动。这些差异说明，在绿地规划与设计中，须充分考虑使用者的多元需求，确保绿地的包容性与多样性。

（2）空间分布的差异性

在空间分布上，绿地中的不同区域对使用者行为的吸引力存在显著差异。靠近入口和主要路径的区域通常吸引较多的运动和社交行为，而绿地深处或较为隐蔽的区域则更多地被用于休憩和独处。这种空间分布的差异不仅受到绿地内部设计的影响，如路径规划、设施布置等，还与使用者对私密和开放性环境的需求密切相关。研究表明，绿地的空间布局对使用者行为的影响深远，合理的空间设计能够有效引导和优化使用者的行为模式[69]。

（3）行为差异的季节性与日常节奏

季节变化对使用者行为模式的影响是不可忽视的。在春季和秋季，气候宜人，使用者倾向于长时间停留在绿地中，进行散步、野餐、锻炼等活动。而在夏季，由于高温天气，使用者的活动往往集中在清晨或傍晚，且更多地选择在树荫下的区域进行短暂的休憩活动。冬季则由于寒冷，绿地使用频率降低，且活动类型趋于单一，如日间的短暂散步、晨练和休憩，见图 9.4。

图 9.4　秋季绿地中的野餐和冬季绿地中的休憩活动

（图片来源：https://unsplash.com/.）

此外，工作日与周末也表现出显著的行为差异。工作日的绿地使用主要集中在早晨和傍晚，活动类型以运动为主。而在周末，绿地则成为家庭聚会和社交活动的重要场所，活动种类多样，参与度也显著增高。这种日常节奏的差异不仅影响了绿地的使用频率和类型，也对绿地设计提出了更高的要求，需要在规划时充分考虑不同时间段的使用需求。

（4）**行为选择背后的社会文化动因**

了解使用者行为选择的背后动因，是深入分析城市公共绿地使用模式的关键。行为观察和问卷调查作为两种主要的研究方法，为了解行为选择的动因提供了坚实的数据支持。行为观察通过对使用者在绿地中的活动进行系统记录，能够直观揭示行为的类型、频率及其空间分布特征。而问卷调查则进一步探讨了使用者的主观体验、环境感知及行为动机。例如，绿地的环境质量、设施完善度和可达性是影响行为选择的重要因素。高质量的绿地不仅能够吸引更多的休憩和运动行为，还能够通过环境氛围的营造促进社交互动和提升社区凝聚力。

此外，不同社会文化背景、年龄、性别和职业群体对绿地的使用需求和行为模式各异。这些差异反映了绿地在城市生活中的多重功能：它既是一种自然景观的展示场所，也是一种重要的文化与社会互动场所。通过深入研究这些差异，规划者可以更好地了解不同群体的需求，从而制定更具包容性和人性化的规划策略。

（5）**方法论的综合应用与创新**

在分析使用者行为模式时，行为观察与问卷调查两种方法的综合应用可以为研究提供多层次、多维度的数据支持。行为观察提供了客观的行为数据，而问卷调查则揭示了使用者的主观感受和行为动机。通过将这两种方法结合，研究者能够更全面地了解绿地使用的全貌，从而为未来的规划设计提供更加科学的指导。

此外，随着技术的进步，行为数据的采集和分析手段也在不断创新。例如，利用移动设备的数据追踪技术，研究者可以精确记录使用者的行为路径和停留时间，进一步细化对行为模式的分析。这种技术的应用不仅提高了数据采集的精度，也为行为研究开辟了新的领域。

使用者行为与城市公共绿地的互动研究，不仅揭示了绿地在城市生活中的多重角色，也为了解居民的日常行为提供了重要的理论基础。未来的研究需要进一步整合多种研究方法，结合空间与时间的多维度分析，推动城市公共绿地设计的精细化与人性化发展。通过深入的行为研究，研究者将使城市公共绿地更好地满足居民的多样化需求，提升城市生活质量。

基于使用者对城市公共绿地使用分析的研究与应用展望，未来的绿地规划与设计将向更深层次的个性化、多样化和动态化方向发展，并将充分利用科技创新和跨学科协作，推动绿地设计与管理的精细化和人性化。

个性化行为分析与预测将成为研究的核心领域之一。随着大数据和人工智能技术的迅速发展，研究者能够更加精准地刻画不同人群的行为模式，从而预测在不同情境和条件下的行为趋势。例如，通过对历史行为数据和实时反馈的综合分析，可以识别出特定群体在特定天气、季节或时间段内的偏好和行为特征。这为绿地设计提供了更为精准的指导，设计师能够在设计过程中有针对性地调整功能布局和设施配置，以更好地满足不同人群的多样化需求。同时，行为预测技术也能帮助城市管理者在绿地使用高峰期和特殊活动期间进行资源调配，提高管理效率。

此外，时间和空间的动态交互分析将进一步深化。过去的研究多关注静态空间布局对行为的影响，而未来的研究将更加注重时间维度的动态变化，结合时间地理学的理论，探索使用者在不同时间和空间维度上的行为互动模式。例如，利用移动数据和传感器技术，研究者可以实时监测使用者在绿地中的移动轨迹和停留时间，揭示行为的时空分布特征。通过这些动态交互分析，可以识别出绿地使用的高峰期、低谷期以及潜在的行为冲突点，为绿地规划、管理和活动策划提供优化策略，从而提高绿地的使用效率和居民的满意度。

行为驱动的设计反馈循环将逐步成为未来设计过程中的关键机制。在这种模式下，使用者的实时行为数据将成为设计过程中的核心反馈信息，促使设计不断适应和优化，以更好地满足实际需求。通过引入行为反馈机制，设计师可以根据使用者的实际行为数据，及时调整绿地的功能布局和设施配置，确保设计能够适应不断变化的使用需求。这种行为驱动的反馈机制不仅可推动绿地设计的精细化发展，也会显著提升设计的适应性和灵活性，确保绿地在不同使用场景下都能够发挥最佳效益。

多维数据整合与行为模拟技术的进步，将为研究者提供更加全面和精确的分析工具。在未来，研究者将致力于整合多种数据来源，包括行为观察、问卷调查、移动数据、社交媒体数据等，通过构建复杂的行为模型，模拟不同情境下的使用者行为。这种多维数据整合与模拟技术不仅能够优化设计方案，还能为绿地管理和维护提供科学依据，确保绿地规划更加科学合理。例如，通过模拟绿地在不同季节、气候条件下的使用情况，管理者可以提前制定应对措施，提高绿地的运营效率和服务质量。

跨文化和跨区域的行为差异比较研究将成为全球范围内城市公共绿地设计的重要参考。在全球化背景下，不同文化背景和地域特征的行为模式研究，有助于制定适应当地需求的绿地规划策略。例如，在某些文化中特定植物或景观元素有着独特的象征意义，这将直接影响人们对这些元素的接受度和使用频率。通过比较研究不同地区的绿地使用行为，研究者可以提炼出具有普遍意义的设计原则，同时也能为特定地区的绿地规划提供极具针对性的指导。这种跨文化的比较研究，不仅推动了全球城市空间的可持续发展，也促进了不同文化之间的相互理解和尊重。

基于使用者的城市公共绿地使用分析研究，未来将更加注重整合多学科方法，利用前沿技术，实现对绿地使用行为的全面了解和精准预测。通过个性化的行为分析以及动态的时空交互研究，城市公共绿地的规划与设计将能够更好地回应居民的多样化需求，提升其社会和生态效益。同时，跨文化和跨区域的比较研究将为全球城市的绿地规划提供更具普及性的借鉴，推动城市绿地在不同背景下的创新应用。这一系列研究将为设计提供科学依据，更将引领未来城市公共绿地的实践，使之成为提升城市韧性和改善居民生活的重要力量。

9.3 城市公共绿地研究方法与计算分析工具

9.3.1 多源大数据分析

在当今的数字时代，大数据技术的广泛应用为城市公共绿地的研究与规划设计带来了前所未有的机遇。规划师基于多源大数据的研究方法，通过多维度、多层次的数据分析，不仅能够更深入地揭示城市公共绿地与居民生活之间的复杂互动关系，还能为科学决策和精细化管理提供坚实的数据支持。随着数据采集技术的不断进步，城市公共绿地的研究从传统的静态分析逐步走向动态、实时和多维的综合分析。

首先，环境采集类大数据为城市公共绿地的全面评估提供了基础支持。遥感数据作为环境数据的重要组成部分，通过高空和卫星监测，可以对绿地的空间分布、植被覆盖度和变化趋势进行宏观分析。特别是在大尺度的城市规划中，遥感数据能够快速识别绿地的数量和分布，为规划者提供全局视角。与此同时，街景数据和点云建模数据则提供了微观层面的细节支持。街景数据能够记录绿地的视觉质量、设施状况和空间布局，结合计算机视觉技术，能够分析出绿视率等重要指标，见图 9.5。而点云建模数据采集不同树种的树叶疏密及空间结构，顾及冠层叶面积密度，为树木的三维绿量提供了更精确的估算方法[96]。其通过三维扫描技术，为绿地的精细化设计提供了准确的三维模型支持，从而使得绿地规划更加贴合实际环境，确保规划方案的可操作性和效果，见图 9.6。

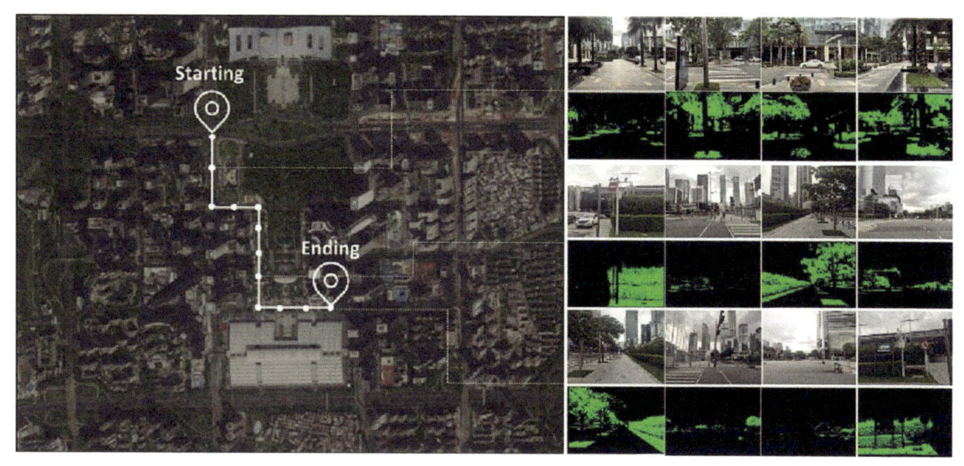

图 9.5　街景数据
（图片来源：参考文献 [58]）

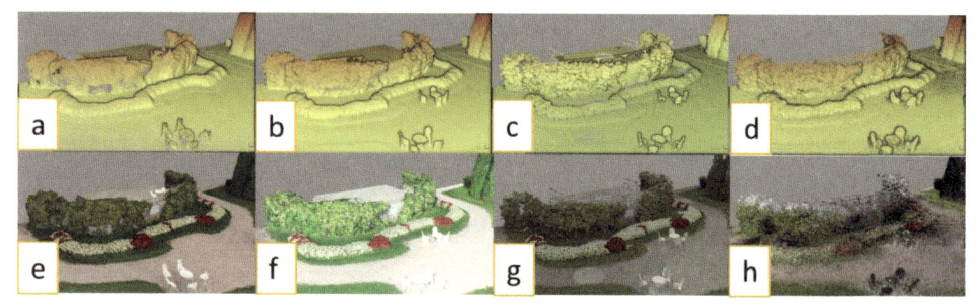

图 9.6　点云建模数据
（图片来源：参考文献 [97]）

移动通信大数据广泛涵盖了通过移动通信设备收集的各类信息，包括用户的通信记录、位置服务、互联网使用情况等，提供了全面的人群动态和行为模式数据[98]。手机信令数据，作为移动通信大数据的重要组成部分，已成为研究城市公共绿地使用模式的关键工具。手机信令数据记录了居民或游客的实时移动轨迹、停留时间和频率，能够详细揭示人们在绿地中的行为模式和使用习惯。这些数据不仅帮助规划者识别出高频使用的绿地区域，还能发现那些被忽视的“空白”绿地，通过调整设计或增加设施，提高绿地的整体利用效率。这种基于移动通信大数据的分析方法，不仅提升了城市公共绿地的规划精度，也为城市管理提供了强有力的技术支撑。

定位导航大数据也在绿地规划中发挥着越来越重要的作用。POI 数据和百度热力图等位置服务数据，提供了详细的位置信息和人群行为数据。通过对这些数据的分析，研究者可以了解绿地在不同时间段、季节和事件中的使用情况，并发现人群的空间分布规律[99]。例如，某个绿地在周末的使用频率可能会显著高于工作日，这种时间维度上的差异为设施布局和功能配置提供了依据，确保绿地能够更好地满足不同时段的使用需求。

社交媒体大数据通过汇集用户在各类平台上的生成内容，如新浪微博、小红书、大众点评等，为研究城市公共绿地的使用体验提供了丰富的语义信息和情感反馈。用户在社交媒体上分享的照片、评论和互动记录，不仅能够反映绿地的美学价值和设施使用情况，还能揭示公众对绿地的偏好和需求。通过自然语言处理技术和情感分析，研究者能够识别出用户对绿地的满意度、改善建议以及潜在的问题，从而为绿地设计和管理提供实证支持。

非实时活动大数据，如基于互联网的公众参与式地理信息系统（PPGIS）和公众参与 App 等数字调研平台，已经成为绿地研究中的重要工具[100]。这类平台通过让公众直接参与数据收集和反馈，为研究者提供了关于绿地使用的广泛且深入的信息。这些数据不仅涵盖了用户的空间偏好和行为模式，还揭示他们的主观感受和需求期望。这种参与式的数据收集方式，有助于在规划初期就纳入公众意见，从而提高规划的科学性和社会接受度。

最后，大数据模拟技术作为数字景观规划设计的重要手段，能够对不同规划方案进行验证和优化。在虚拟环境中，通过数值模拟和三维仿真，研究者可以评估不同绿地布局对城市微气候、空气质量和生态效益的影响。特别是在应对城市热岛效应和提升生态服务功能方面，大数据模拟为规划者提供了科学依据，确保所选方案不仅具有美学和功能价值，还能够有效改善城市环境。

总体而言，基于多源大数据的研究方法为城市公共绿地的规划与设计开辟了新的前沿研究路径。通过对环境采集类大数据、移动通信大数据、定位导航大数据、社交媒体大数据以及非实时活动大数据的综合应用，规划者能够全方位、多维度地了解绿地的使用情况和人群互动模式，从而实现更加科学、精准和可持续的绿地规划。这种数据驱动的研究方式，不仅提升了绿地规划的精细度和实效性，也为未来城市公共绿地的创新发展奠定了坚实基础。随着技术的不断进步，这一领域的研究必将继续深化，为城市居民创造更加宜居和可持续的生活环境。

9.3.2 分割网络与机器学习算法

随着计算机视觉和大数据技术的快速发展，使用分割网络（segmentation network, SegNet）和机器学习算法来理解和分析图像内容已成为城市公共绿地研究中的重要工具。这些技术的应用使得研究者能够自动检测和解析街景图像中的各类元素，从而对城市绿地、建筑环境以及道路布局等进行深入分析。在这一过程中，分割网络技术和机器学习算法共同作用，极大地提升了城市公共绿地规划与设计的科学性和精准性。

1. 分割网络

分割网络是一种计算机视觉中的基本技术，旨在为图像中的每个像素分配一个类别标签。这意味着每一幅街景图像都可以被自动解析为不同的语义类别，如植物、建筑物、天空、道路等[101]。通过这种方式，研究者能够定量评估城市街道的绿化质量、空间开放性以及建筑物的封闭性等关键指标。这种精细化的图像处理方法，不仅为城市规划者提供了直观的视觉数据支持，还为后续的规划决策奠定了坚实的基础。

在语义解析的过程中，常用的算法包括全卷积网络（FCN）、语义图像分割和金字塔场景解析网络（PSPNet）等。其中，金字塔场景解析网络在处理复杂的城市街景图像时表现尤为出色。PSPNet 通过引入金字塔池化模块，能够捕捉图像中不同尺度的情境信息，从而生成更加精准的语义分割结果。具体来说，PSPNet 的工作流程包括以下几个步骤。输入街景全景图像：将街景图像输入模型，图像大小通常为 360 像素 ×1024 像素。特征提取：使用 50 层残差网络作为基础网络，对输入图像进行特征提取，生成最后一个卷积层的特征图。金字塔池化：通过金字塔池化模块获取特征图不同区域的情境信息。金字塔池化模块使用四个不同的池化尺度（1×1、2×2、3×3、6×6），从而有效捕捉图像的全局与局部信息。语义类别预测：将金字塔池化模块处理后的特征输入卷积层，生成每个像素的预测语义类别，最终输出与输入大小相同的语义分割图像。

通过这种流程，研究者可以将复杂的街景图像转换为易于理解和分析的语义图像，从而进一步进行场景解析和指标计算。

2. 机器学习算法

机器学习算法在街景图像分析中也发挥着至关重要的作用。例如，可以使用机器学习技术从街景照片中提取绿视率，这一指标能够量化特定场景中的绿色元素覆盖率，进而反映区域内的绿化程度和可视性。绿视率等指标为了解城市绿地的视觉影响和居民的感知体验提供了量化依据，为城市规划和绿地设计提供了重要的参考数据。

此外，对语义分割后的图像进行进一步分析，可以提取多种场景层语义特征。例如，绿视率可以反映区域内的绿化程度，街道开敞度和界面围合度则分别代表街道的空间开放性和建筑物的密集程度。机动化程度可用于评估区域内道路的分布和车流量情况，而行人空间能反映行人活动的便捷性和步行街道设施的完善程度。此外，水体出现率和景观物出现率则可以用于评估区域内的生态景观质量和景观特征。

在实际研究中，这些场景层语义特征可以被进一步聚合为综合指标，用于评估城市公共绿地的整体质量。例如，通过计算不同区域的绿视率和街道开敞度，可以识别出城市中绿化效果最佳的区域，或者发现需要进行绿化提升的区域。同样，通过分析机动化程度和行人空间，可以评估城市交通系统的影响，并据此优化道路布局和行人通行设施。

总的来说，分割网络与机器学习算法为城市公共绿地研究提供了强大的技术支持。这些技术不仅能够对城市环境进行精细化的分析，还可以通过量化的方式为规划设计提供科学依据。随着这些技术的不断发展和完善，城市公共绿地的规划与设计将更加精准和高效，为城市居民创造更为宜居的生活环境。

9.3.3 环境模拟工具

在城市公共绿地的规划与设计过程中，环境模拟工具为设计师提供了重要的技术支撑，帮助评估绿地的微气候效益、生态影响以及空间舒适性。这些工具能够模拟城市环境中复杂的气候和物理过程，从而为绿地规划提供更加科学的依据。近年来，随着技术的进步，一些先进的软件如 ENVI-met、Grasshopper 和 SWARE（斯维尔）已被广泛应用于城市绿地的环境模拟中，推动了绿色空间设计的精细化和可持续化。

（1）ENVI-met

ENVI-met 是一款三维微气候模拟软件，专门用于研究城市环境中建筑、绿地和空气之间的相互作用，尤其适用于模拟植被对热环境的调节作用。其主要功能包括模拟空气温度、湿度、风速、太阳辐射以及污染物扩散等环境变量，因此成为分析城市公共绿地气候效益的重要工具。

通过 ENVI-met 能够深入了解不同类型植被、绿地布局对微气候的影响。例如，它可以模拟不同种类的植被在减弱城市热岛效应中的作用，帮助优化绿地设计，从而减少城市中由过度硬质化造成的温度升高压力。ENVI-met 还能够模拟绿地如何影响空气流动和风速，帮助减少空气污染，提高居民的生活舒适度。这种精确的模拟为决策者提供了科学支持，确保绿地不仅在美学上有所贡献，也在功能上发挥其生态效益。

（2）Grasshopper

Grasshopper 是 Rhinoceros 软件的插件，是一种图形算法编辑器，广泛应用于建筑、景观和城市设计领域。虽然 Grasshopper 主要用于参数化设计，但通过集成诸如 Ladybug 和 Honeybee 等插件，它也可用于城市公共绿地的环境模拟。其高度模块化和可扩展性使得设计师能够根据具体需求自定义模拟流程，实现对日照、风环境、热岛效应等多种环境性能的分析。

在绿地设计中，Grasshopper 通过参数化工具帮助设计师实现动态布局优化。例如，设计师可以利用该软件模拟绿地内的日照和遮阳效果，并根据这些数据调整植被配置和步道布局，以达到最佳的空间使用效果。此外，Grasshopper 能够快速生成多种设计方案，支持快速迭代和调整，以确保绿地布局与周边建筑、道路系统的协调性，进而为居民提供舒适的户外体验。

（3）SWARE（斯维尔）

SWARE 是一款集成环境性能分析的模拟软件，广泛应用于绿色建筑、生态城市以及景观设计领域。该软件支持包括热环境分析、节能评估、建筑能耗计算等多个功能模块，特别适合用于城市公共绿地的环境模拟。其优势在于能与建筑信息模型无缝对接，实时反馈设计调整带来的环境效益变化。

在城市绿地的设计与评估中，SWARE 能够模拟不同绿地布局下的微气候效应，尤其在热环境和湿度变化等方面表现出卓越的分析能力。设计师可以通过 SWARE 评估绿地在降低地表温度、提升空气湿度、提升城市热舒适度方面的作用，从而优化绿地设计。此外，SWARE 的模拟能力还可以帮助确定绿地配置对周边建筑的热环境影响，为规划者提供更加科学的决策依据，确保绿地能够在整体城市系统中发挥最大的生态效益。

这些环境模拟工具各具优势，并且在城市公共绿地规划中发挥着不同的作用。ENVI-met 的微气候模拟功能深入而精细，尤其在热环境和空气流动分析上具有极高的应用价值。Grasshopper 以其强大的参数化设计能力，结合环境插件，实现了绿地布局的动态优化和空间模拟。SWARE 则通过其强大的环境性能分析能力和与 BIM 系统的集成，确保了城市绿地设计的热舒适性与可持续性。

在未来的城市公共绿地规划中，这些工具的结合应用将变得越来越重要。例如，在大型绿地系统规划中，可以先通过 ENVI-met 模拟热环境和风环境效应，再使用 Grasshopper 进行参数化优化设计，最后利用 SWARE 进行全周期的能耗评估和环境效益分析。这种多工具协同的应用模式，不仅提高了绿地设计的科学性和效率，也推动了生态城市建设的精细化发展。

城市公共绿地的环境模拟不仅仅停留在生态效益的评估层面，它对提升居民的生活品质、优化城市热环境、减缓气候变化影响等多个方面均有重要贡献。随着技术的进步和设计需求的提高，未来这些工具将继续完善和发展，为更加智能化、生态化的城市公共绿地规划提供强有力的技术支持。

9.3.4 新技术带来的研究方法创新

随着城市公共绿地研究方法与技术的不断进步，未来的研究与应用将朝着更高效、更智能、更精细化的方向发展。本书探讨了大数据、街景图像、分割网络、机器学习以及环境模拟工具在绿地规划中的应用，这些技术的综合运用不仅改变了传统的研究模式，也为未来的规划与管理提供了新的视角和工具。

（1）多源数据融合与跨学科协同

随着大数据技术的飞速发展，城市公共绿地研究正逐步走向数据驱动的新时代。多源数据的融合，包括移动通信数据、定位导航数据、社交媒体数据等，将研究推向了前所未有的深度和广度。然而，面对数据的异构性与复杂性，研究者们需要克服数据整合与处理的技术挑战，探索出一种多维度、多层次的数据融合方法。例如，尝试通过在空间维度上结合地理数据与实时的社交媒体数据，以及在时间维度上结合历史数据与即时数据，形成一个动态的、能反映城市公共绿地变化的统一研究框架。这种数据融合将推动研究从静态分析向动态模拟的转变，为规划决策提供更加全面和深入的支持。

此外，城市公共绿地研究的复杂性决定了其必然走向跨学科的协同创新。未来的研究不仅需要地理信息科学的支持，还需要结合城市社会学、环境心理学、经济学等学科的视角，全面了解城市公共绿地的多重功能和效益。在这一过程中，研究者们需要建立统一的数据标准和研究平台，确保不同学科间数据和方法的一致性，实现跨学科的深度合作，从而产出更具综合性的研究成果。

（2）人工智能与虚拟现实技术的前瞻性应用

随着人工智能和机器学习技术的不断发展，城市公共绿地的研究将更加智能化和精准化。未来，研究者们可以利用深度学习算法，从海量的图像、文本和行为数据中提取有价值的信息，预测和优化绿地规划设计。例如，社交媒体数据中的情感分析可以实时反映公众对不同绿地设计方案的反馈，从而为设计优化提供及时的建议。同时，机器学习算法可以构建预测模型，模拟不同规划方案在未来情境下的表现，为决策者提供更为科学的依据。

虚拟现实和增强现实技术的应用，将为城市公共绿地研究带来革命性的变化。通过这些技术，研究者可以创建沉浸式的实验环境，模拟不同绿地设计在真实环境中的效果，从而让公众和决策者在规划实施前进行互动体验和反馈。这种以人为本的实验方法，不仅能够提升规划设计的科学性和精准性，还能提升公众参与的积极性，最终实现更高效的公共决策。

（3）评估体系的精细化与个性化

传统的城市公共绿地评估体系往往是静态和标准化的，难以适应日益多元化的社会需求。未来的研究需要建立一个动态的、精细化的评估体系，能够根据不同社区、不同人群的个性化需求进行调整。例如，可以开发基于用户反馈和行为数据的自适应评估模型，实时调整绿地的设计和功能布局，以更好地满足特定人群的需求。这种个性化评估体系不仅能够提升绿地的使用效益，还能增强城市规划的灵活性和适应性。

此外，衡量粒度的细分将推动规划调控具有更高的精准性。小微型公园、社区绿地等将成为未来服务体系优化的主体。在规划实施过程中，公园改造、设施提升等策略将更加关注精准响应特定人群的需求，从而在不同的空间尺度上实现更为精细的调控。

展望未来，随着多源数据的融合、技术手段的创新以及评估体系的精细化，城市公共绿地的研究方法与计算分析工具将迎来新的发展机遇。通过这些多维度、多层次的研究与实践，城市公共绿地的规划设计将更加科学、智能和人性化，为全球城市的可持续发展和社会福祉贡献力量。在这一过程中，学术界与实践者的共同努力将推动这一领域的不断进步，探索出更适应未来城市需求的绿地规划路径。

问题讨论

1. 你认为应该如何从使用者的角度进行绿地规划设计或研究？

2. 你认为大数据技术的发展将会给绿地规划带来哪些优势和弊端？

3. 你认为日益精进的软件工具（如 ENVI-met、Grasshopper、SWARE）在公共绿地研究中发挥着哪些作用？

致　谢

本研究得到了亚热带建筑与城市科学全国重点实验室的支持和指导、2023 年国家自然科学基金青年科学基金项目（No. 52208068）及深圳大学 2035 卓越研究计划（No. 2022B005）的资助。实验室的科研环境和科研项目的资金支持为本书的完成提供了坚实的基础和宝贵的资源，在此对其表示衷心的感谢。

在本书的编写过程中，得到了众多同仁的支持和帮助，在此谨表示衷心的感谢。

首先，特别感谢深圳市蕾奥规划设计咨询股份有限公司景观事业部副经理、副总规划师李妍汀对公园运营章节的审核和案例提供。她的专业见解和实践经验给本书相关内容增添了更多宝贵的实用价值。

其次，特别感谢核心编写团队成员王若冰、陈思玮和杨妍希的卓越贡献。王若冰在框架构建方面发挥了关键作用，为全书的结构提供了清晰的指引。陈思玮在内容撰写方面展现了出色的学术功底，确保了本书内容的全面性。杨妍希则在理论整理和排版审查环节做了重要工作，提升了本书的专业性和可读性。

同时，感谢邓海峰、周海燕、滕腾、林绮婷和黄婉怡在图片收集和筛选方面的辛勤工作，他们的努力使本书的视觉呈现更加丰富和生动。此外，杨圣杰、黎锶彤和王宁歆在内容审核环节也做出了重要贡献，提升了本书的整体质量。

在编写过程中，还得到了许多未能一一列举的专家学者和同行的宝贵意见和建议，在此一并致以诚挚的谢意。正是有了这些无私的帮助和支持，本书才能以现在的面貌呈现在读者面前。

最后，感谢所有关心和支持本书编写工作的人。你们的鼓励是我们前进的动力。尽管我们力求完美，但书中难免存在疏漏之处，恳请读者不吝赐教。

我们衷心希望本书能为城市公共绿地的规划与设计事业贡献绵薄之力，为建设更美好的城市环境提供有益的参考。

谢晓欢

2024 年 10 月

参考文献

[1]TAYLOR L，HOCHULI D F. Defining greenspace：Multiple uses across multiple disciplines[J]. Landscape and Urban Planning，2017，158：25-38.

[2]马锦义.论城市绿地系统的组成与分类[J].中国园林，2002（01）：23-26.

[3]王洁宁, 王浩.新版《城市绿地分类标准》探析[J].中国园林，2019，35（04）：92-95.

[4]杨瑞卿, 陈宇. 城市绿地系统规划（第二版）[M].重庆：重庆大学出版社，2022.

[5]SHEN Y，et al. Public green spaces and human wellbeing：Mapping the spatial inequity and mismatching status of public green space in the Central City of Shanghai[J]. Urban Forestry & Urban Greening，2017，27：59-68.

[6]林广思, 杨锐.我国城乡园林绿化法规分析[J].中国园林, 2010, 26（12）：29-32.

[7]徐文辉, 等.城市园林绿地系统规划（第四版）[M].武汉：华中科技大学出版社, 2021.

[8]仲启铖, 张桂莲, 张浪.基于社会-生态功能复合与SPCA的城市绿地生态网络重要源地识别[J].中国园林, 2024, 40（02）：117-123.

[9] 周维权.中国古典园林史（第三版）[M]. 北京：清华大学出版社，2008.

[10]戴秋思, 张兴国.从《兰亭序》书文之赏解读魏晋园林文化[J].中国园林, 2012, 28（06）：95-98.

[11]蒋苑.近代以来西安城市文化遗产公共空间化历程研究[J].西安建筑科技大学学报（自然科学版）, 2024, 56（03）：466-474.

[12]韩璐.唐文化在公园中的应用探讨——以曲江遗址公园为例[J].南方园艺, 2018, 29（02）：30-33.

[13]潘高升.两宋以来西溪和西湖关系考略——以历史文献和舆图考察为中心[J].东方博物，2022（03）：91-96.

[14]刘少才.伦敦摄政公园：和谐恬静的都市大花园[J].南方农业，2018, 12（28）：1-4.

[15]易辉.波士顿公园绿道：散落都市的“翡翠项链”[J]. 人类居住, 2018 No.94 （01）：20-23.

[16]李晓桢, 郝培尧.上海民国时期租界园林的发展及特征浅析[J].建筑与文化, 2015（12）：102-105.
[17]尹小亭.中山陵园音乐台设计思想探究[J].大众文艺（理论）, 2009（19）：136.
[18]肖冠兰, 张兴国.治愈城市伤口——德国德累斯顿新市场街区的修复与重建[J].新建筑, 2012（04）：122-126.
[19]岳华.城市公共空间之市民性的思考——以美国芝加哥千禧公园为例[J].华中建筑, 2014, 32（11）：109-114.
[20]秦雯, 钱锋.线性空间作为高密度环境下城市地景的启示——以高线公园和首尔清溪川为例[J].城市建筑, 2021, 18（01）：177-182.
[21]曾如思, 沈中伟.纽约哈德逊广场城市更新的多元策略与启示[J].国际城市规划, 2022, 37（05）：138-149.
[22]冯小虎.北国江南翠竹诗意——北京紫竹院公园[J].园林, 2011（01）：24-27.
[23]朱祥明, 程清文.北京朝阳公园规划设计获奖方案的设计理念[J].中国园林, 2005（02）：37-42.
[24]洪崇恩, 项宇清.世纪的蓓蕾正盛开——建园20周年再游上海世纪公园[J]. 中国花卉园艺, 2020（14）：50-55.
[25]王涛, 董心莹.提升生态价值、协同共建公共绿地——以深圳湾滨海休闲带西段为例[J].中国园林, 2018, 34（S2）：75-79.
[26]让天府绿道成为享誉世界耀眼名片[J].先锋, 2018（02）：66-69.
[27]熊庠楠.纽约中央公园和奥姆斯泰德的景观设计思想遗产[J].遗产, 2023（01）：74-89.
[28]杨赉丽.城市园林绿地规划（第五版）[M].北京：中国林业出版社, 2019.
[29]宗仁.霍华德“田园城市”理论对中国城市发展的现实借鉴[J].现代城市研究, 2018（02）：77-81.
[30]程里尧.现代城市规划思想的发展[J].世界建筑, 1981（06）：49-52.
[31]李晶, 张沛.从“阳光城”到“广亩城”：基于城市功能——形态特征的理性辨析及现实启示[J].华中建筑, 2014, 32（08）：21-25.

[32]翟俊.景观都市主义的理论与方法[M]. 北京：中国建筑工业出版社，2018.

[33]黄鹏飞.巴黎环城绿带规划的发展历程及经验启示[J].北京规划建设，2023（03）：87-93.

[34]严婷婷, 吕圣东. “以流定形”：城市公共绿地设计方法探析[J].规划师, 2020，36（15）：38-42+54.

[35]赵阳, 吕薇, 刘德明.新加坡公园连接道网络构建模式及其启示[J].规划师，2023, 39（07）：145-151.

[36]蔡永洁, 王志军, 许凯, 等. 巨构空间转型的多重可能——上海世博园“一轴四馆”区空间重构的教学实验[J].城市设计，2023（05）：98-109.

[37]金云峰, 王淳淳, 徐森.城市更新下公共绿地的社会效益[J].中国城市林业，2023, 21（01）：1-7.

[38]林伊鸿, 滕腾.城市更新中公共绿地建设困境及对策研究[J].城市建筑空间，2022, 29（01）：195-197.

[39]王艺瑾, 张立军, 李方正.探寻非正式绿地被忽视的潜在价值——产生、框架及方法[J].世界建筑, 2023（07）：16-17.

[40]刘悦来, 尹科娈, 魏闽，范浩阳.高密度中心城区社区花园实践探索——以上海创智农园和百草园为例[J].风景园林, 2017（09）：16-22.

[41]郭宗亮, 刘亚楠, 张璐, 等. 生态系统服务研究进展与展望[J]. 环境工程技术学报, 2022, 12(3): 928-936.

[42]HUNG S H，CHANG C Y. Designing for harmony in urban green space：Linking the concepts of biophilic design，environmental Qi，restorative environment，and landscape preference[J]. Journal of Environmental Psychology，2024，96.

[43]ALI M J，RAHAMAN M，HOSSAIN S I. Urban green spaces for elderly human health：A planning model for healthy city living[J]. Land Use Policy，2022，114.

[44]董玉萍, 刘合林, 齐君.城市绿地与居民健康关系研究进展[J]. 国际城市规划，2020, 35（05）：70-79.

[45]YUEN H K., JENKINS G R. Factors associated with changes in subjective well-being immediately after urban park visit[J]. Int J Environ Health Res.2020, 30（2）：134-145.
[46]于德永, 郝蕊芳.生态系统服务研究进展与展望[J].地球科学进展, 2020（08）：804-815.
[47]谢晓欢, 周含芝, 苟中华, 等.使用者视角下动态绿化暴露量影响因素研究——以深圳市福田中心区为例[J].中国园林, 2023, 39（10）：90-96.
[48]杨雨萱, 马辉.基于共生形式的儿童医院疗愈性景观设计研究——以芝加哥科默儿童医院游戏&疗愈花园为例[J].设计, 2023, 36（19）：140-143.
[49]崔曦.城市场所功能更新——以纽约高线公园为例[J].北京规划建设, 2012（06）：100-103.
[50]高俊虹, 贾会利, 张乐, 等.新冠疫情背景下的抗疫防护设计新趋向[J].创意与设计, 2020（06）：27-34.
[51]廖雨翔.基于使用后评价（POE）的深圳市香蜜公园研究[J].城市建筑, 2022, 19（18）：92-94.
[52]金云峰, 万亿, 周向频, 等.“人民城市”理念的大都市社区生活圈公共绿地多维度精明规划[J].风景园林, 2021, 28（04）：10-14.
[53]徐慧锋, 徐丽华, 吴亚琪, 等.杭州城市公共绿地的可达性和公平性分析[J].西南林业大学学报（自然科学）, 2019, 39（06）：152-159.
[54]赖文波, 李银洁, 王通.公园城市视角下社区体育公园设计策略研究——以重庆心湖北社区体育公园为例[J]. 华中建筑, 2021, 39（11）：6.
[55]朱镱妮, 李翅.城市绿地系统规划中社区生活圈规划理念运用策略——以岳阳市为例[J]. 中国园林, 2024, 40（07）：97-103.
[56]刘悦来.高密度中心城区社区花园实践探索——上海市杨浦区创智农园和百草园[J].城市建筑, 2018（25）：94-97.
[57]杨文越, 李昕, 叶昌东.城市绿地系统规划评价指标体系构建研究[J].规划师, 2019, 35（09）：71-76.

[58]XIE X, ZHOU H, GOU Z. Dynamic real-time individual green space exposure indices and the relationship with static green space exposure indices：A study in Shenzhen[J]. Ecological Indicators, 2023, 154：110557.

[59]梁萍, 谢焕景, 黄艳真, 等.基于网络分析法的贵港市公园绿地可达性分析[J]. 湖南城市学院学报（自然科学版）, 2020, 29（01）：33-36.

[60]高文秀, 范香, 郑芬, 等. 综合公园及其有效服务范围的空间布局分析[J]. 城市规划, 2017, 41（11）：97-101+110.

[61]李双金, 马爽, 张淼, 等.基于多源新数据的城市绿地多尺度评价：针对中国主要城市的探索[J].风景园林, 2018, 25（08）：12-17.

[62]文源, 向言词, 王睿妮.基于POE与FAHP的城市公园老幼共享健身设施设计研究[J]. 包装工程, 2023, 44（06）：352-361+374.

[63]杨文越, 叶泓妤, 杨如玉.美国社区公园规划与管理模式[J].中国园林, 2022, 38（11）：58-63.

[64]邓力铭, 罗利, 罗建勋, 等. 基于“BIM+GIS”技术在城市公园项目智慧建造应用研究[J]. 四川建筑, 2021, 41（S1）：82-84.

[65]张洋, 夏舫, 李长霖.智慧公园建设框架构建研究——以北京海淀公园智慧化改造为例[J].风景园林, 2020, 27（5）：78-87.

[66]黄焕民, 邓新星. 基于BIM+AIoT的智慧公园运营管理平台在前海桂湾公园的建设及应用[C]//第八届全国BIM学术会议论文集. 北京：中国建筑工业出版社, 2022：257-261.

[67]闾国年, 袁林旺, 陈旻, 等.地理信息学科发展的思考[J].地球信息科学学报, 2024, 26（4）：767-778.

[68]吴立峰, 化剑, 辛磊, 等.智慧园林背景下西安国际港务区城市公园绿地智慧化建设探究[J]. 中国园林, 2023, 39（S02）：126-131.

[69]谢晓欢, 李银榕, 王若冰, 等.使用者行为视角的城市公园场景优化研究[J].住区, 2024（02）：58-69.

[70]梁发超, 刘诗苑, 刘黎明.近30年厦门城市建设用地景观格局演变过程及驱动机制分析[J].经济地理, 2015, 35（11）：159-165.

[71]刘璇, 王思元.基于参与式地理信息系统的城市绿地生态系统文化服务评价——以北京市核心区为例[J].风景园林, 2024, 31（7）: 131-136.
[72]戚荣昊, 杨航, 王思玲, 等.基于百度POI数据的城市公园绿地评估与规划研究[J].中国园林, 2018, 34（03）: 32-37.
[73]董仁才, 姜天祺, 李欢欢, 等.基于电子导航地图POI的北京城区绿色空间服务半径分析[J]. 生态学报, 2018, 38（23）: 8536-8543.
[74]谢晓欢, 周含芝, 荀中华, 等.基于时空路径的城市就业密集区白领群体绿地享用格局研究——以深圳福田中心区为例[J].住区, 2021（06）: 109-118.
[75]王兴瑜, 姚文飞, 陈菲, 等. 城市公园绿地空间布局公平性研究[J].中国城市林业, 2024, 22（03）: 112-118.
[76]姚尧, 殷炜达, 任亦询, 等.空间分析视角下城市绿地与人体健康关系研究综述[J].风景园林, 2021, 28（04）: 92-98.
[77]张金光, 韦薇, 承颖怡, 等.基于GIS适宜性评价的中小城市公园选址研究[J].南京林业大学学报（自然科学版）, 2020, 44（01）: 171-178.
[78]王庆, 邱智豪, 赵月溪, 等.基于CFD模拟的台风“山竹”对深圳市园林树木影响研究[J].中国园林, 2021, 37（02）: 113-118.
[79]黄隆杨, 刘胜华, 方莹, 等. 基于“质量-风险-需求”框架的武汉市生态安全格局构[J].应用生态学报, 2019, 30（02）: 615-626.
[80]戴菲, 姜佳怡, 杨波.GIS在国外风景园林领域研究前沿[J].中国园林, 2017, 33（08）: 52-58.
[81]李萌.基于居民行为需求特征的“15分钟社区生活圈”规划对策研究[J].城市规划学刊, 2017（01）: 111-118.
[82]张新长, 华淑贞, 齐霁, 等.新型智慧城市建设与展望：基于AI的大数据、大模型与大算力[J].地球信息科学学报, 2024, 26（04）: 779-789.
[83]高博林, 王云才, 张浪.从信息化到智慧化——城市公园智能化建设实践与发展趋势[J].园林, 2020（11）: 15-20.
[84]赵晶, 陈然, 郝慧超, 等.机器学习技术在风景园林中的应用进展与展望[J].北京林业大学学报, 2021, 43（11）: 137-156.

[85]孙桂先.深圳香蜜公园开启智慧公园2.0时代[J].中国园林, 2018, 34（S2）：22-24.

[86]WANG A，MORA S，MACHIDA Y，et al. Hyperlocal environmental data with a mobile platform in urban environments[J]. Scientific Data 2023 10：1，2023，10（1）：524.

[87]李舟雅, 宁琪雯, 王雨涵, 等.基于ENVI-met情景模拟的“冷岛型”城市森林设计方法[J].中国城市林业, 2020, 18（5）：45-51.

[88]彭婉婷, 刘文倩, 蔡文博, 等.基于参与式制图的城市保护地生态系统文化服务价值评价——以上海共青森林公园为例[J].应用生态学报，2019, 30（02）：439-448.

[89]黄雅凌, 傅伟聪, 陈梓茹, 等. 基于公众科学的城市绿地生物多样性研究进展[J]. 中国城市林业，2024, 22（4）：84-91.

[90]周聪惠.公园绿地规划的“公平性”内涵及衡量标准演进研究[J].中国园林，2020, 36（12）：52-56.

[91]金珊, 成刚蕊, 谢晓欢.校园空间可意象性研究——以深圳大学校园为例[J]. 建筑创作, 2022（06）：179-185.

[92]赵珂, 夏清清.基于ES景观美学服务制图的城市绿色开敞空间系统构建——以富顺县新湾片区为例[J].中国园林, 2024, 40（02）：43-49.

[93]周艳慧, 王一凡, 金荷仙.视嗅感知下校园绿地的恢复性效益研究[J].中国园林，2023，39（11）：35-40.

[94] CHEN L，WANG J. Application Research of Virtual Reality Technology in Green Building Design[C]// 2020 5th International Conference on Smart Grid and Electrical Automation（ICSGEA）2020：249-253.

[95]XIE X，ZHENG L，WANG R，et al. Visitors’ experience of using smart facilities in urban parks：A study in Shenzhen[J]. Journal of Outdoor Recreation and Tourism, 2024，46：100759.

[96]李肖肖, 唐丽玉, 黄洪宇, 等.基于点云数据的单木三维绿量估算方法[J]. 遥感技术与应用，2022，37（05）：1119-1127.

[97]JAALAMA K，KAUHANEN H，KEITAANNIEMI A，et al. 3D point cloud data in conveying information for local green factor assessment[J]. ISPRS International Journal of Geo-Information，2021，10（11）：762.

[98]汪淼, 陈振杰, 周琛.城市绿色开敞空间可达性研究——以南京市中心城区为例[J].生态学报, 2023, 43（13）：5347-5356.

[99] 王楚, 王亮, 赵习枝, 等.北京市城市功能类型对地表温度的季节性影响测度[J].测绘科学, 2024, 49（02）：199-208.

[100] 刘子晴, 王薪宇, 杨锋, 等.城市更新背景下融合深度学习的非正式绿地数字识别技术研究进展[J].中国园林，2023，39（06）：33-38.

[101] 黎俊仪, 林盈芳, 董建文, 等.语义分割技术下的城市滨水绿地美景度评价研究——以福州西湖公园、左海公园为例[J].中国园林, 2022, 38（10）：92-97.